厨房新主义
虎哥的创意食堂

虎虎生味儿 编著

辽宁科学技术出版社
·沈阳·

图书在版编目（CIP）数据

厨房新主义：虎哥的创意食堂 / 虎虎生味儿编著．—
沈阳：辽宁科学技术出版社，2018.7（2018.7 重印）
ISBN 978-7-5591-0781-7

Ⅰ.①厨…　Ⅱ.①虎…　Ⅲ.①菜谱　Ⅳ.
① TS972.12

中国版本图书馆 CIP 数据核字 (2018) 第 132096 号

出版发行：辽宁科学技术出版社
（地址：沈阳市和平区十一纬路 25 号　邮编：110003）
印 刷 者：辽宁新华印务有限公司
经 销 者：各地新华书店
幅面尺寸：170 mm × 240 mm
印　　张：14.25
字　　数：300 千字
出版时间：2018 年 7 月第 1 版
印刷时间：2018 年 7 月第 2 次印刷
责任编辑：卢山秀
封面设计：魔杰设计
版式设计：鼎籍文化创意　杨光玉
责任校对：尹　昭　王春茹

书　　号：ISBN 978-7-5591-0781-7
定　　价：49.80 元

联系电话：024-23284740
邮购热线：024-23284502

扫一扫　美食编辑

投稿与广告合作等一切事务
请联系美食编辑——卢山秀
联系电话：024-23284740
联系 QQ：1449110151

虎虎生味儿公众号

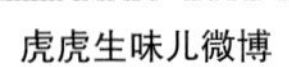

虎虎生味儿微博

虎虎生味儿微信

自序

能够看到这篇自序的朋友们，非常感谢你们选择了我的书。

今天应该是北京入夏最热的一天吧，接到编辑让我写序的任务，坐到电脑前，感慨万千却又觉得无从下笔。

很多朋友不知道我从小在家里的饭店中长大，18 岁开始在新西兰的咖啡店打工，奥克兰大学市场营销专业硕士研究生毕业以后，在麦肯食品（新西兰）有限公司做了亚洲市场部经理，虽然很多人都羡慕我有这份高薪、清闲的工作，可我觉得这样一成不变缺乏挑战的日子不是我想要的生活。于是辞职，在新西兰开了我自己的第一家咖啡店。2014 年我回国创业，现在和好朋友一起经营着北京新盒子工作室和深圳咖啡部落实体店，这几年合作了很多国际品牌，拿了一些烘焙料理比赛的冠、亚军，知道和了解我的朋友越来越多，一切都向着好的方向迈进，而我那颗不安分的心又躁动起来了。尽管现在网络发达，直播、视频、微信、微博，想要沟通总能找到渠道，可我还是希望可以跟喜欢我、支持我的朋友们有更进一步的交流和沟通，“见字如面”，虽然我不能跟所有的朋友书信往来，可是我们都有相同的爱好，以美食为桥梁，以书为媒介来表达我们对于生活最大的真诚！

《厨房新主义·虎哥的创意食堂》是我的第一本书，从开始采购到制作、拍摄、书写流程，都是我自己完成的，在前期定大纲的时候，我很想把自己所有的东西都拿出来跟大家分享，可是篇幅有限，我跟我的责任编辑几经商量，几易其稿，最终筛选出了近 90 个食谱。这些食谱的取材都很普通，而且中式、西式都有，因为我在新西兰生活十几年的关系，我的西餐部分也尽可能选取最简单、家常的食材来代替那些不易得到的。希望可以真正做到让大家在家即可做出“有颜”又“有味”的美食。

这两个月的创作过程真的可以用“炼狱”来形容。我基本上都是早上 6 点钟起床采购，最晚到第二天的凌晨两三点还在编辑图片、文字……我希望可以把我能想到的所有对大家有用的信息都写出来，写作期间身体的疲劳以及心理上的压力，只有我和身边的朋友能够体会。现在图书要出版了，我内心喜悦又满怀感激：

感谢一路走来给予我鼓励和帮助的家人朋友们，父母亲人自不必说，像蓝带坊的 Vicki 许丽平、二狗妈妈（乖乖与臭臭的妈），良润烘焙、松下电器的好朋友们的尽心尽力、出谋划策和大力支持，使我每每在心力交瘁之时又感到有如神助；

感谢辽宁科学技术出版社和我的编辑卢山秀对我的认可和信任，把我的想法变成了“白纸黑字”实实在在的图书呈现在大家面前。

感谢各位关注我、支持我的粉丝朋友们，你们的认同和赞赏让我有了继续前行的勇气和动力，每次熬夜创作时的陪伴和叮嘱，都让我在想要放弃时能够说服自己选择坚持……

真心希望大家可以感受到书中传递的真诚，它可能不是最专业的，但绝对是虎子最用心的分享，不足之处希望大家可以给我更多的建议。因为整本书的图片都是我自己来操作拍摄的，过程中会有很多不便的地方，也希望大家多多体谅。

愿我们能在自制美食的过程中遇见彼此的美好！

愿大家一切安好！

2018 年 5 月 14 日 星期一

目录 CONTENTS

早餐

午餐

晚餐

下午茶

早餐

BREAKFAST

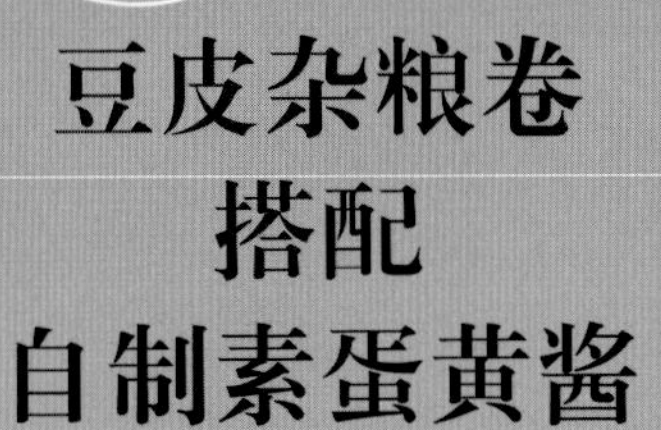

豆皮杂粮卷
搭配
自制素蛋黄酱

- **烹饪工具：**

平底锅
料理机
电饭煲

- **准备食材：**

豆皮…1张
大米…90克
黑米…40克
糙米…40克
蒜…2瓣
芦笋…250克
水…250毫升
食用油…5克

素蛋黄酱：
玉米油…100克
无糖原味豆浆…100毫升
柠檬汁…15毫升
盐…2克

虎哥的暖心小贴士

素蛋黄酱也可在做三明治时使用。储存方式就是放在干净的密封盒子里，并争取在三四天内吃完哦！

在做豆皮杂粮卷的时候，其他蔬菜、肉也可以卷在中间。豆皮比较容易风干，做好后请尽快食用哦！

1. 先把大米、糙米、黑米洗干净，倒入水（水量比平时蒸饭少一些）。

2. 开启电饭煲的蒸饭功能。

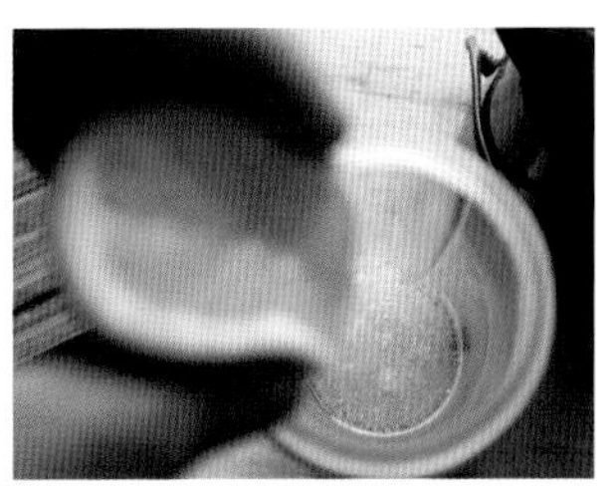

3. 先开始做素蛋黄酱，把玉米油和豆浆放入料理机，加入15克（约1/3的柠檬）柠檬汁、盐高速打发。

4. 最后打成糊状即可。

5. 将洗干净的芦笋一分为二，根部用削皮刀去皮。

6. 平底锅里加入食用油，中火，放蒜片炒出蒜香味儿。

7. 加入芦笋，翻炒2~3分钟即可。

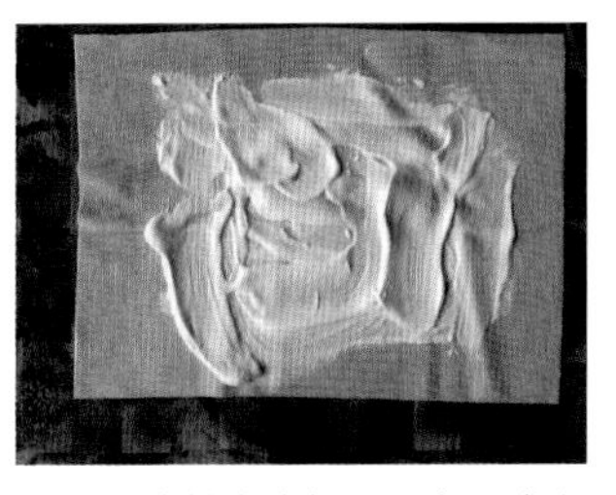

8. 把豆皮铺在案板上，在豆皮上涂好素蛋黄酱。

9. 再铺上蒸好的杂粮米饭。中间放上炒好的芦笋。

10. 先从底部卷起来，用手压紧米饭（类似卷寿司的手法）。

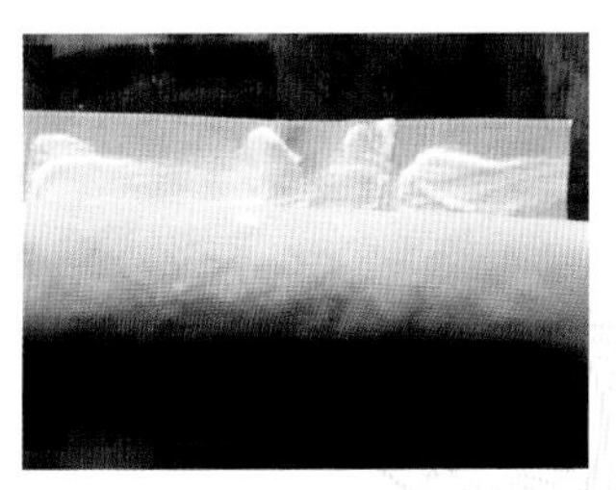

11. 在最尾部，涂上少许素蛋黄酱，起到黏合作用。

火腿芝士肉龙

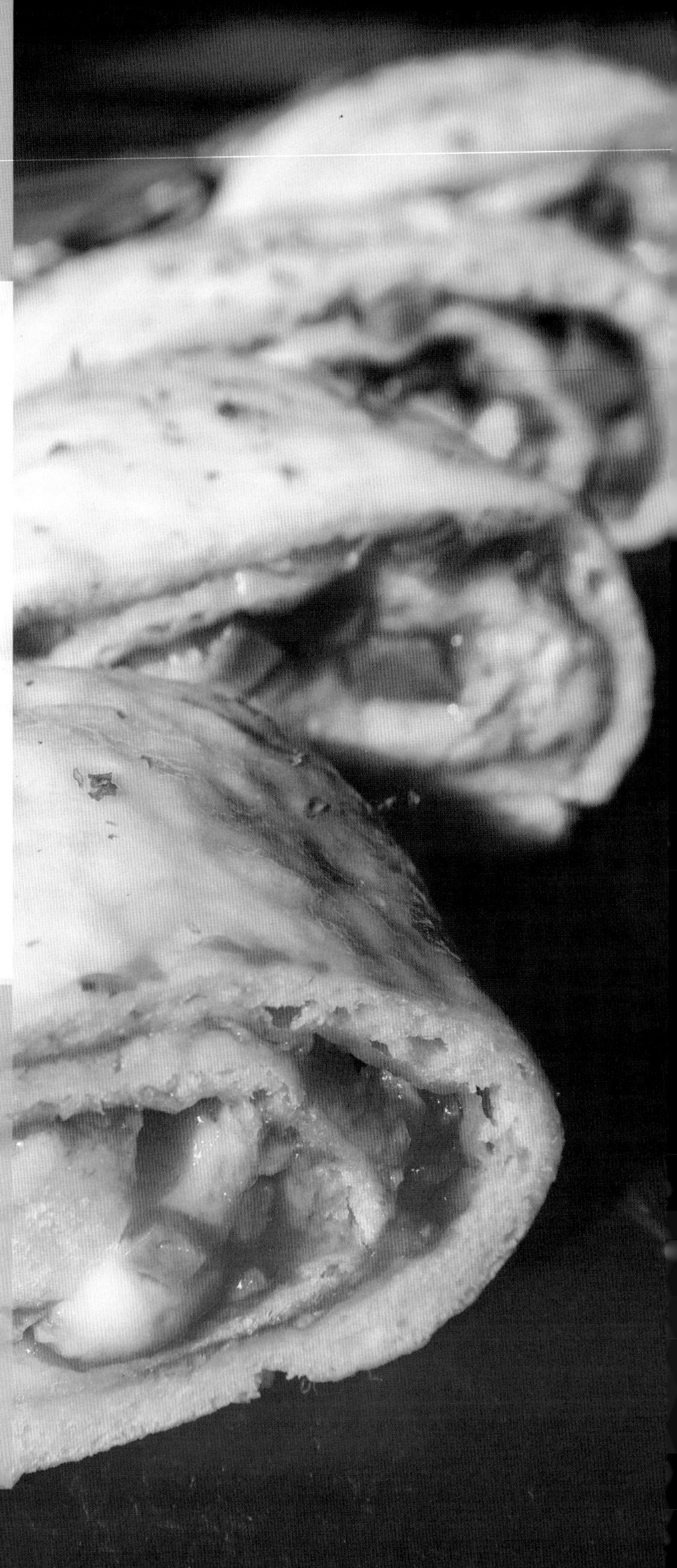

- **烹饪工具：**

和面盆

蒸锅

湿布

擀面杖

- **准备食材（2条肉龙的量）：**

高筋面粉…400克

温水…200毫升

高活性干酵母…5克

玉米油…15克

白糖…15克

番茄酱…60克

火腿丁…120克

马苏里拉奶酪碎…160克

虎哥的暖心小贴士

肉龙是北京一个特色的主食，我的方子是把西餐的比萨与中餐主食的一种混搭，大家可以尝试将各种自己想吃的东西放进去，当然不能是特别容易出水的蔬菜。然后一定要从冷水开始蒸，让面团彻底适应锅内的温度。蒸好后不要急着开锅盖，那样成品很容易回缩。我的肉龙是在蒸之前刷了一点点油，撒上了一点儿干的法香（欧芹）做装饰，大家可以加点儿黑胡椒碎或者白芝麻。

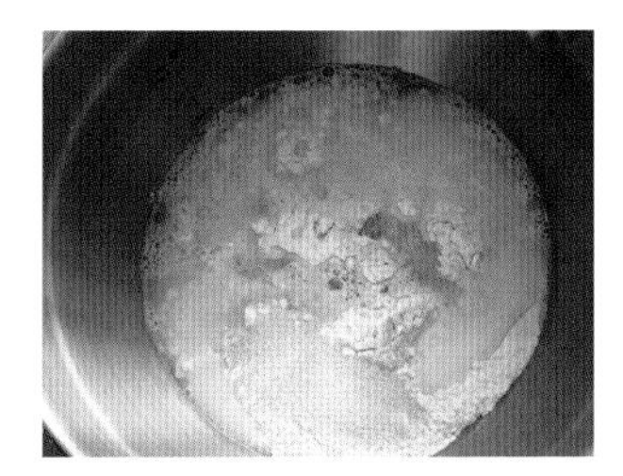

1. 高筋面粉里加入高活性干酵母、白糖、玉米油和温水。

2. 揉到面光、手光、盆光后，用湿布盖上面团，放在暖和的地方（我是在北京做的面团，四月天气，室外温度 23 摄氏度），大概 1 小时。

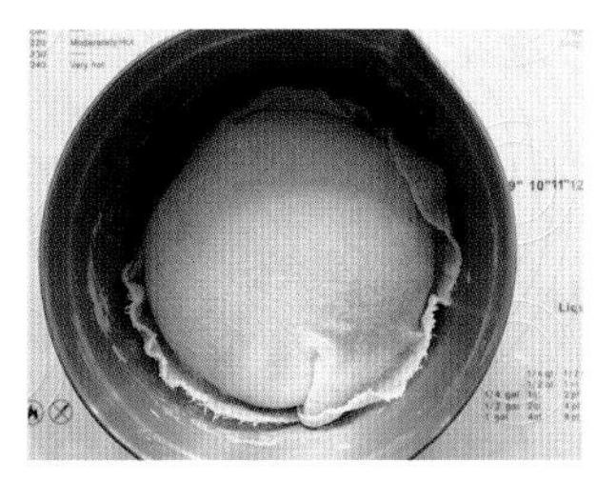

3. 面团发酵到两倍大的时候，取出来揉一揉，排气。

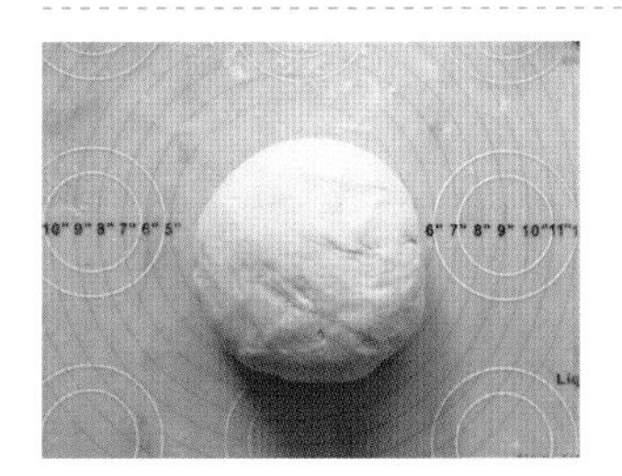

4. 静置 15 分钟。

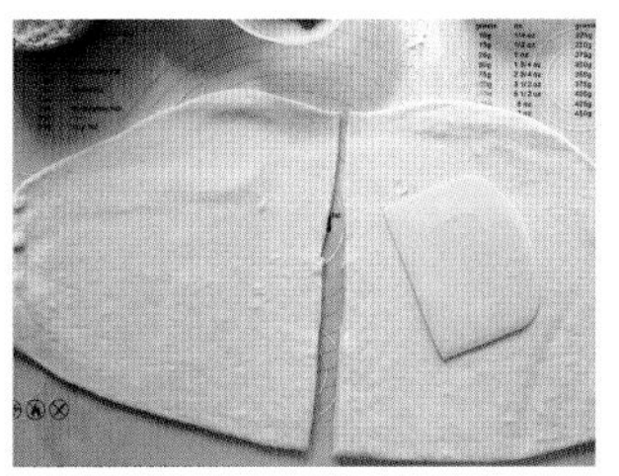

5. 把面皮擀成类似长方形，从中间一分为二，每片大概长 30 厘米，宽 20 厘米。

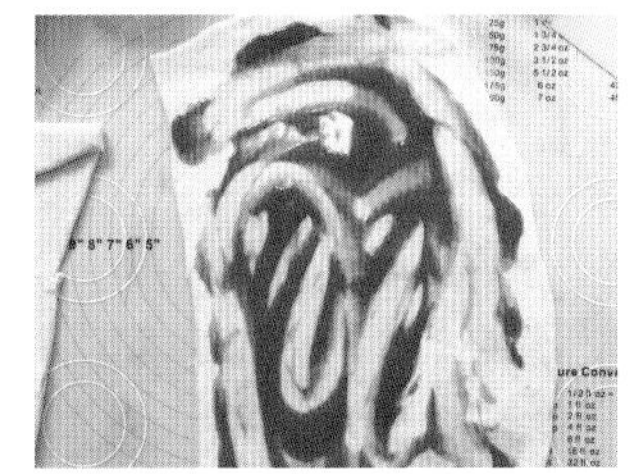

6. 将每片涂上 30 克的番茄酱。

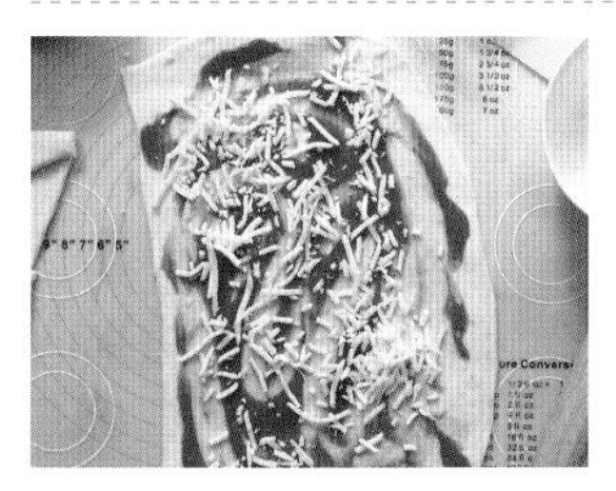

7. 撒上约 40 克的马苏里拉奶酪碎。

8. 放上 60 克的火腿丁，再撒上 40 克的奶酪碎。

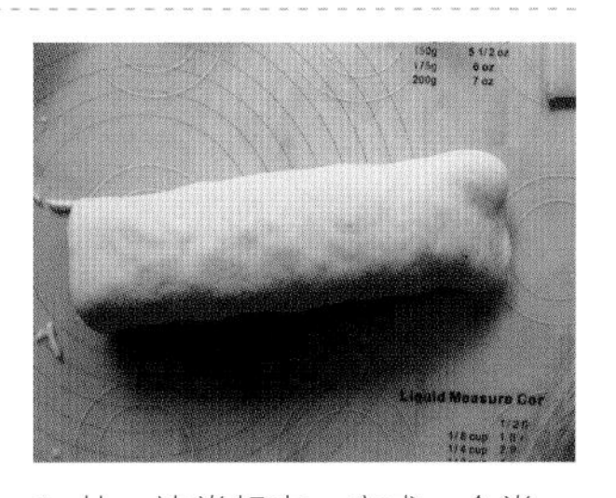

9. 从一边卷起来，变成一个卷。

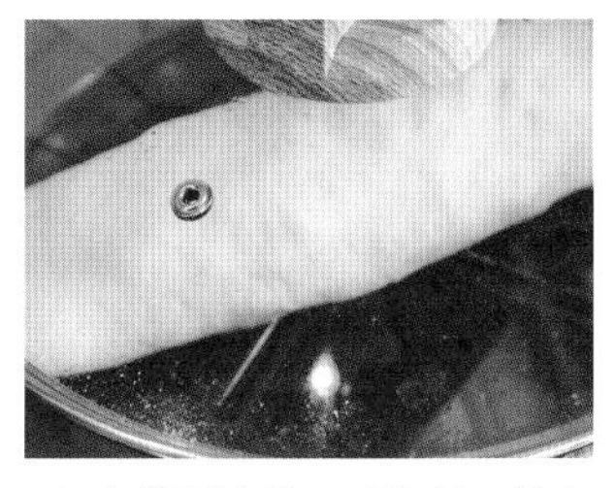

10. 在笼屉上涂一点儿油，放上整形好的肉龙，加入冷水开始蒸。

11. 从水开上气后开始计时，蒸 15 分钟后，关火，盖着盖子再闷两三分钟后，取出，稍微放凉一点儿，切段就可以了。

鸡蛋灌饼
搭配
绿豆燕麦粥

烹饪工具：

擀面杖

刮板

奶锅

平底锅

筛网

和面盆

毛刷

筷子

勺子

准备食材：

鸡蛋灌饼：

高筋面粉…200 克

常温水…100 毫升

食盐…2 克

鸡蛋…3 个

玉米油…适量

绿豆燕麦粥：

绿豆…100 克

燕麦片…30 克

冰糖…适量

虎哥的暖心小贴士

食谱里的绿豆沙加入麦片后的口感沙沙的，非常好喝。但是压绿豆沙绝对是个体力活，不喜欢麻烦的朋友，可以最后直接加入麦片煮就好了。

摊鸡蛋饼的时候，翻面和戳洞时，都用筷子，注意不要被烫伤。灌鸡蛋液的时候，就算是流出来一些也没有关系。摊好的鸡蛋饼，可以刷上一层甜面酱和一层豆瓣酱，放上生菜叶和煎香肠，卷起来吃也超级赞。

鸡蛋灌饼

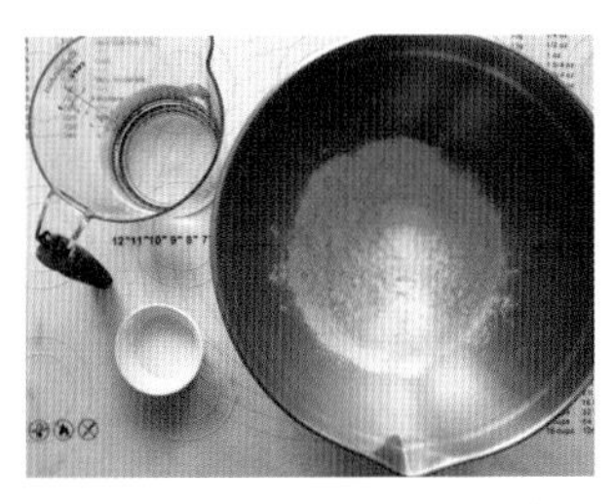

1. 准备好做鸡蛋灌饼的高筋面粉、水和 1 克食盐。

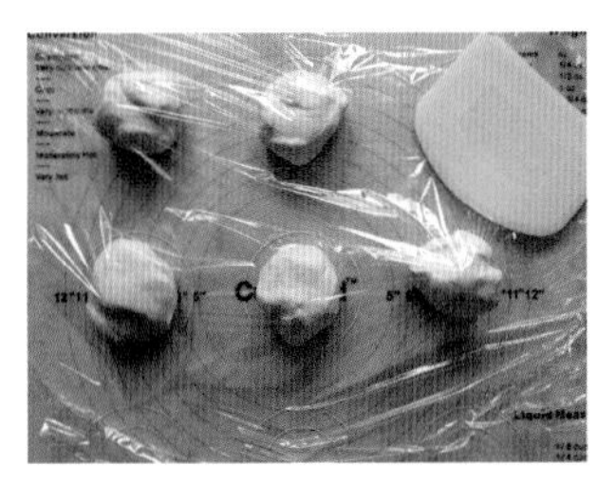

2. 高筋面粉里加入食盐和水，揉成光滑的面团，分成 5 个 65 克的小面团，包上保鲜膜静置 15 分钟。

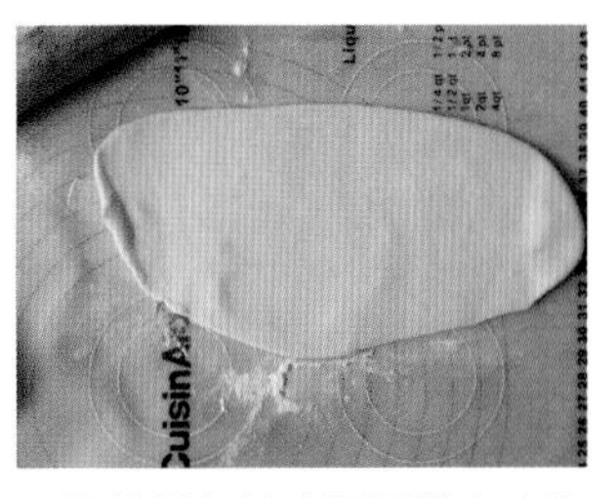

3. 把静置好的小面团撒上少许面粉，擀成长条的椭圆形，大概 17~18 厘米。

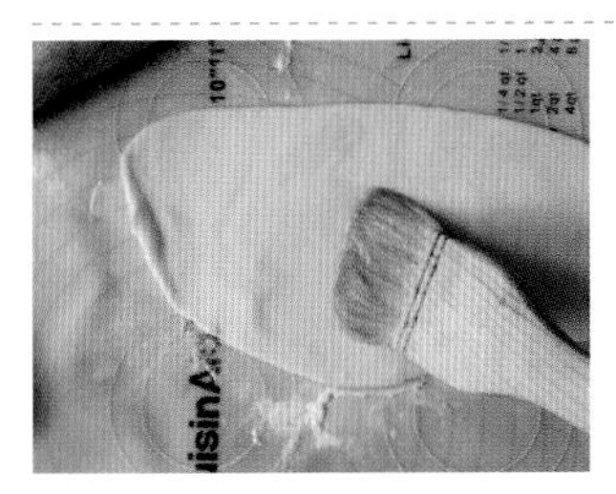

4. 面片表面刷上一层玉米油。

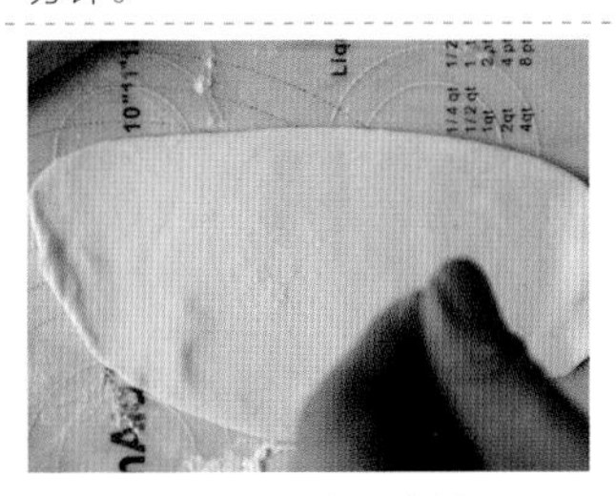

5. 在面片上撒一点儿食盐。

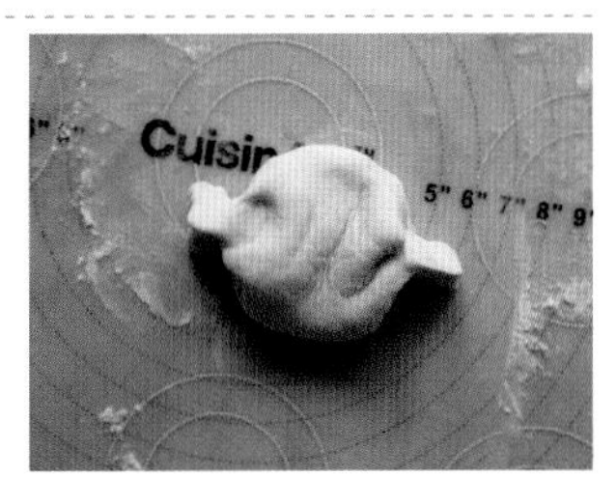

6. 把面皮叠 3 层，然后两边用手捏紧封口。

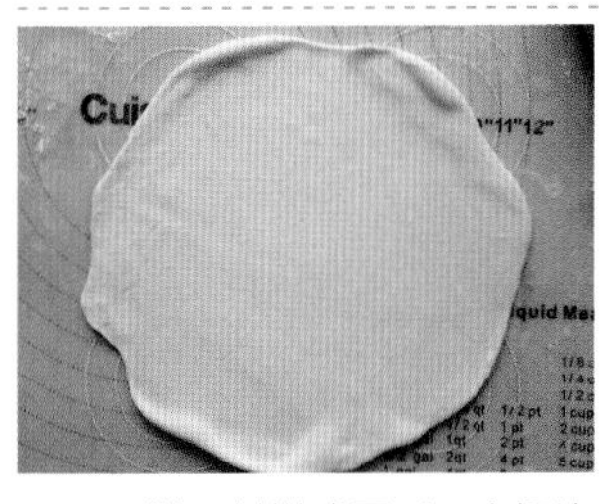

7. 再用擀面杖擀成圆形，大概比 8 英寸（1 英寸 =2.54 厘米）蛋糕稍微小一圈。

8. 平底锅中火加热，刷上少许玉米油。

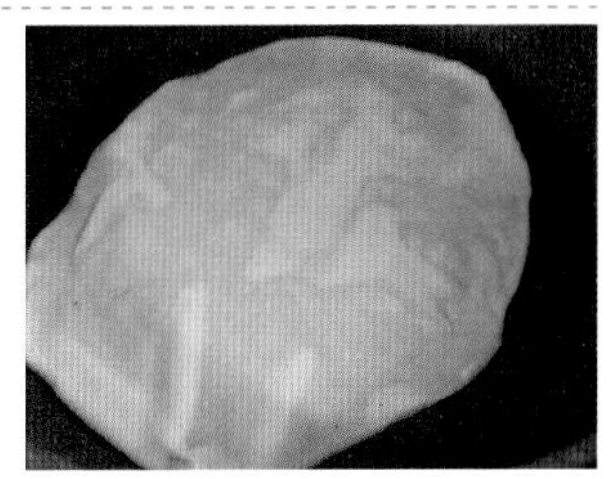

9. 放入面饼，烙 1 分钟左右。

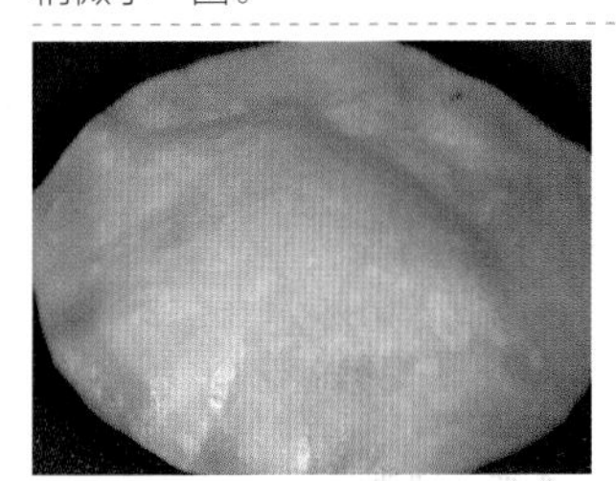

10. 翻面，然后当面饼开始起一个鼓包时。

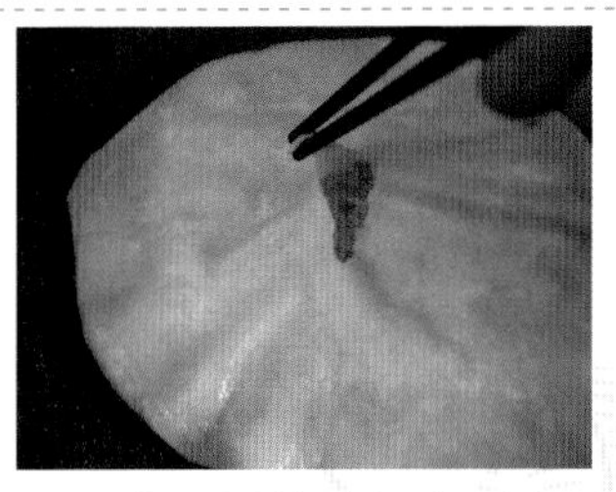

11. 用筷子在鼓包中间戳一个洞。

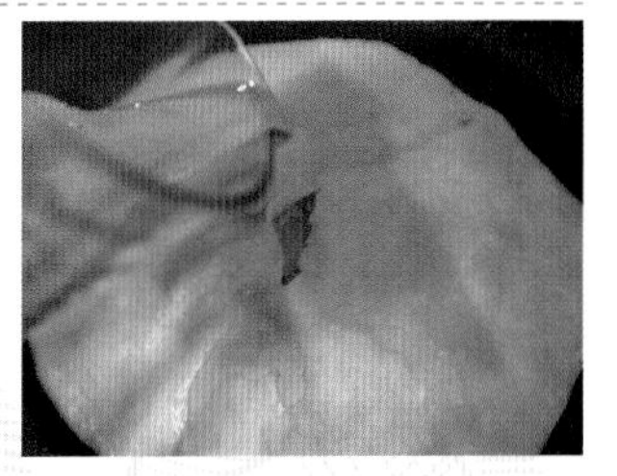

12. 倒入打散的鸡蛋液，用筷子夹住饼的边缘，左右晃动，让蛋液均匀在饼里摊开。

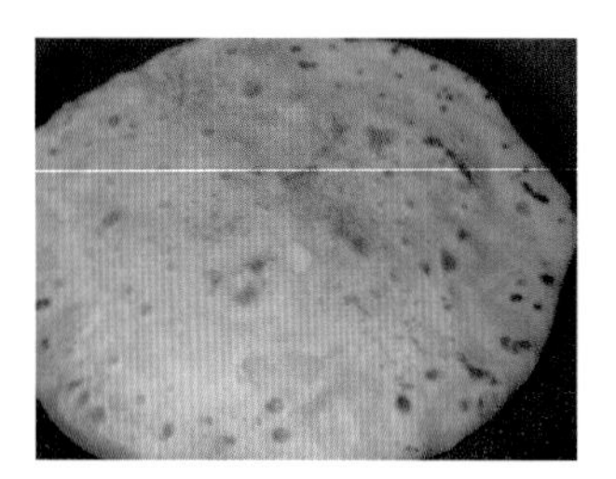

13. 再继续两面各烙 1 分钟，表面有焦黄色的斑点出现就好了。

绿豆燕麦粥

1. 绿豆泡水，至少 1 小时。

2. 把泡好的绿豆加入水中，开始中火煮半小时，到绿豆开花，水分减少一半的时候关火。

3. 将煮好的绿豆连豆子和水一起放入筛网，绿豆被控出来。

4. 用勺子压煮好的绿豆，然后把筛网下面过滤出来的绿豆沙用刮板刮下来放入绿豆汤里。

5. 直到所有的绿豆都被压好，压完的绿豆渣不要再放入锅里。加入 30 克的燕麦片，再煮 5 分钟即可，可以加入冰糖调味。

鸡肉大虾潮汕粥

● **烹饪工具：**

小奶锅

搅拌勺

● **准备食材：**

大米…100 克

食盐…2.5 克

玉米油…7.5 克

姜…2 片

扇贝柱…5 颗

琵琶腿…2 个

大虾…6 ~ 8只

葱花、香菜、白胡椒粉…少许

水…800 毫升

虎哥的暖心小贴士

大米里面加入食盐和玉米油，浸泡以后，煮出来的粥，米会非常黏、香。放入扇贝柱是为了提鲜，其实如果有干的瑶柱，可以直接放入熬粥。

粥熬好后会变稠，所以尽快喝，或者觉得太稠的，可以加入少许水，再热一下。

1. 先把大米洗干净，倒出多余的水，加入食盐。

2. 加入玉米油，搅拌均匀，静置半小时。

3. 大虾从背部直接切开，用牙签挑去虾线。

4. 琵琶腿去骨后，连皮带肉，一起切成小块儿。

5. 两片姜，切成细细的姜丝。

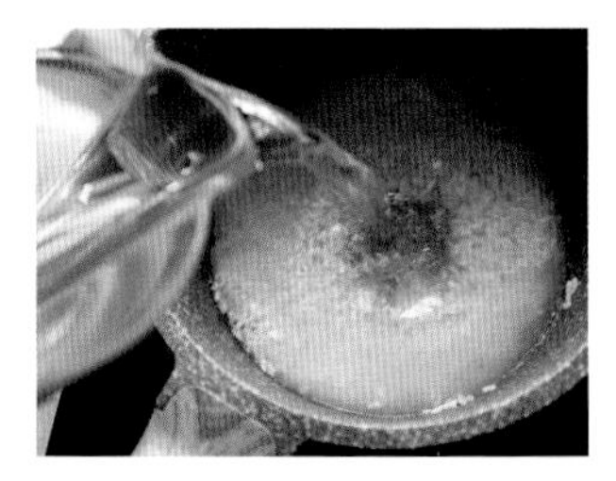

6. 静置半小时的大米里，直接加入 800 毫升的水。

7. 米中加入扇贝柱。

8. 加入处理好的大虾。

9. 加入切好的鸡肉块。

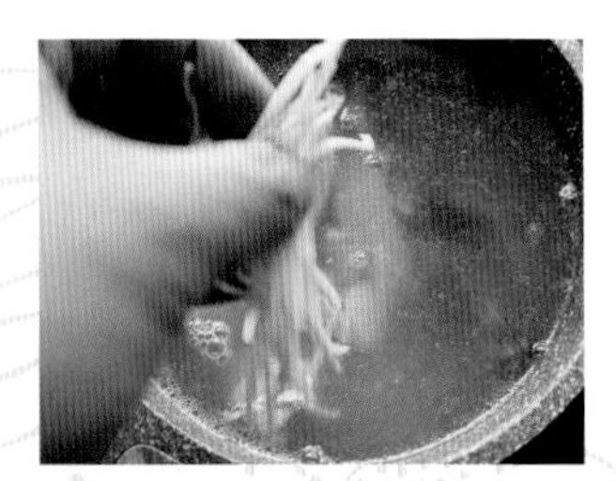

10. 再加入姜丝。

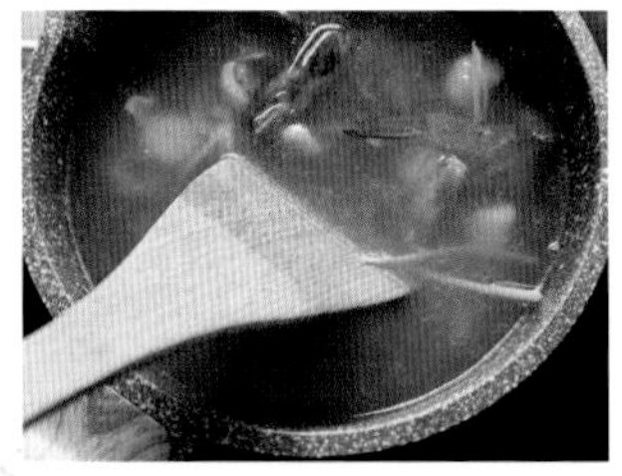

11. 小火煮30分钟,煮的过程中，要不断搅拌，特别是底部，不要煳锅。

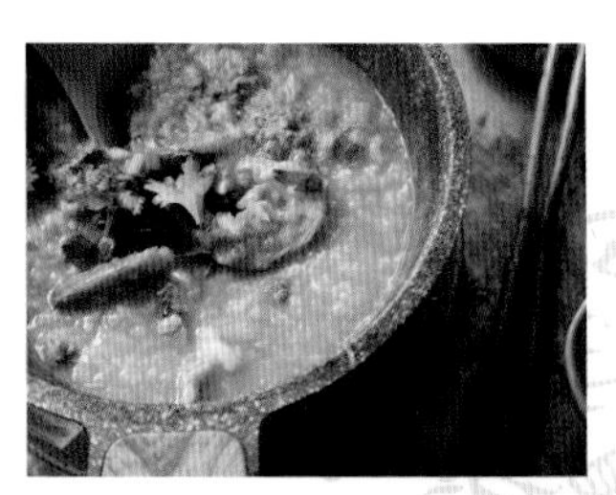

12. 熬好后，根据自己的口味，加入葱花、香菜和少许的白胡椒粉。

土豆比萨

烹饪工具：

烤箱

油纸

8 英寸比萨烤盘

或者 8 英寸活底戚风模具

准备食材：

土豆…1 个（约 280 克）

虾仁…40 克

马苏里拉奶酪碎…80 克

食盐…3 克

黑胡椒…3 克

杂蔬…40 克

鸡蛋…2 个

1. 鸡蛋打入容器里，加入 2 克食盐和 2 克黑胡椒搅散。

2. 土豆去皮后，切成 1~2 毫米的薄片，泡在水里待用。

3. 在比萨烤盘中铺上油纸，把泡过的土豆片一片片叠加铺满底部。

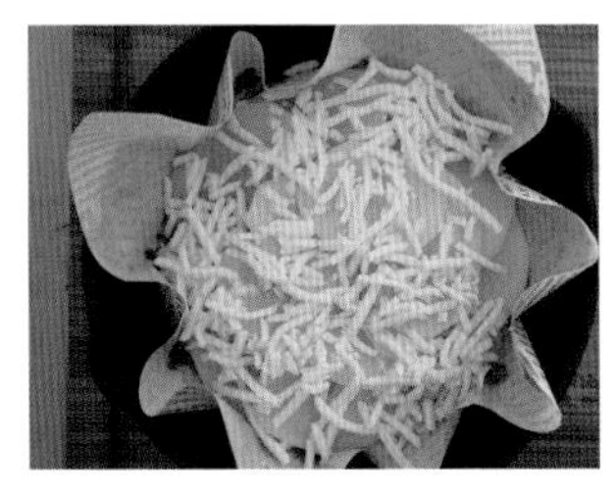

4. 铺上 40 克的奶酪碎。

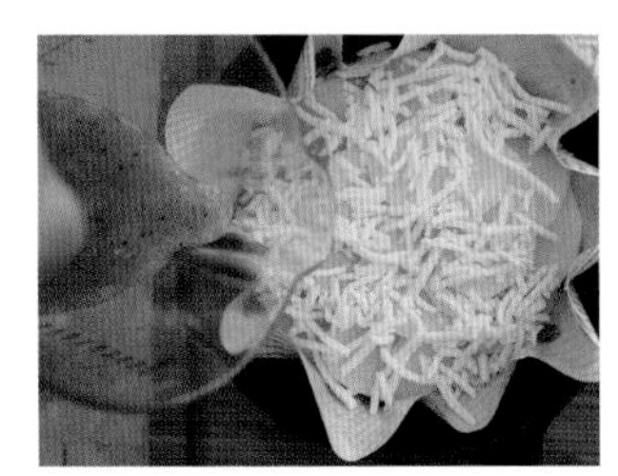

5. 倒入混合好的鸡蛋液。

6. 放上杂蔬和虾仁，再撒上剩下的食盐和黑胡椒。

7. 撒上剩下的 40 克的奶酪碎。

8. 放入预热好的烤箱，上下火 180 摄氏度，中层烤 30 分钟。

虎哥的暖心小贴士

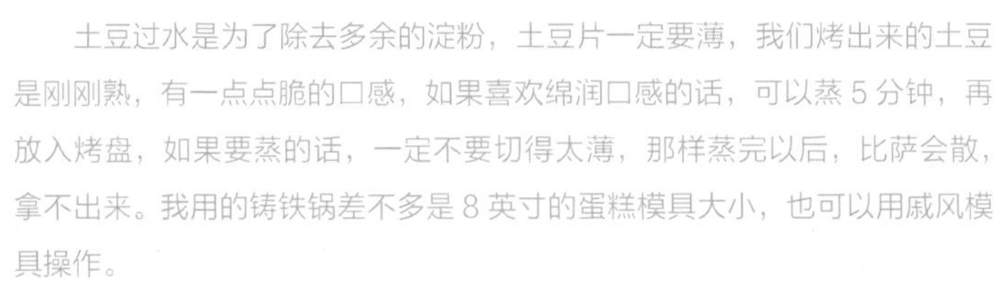

土豆过水是为了除去多余的淀粉，土豆片一定要薄，我们烤出来的土豆是刚刚熟，有一点点脆的口感，如果喜欢绵润口感的话，可以蒸 5 分钟，再放入烤盘，如果要蒸的话，一定不要切得太薄，那样蒸完以后，比萨会散，拿不出来。我用的铸铁锅差不多是 8 英寸的蛋糕模具大小，也可以用戚风模具操作。

这道菜为什么又叫作没有面饼的比萨？是因为现在很多小朋友对麸质过敏，所以我们去掉了面饼，用土豆做底，味道不比真比萨差哦！而且相对要健康很多。

胡辣汤搭配油饼

● **烹饪工具：**

电饭煲

平底锅

深锅

和面盆

刀

擀面杖

保鲜膜

● **准备食材（4~5 人份）：**

胡辣汤：

面团（中筋面粉…100 克、水…50 克）

水…适量

木耳…120 克

花生…40 克

海带丝…60 克

生抽…30 克

老抽…10 克

醋…20 克

盐…10 克

鸡精…10 克

白胡椒粉…20 克

十三香…7.5 克

香油…2~3 滴

牛肉汤底：

牛肉…250 克

水…1500 毫升

姜…4 片

八角…3 个

油饼：

新良安心油条粉…250 克

水…120 克

食用油…300 克

1. 把牛肉洗干净后，加入水，4片姜，3个八角。

2. 放入电饭煲，选择“煲汤”，时间为2小时，开始煲汤。然后泡发木耳、花生、海带丝。

3. 先把100克的中筋面粉加上50克的水揉成面团，然后再加入水没过面团，使劲儿抓面团，抓出面筋后，上大火蒸熟。

4. 蒸好的面筋切小块儿，洗面筋的水留着待用。

5. 在容器里加入250克的新良安心油条粉，加入120克的水揉成面团，包上保鲜膜静置30分钟。

6. 醒好的面团，擀成面片后，用刀划两个口子。

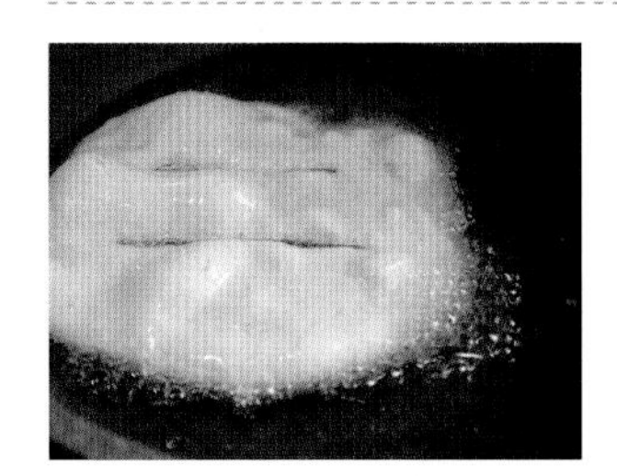

7. 放入七分热的油里，两面各炸1分钟即可。

8. 煮好的牛肉汤，加入泡好的木耳、花生、海带丝。煮开以后，加入我们刚刚洗面筋的水，不停搅拌。

9. 汤变稠了以后，加入生抽、老抽、醋、盐、鸡精、十三香、白胡椒粉、一点点香油，搅拌均匀即可。

虎哥的暖心小贴士

油饼我用的新良安心油条粉，特别方便，口感也特别好，没有油条粉的朋友们可以用150克的高筋面粉加入90毫升的水，2克酵母、1克小苏打和1克盐，先揉成面团以后，再加入8克的食用油，慢慢揉进面里，盖好保鲜膜，发酵一晚。第二天取出小面团，擀开以后用刀划开两个口子，入油锅即可。

正宗的胡辣汤里还有豆皮、黄花菜等，自己喜欢吃什么，就可以放什么。但是胡辣汤最重要的元素就是白胡椒粉，我放的量其实已经不少了，吃得一头的汗。炸好的油饼泡在胡辣汤里，吃起来特别爽。

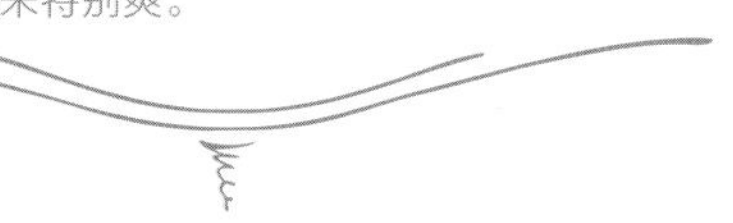

洛阳果子油茶

● **烹饪工具：**

和面盆

擀面杖

平底锅

小奶锅

保鲜袋

搅拌勺

刀

● **准备食材：**

果子：

高筋面粉…50 克

水…25 克

食用油…200~300 毫升

油茶：

高筋面粉…100 克

黑、白熟芝麻…各 20 克

盐…5 克

花椒粉…2.5 克

熟花生仁…60 克

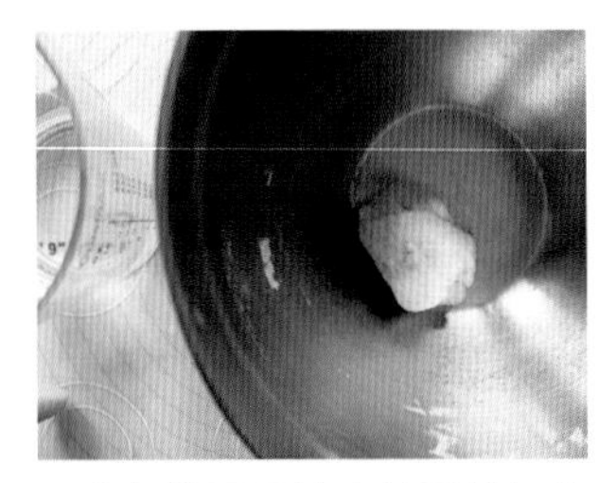

1. 先把做果子的高筋面粉加上水，揉成小面团，静置。

2. 平底锅里，放入 100 克的高筋面粉，不要放油，干炒，不停搅拌，大概 7～8分钟，会闻到面的香味。

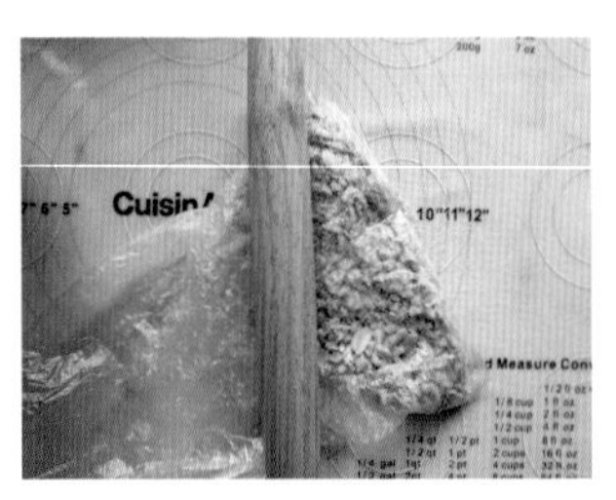

3. 熟花生仁放入保鲜袋里，用擀面杖压碎，不用特别碎。

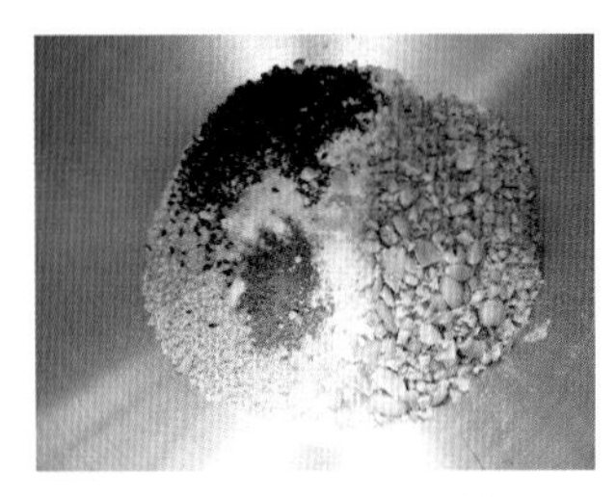

4. 炒熟的面粉里放入盐、花椒粉、花生碎以及黑、白熟芝麻搅拌均匀。

5. 这时候拿出我们的小面团，用擀面杖擀成薄片，约 1 毫米厚。

6. 用刀切成小方块儿。

7. 放入油锅里，油七八分热，炸 1 分钟至上色鼓起即可。

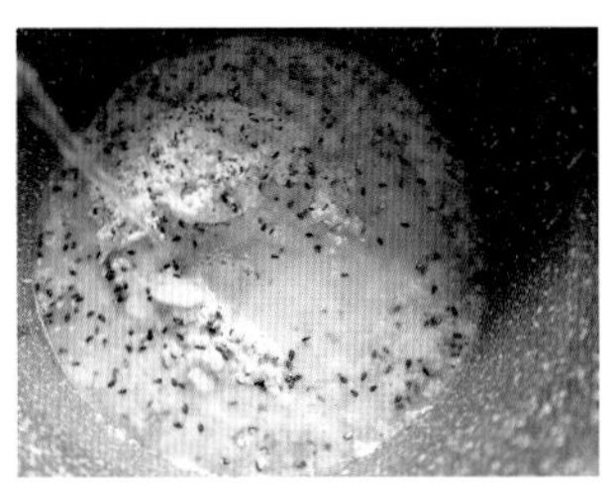

8. 在奶锅里，放入 100 克混合好的油茶粉，加入 250 克的水，一边煮，一边搅拌均匀，最后撒上果子即可。

虎哥的暖心小贴士

这款果子油茶是我最爱的洛阳早餐了，满口香的油茶配着脆脆的果子。混合好的油茶粉需密封保存，想吃的时候，直接加水煮开就好了。

酥皮香肠卷
搭配
红薯山药粥

烹饪工具：

汤锅

烤箱

毛刷

擀面杖

小刀

准备食材：

酥皮香肠卷：

酥皮…100 克

香肠（火腿肠也可以）…2 根

鸡蛋…1 个

番茄酱…少许

马苏里拉奶酪碎…少许

红薯山药粥（4 人份）：

大米、小米、薏米仁、花生混合…200 克

水…1500 毫升

红薯…200 克

山药…100 克

1. 山药切段，红薯切为滚刀块儿，把食材都放入水中，中火煮半小时，中间不停地翻一翻，避免煳底。

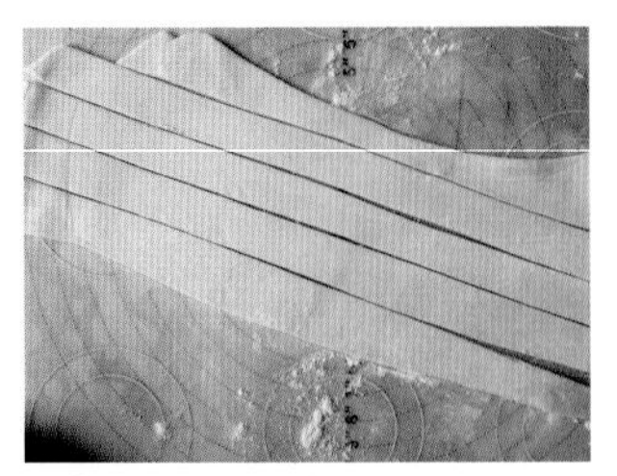

2. 把酥皮（酥皮制作方法参考P.100“牛肉咸派”）擀成长条，大概20厘米长，用小刀切成宽2厘米的长条。

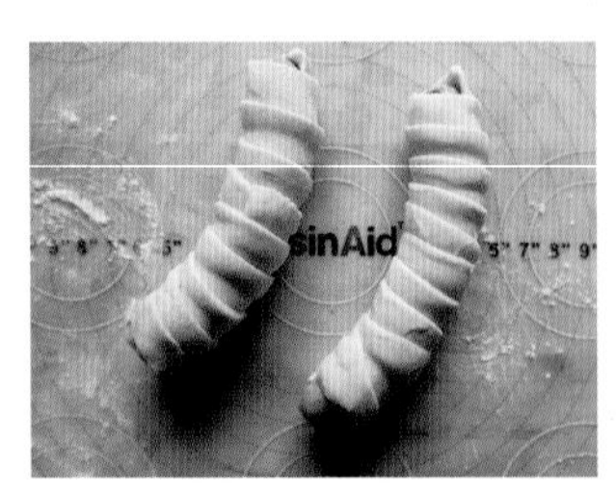

3. 从香肠的一头开始卷，酥皮转圈的时候，要压住上一层的边，这样香肠不会露出来。

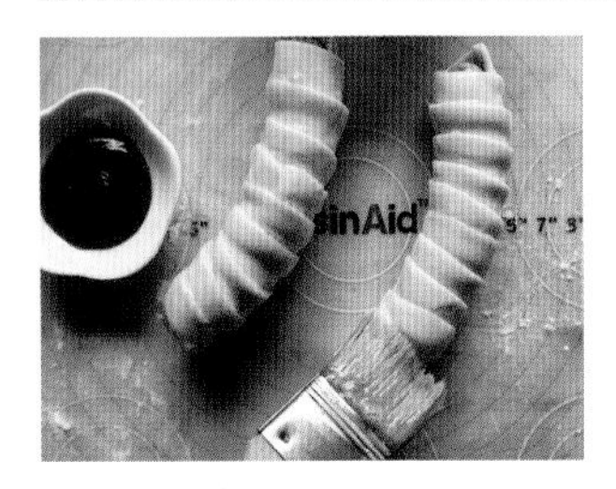

4. 刷上蛋液。

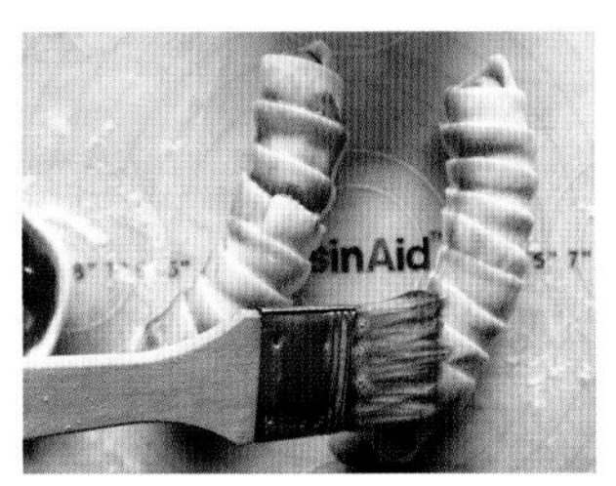

5. 涂上少许番茄酱。

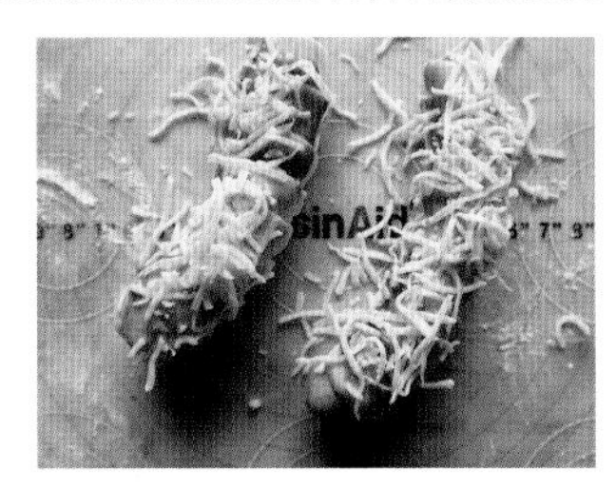

6. 撒上马苏里拉奶酪碎。

7. 放入预热好的烤箱，上下火180摄氏度，烤15分钟即可。

虎哥的暖心小贴士

你可能会觉得，为什么熬粥也要写到书里面，因为这是我第一次出书，这个粥，是我每次回家，虎妈都会给我熬的粥。这是虎妈最爱的粥，当然，虎妈还喜欢放几个红枣，而且我们家的粥真的这么稠哦，哈哈！食物本身就应该有情感的联系，要不然吃什么不都能饱腹。

这个香肠，小孩子们绝对会喜爱。它有一个很有意思的名字，翻译过来就是“盖着被子的小猪”。其实就是猪肉肠，包裹着酥皮，一口咬下去，加上茄汁和奶酪，是小朋友的下饭利器。这道菜是我在奥克兰给一家咖啡店打工的时候学会的，感谢那些年里我打过工的地方和遇到的朋友们。

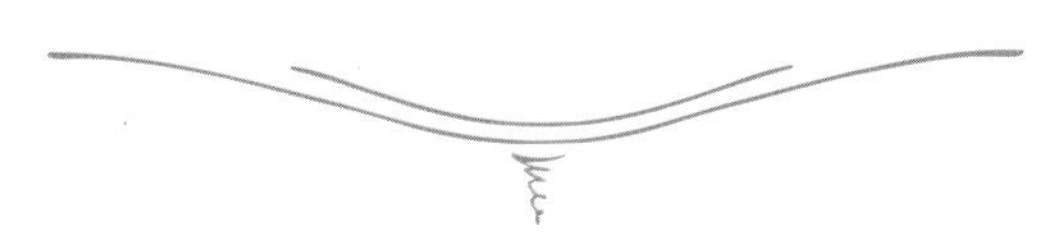

紫薯芝士松果

● **烹饪工具：**

蒸锅或者烤箱

一次性手套

筛网

叉子

● **准备食材：**

紫薯…500 克

奶油奶酪…120 克

菠萝…少许

牛油果…1/4 个

可可滋谷物片…200 克

糖霜…适量

虎哥的暖心小贴士

紫薯含有大量的膳食纤维，加上奶油奶酪。在春天给孩子们吃，又有乐趣，又是补钙的好方式。而且菠萝搭配上牛油果，与奶油奶酪的味道混在一起，有股春天的清香。配方里没有加额外的糖，如果喜欢再甜一点儿的，可以在压紫薯泥的那一步，根据自己口味加入蜂蜜。

1. 紫薯蒸熟，水开后，蒸 15~20 分钟（或者烤熟也可以）。

2. 熟紫薯去皮，用叉子压成泥。

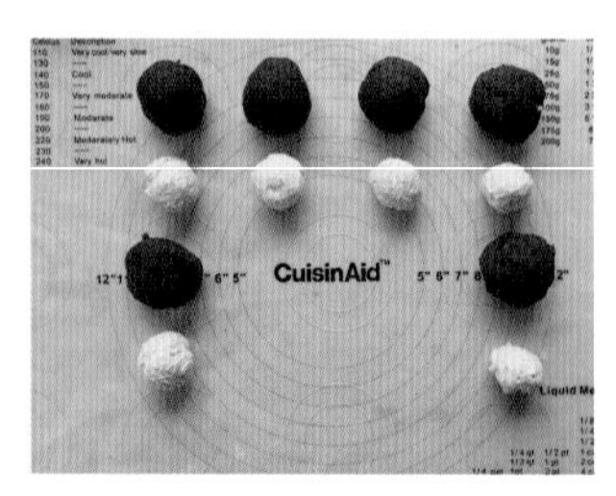

3. 把紫薯泥分成 50 克 1 个的圆球，奶油奶酪分成 20 克 1 个的圆球。

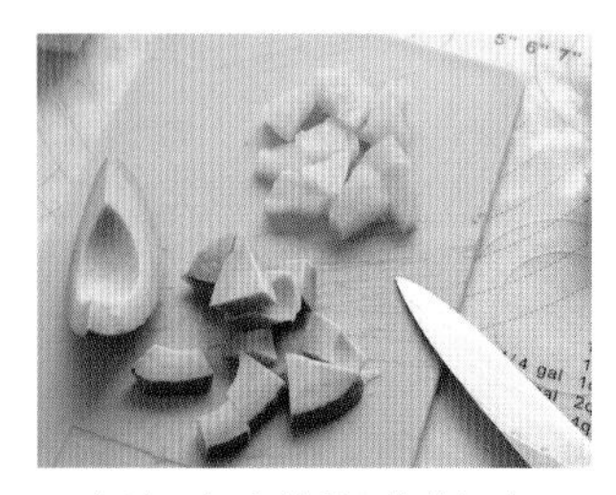

4. 牛油果切小块儿，菠萝切小丁。

5. 戴上手套。先把奶油奶酪压扁，在中间放入牛油果和菠萝，包起来搓圆。

6. 再把紫薯泥压扁，一样的手法，把包好牛油果、菠萝的奶油奶酪包在里面，搓成球。

7. 用手整形成类似锥形。

8. 从底部开始，用可可滋片一头插入紫薯泥，一片挨着一片。

9. 最底部围好可可滋谷物片后，第二层的第一个，从最底部其中两片的中间开始插入。

10. 一层层围到最上层即可。

11. 装饰好所有的紫薯球。

12. 用筛网撒上糖霜装饰。

英式大早餐

嫩炒蛋的做法

虎哥的暖心小贴士

英式大早餐，应该是英国最传统和经典的早午餐。最传统的英式早午餐，应该还有"黑布丁"，其实就是猪血做的香肠。我们在食谱里做好的焗豆，可以密封冷藏4~5天。土豆饼用保鲜膜包好，冷冻储存，吃之前，可以直接用微波炉和烤箱加热即可。看似就是所有食材放在一起的一道菜，其实洋人在吃的时候，会有自己的喜好，比如说，鸡蛋他们喜欢煎的，炒的，水煮的。培根要刚刚好的，要焦脆的等。

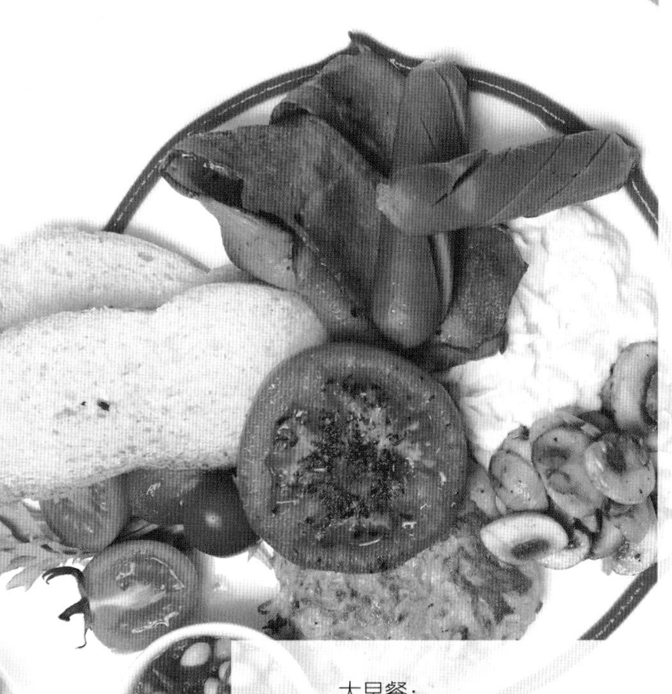

烹饪工具：

平底锅
奶锅
烤箱
搅拌勺
土豆丝擦板
裱花台

准备食材：

茄汁焗豆：
黄豆…100克
西红柿…270克
洋葱…30克
水…20克
番茄沙司…45克
糖…20克
盐…10克

自制薯饼：
土豆…2个（360克）
鸡蛋…1个
盐、黑胡椒…少许
食用油…适量

大早餐：
培根…2条
香肠…2根
口蘑…4个
西红柿…1/2个
鸡蛋…1个
淡奶油…15克
苦苣…适量
圣女果…2个
面包…2片

1. 先做茄汁焖豆，黄豆泡发至少6小时。西红柿顶部划十字刀。

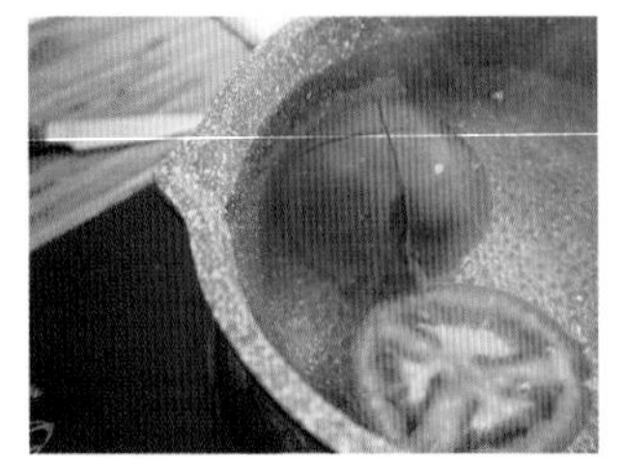

2. 烧开水，放入西红柿。

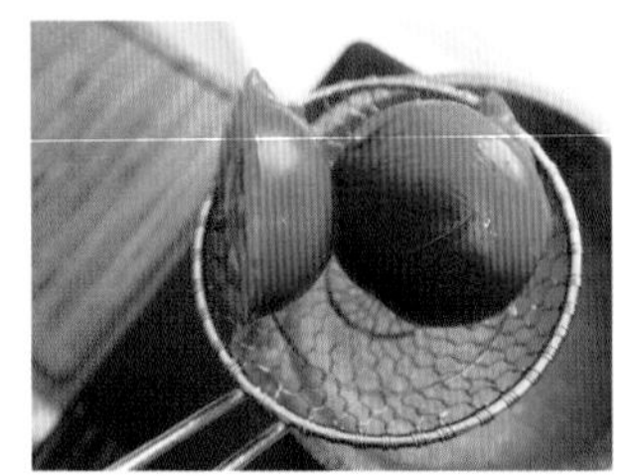

3. 煮30秒，捞出。

4. 西红柿留半个，剩下的去皮，切丁待用。

5. 泡好的黄豆，煮35分钟，或者可以用高压锅煮10分钟，黄豆熟了即可，不要煮烂。

6. 煮黄豆的过程中，土豆去皮。

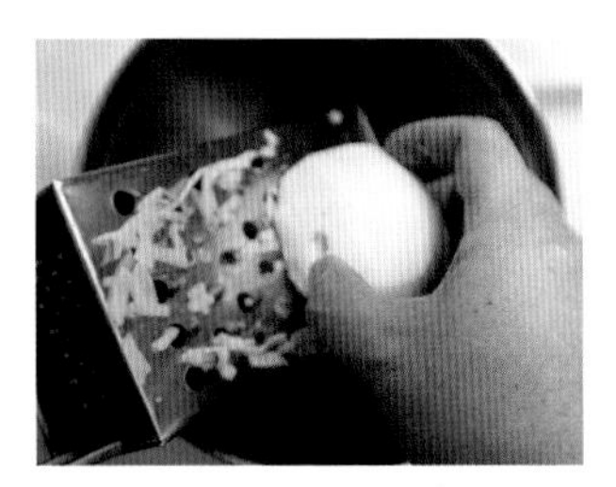

7. 用擦板把土豆擦成丝，切忌伤到手。

8. 在土豆丝里加入1个鸡蛋、盐和黑胡椒少许，搅拌均匀，这一步要快，土豆丝很容易氧化变黑。

9. 锅里放入油，中火。把土豆丝整形成圆饼状。

10. 两面各煎3分钟呈金黄色。

11. 再放入烤箱，上下火180摄氏度，烤5分钟。

12. 这时候，黄豆也差不多煮好了。在奶锅里加入少许油，放入切好的洋葱丁，翻炒出香味。

13. 放入切丁的西红柿。

14. 炒出西红柿汁以后，加入 20 克水。

15. 加入番茄沙司。

16. 放入盐、糖调味儿，加入煮好的黄豆，再继续小火煮 15 分钟。

17. 在煮的过程中，我们在平底锅里加入少许油，放入切片的口蘑、半个西红柿，在上面撒上少许盐、黑胡椒，西红柿上可以撒一点儿比萨草。

18. 在蘑菇有点儿出水且西红柿煎了大概 5 分钟的时候。我们放入培根、香肠。

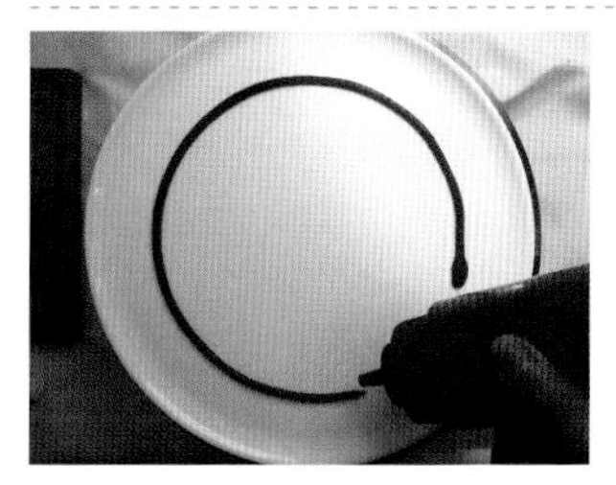

19. 在所有食材差不多要出锅前，把盘子放在裱花台上，匀速在一个点挤出番茄酱，另外一只手匀速转动裱花台，就成了图中的装饰图样。

20. 在番茄酱的一头处，放上少量苦苣，圣女果对半切开做装饰。

21. 打 1 个鸡蛋在容器里，放入淡奶油，搅拌均匀。

22. 锅里放入少许玉米油或者黄油，锅烧热后，离火，放入蛋液，不停晃动锅，用余温来炒出嫩蛋。

23. 配上面包，摆好所有食材即可。

班尼迪克蛋

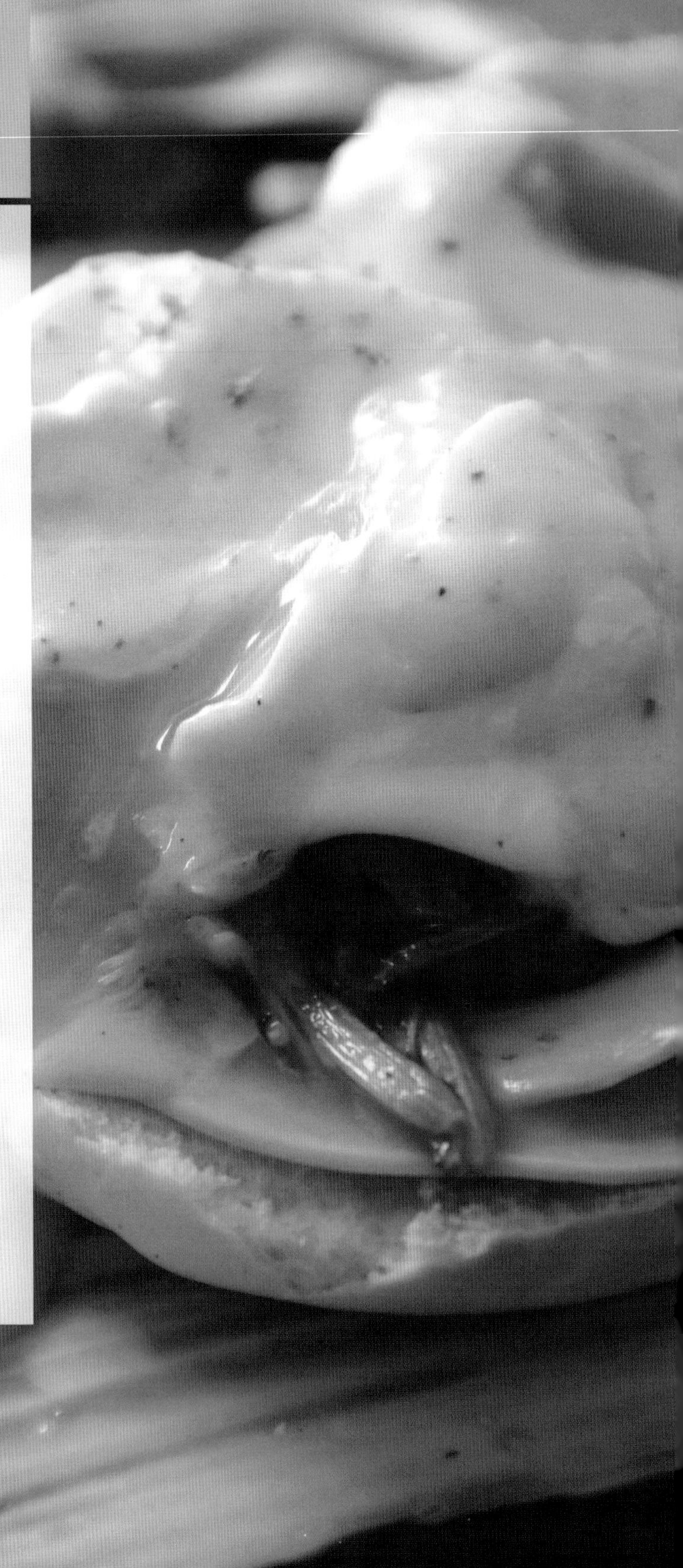

- **烹饪工具：**

小奶锅…2 个

毛刷

筛网

手动打蛋器

搅拌勺

- **准备食材：**

鸡蛋面包（吐司切片、英式麦芬都可以）…1 个

菠菜叶…100 克

蒜…2 瓣

火腿片…3 片

鸡蛋…2 个

盐…1 克

黑胡椒…1 克

白醋…15 克

荷兰酱：

蛋黄…2 个

柠檬汁…15 克

黄油…40 克

蛋黄酱…2 小勺

盐…适量

黑胡椒…适量

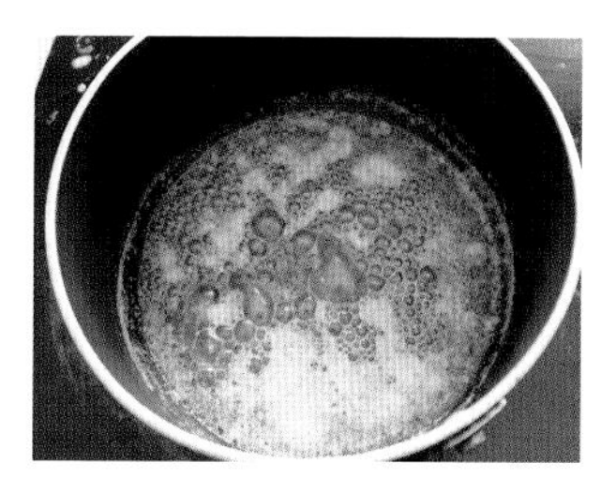

1. 先用小奶锅把黄油彻底熔化。

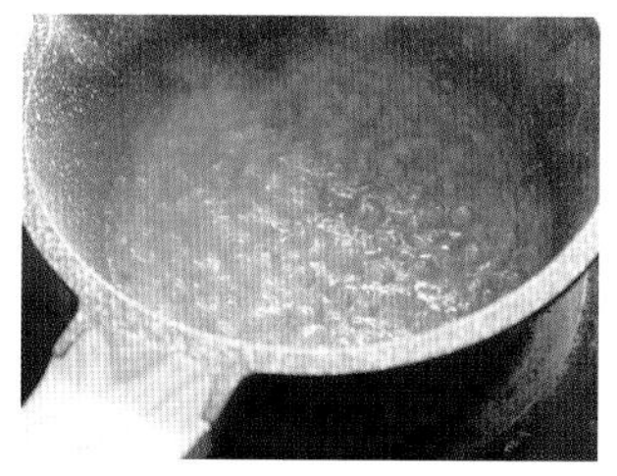

2. 另取一个小奶锅里面装上水烧开。

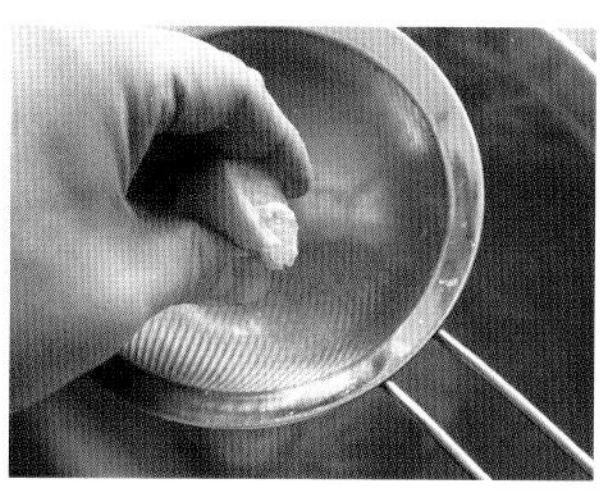

3. 用一个底部大过下面小奶锅的容器隔水加热蛋黄与柠檬汁的混合液体，切记小奶锅的水开以后，用小火。

4. 一边加热，一边不停地搅拌。

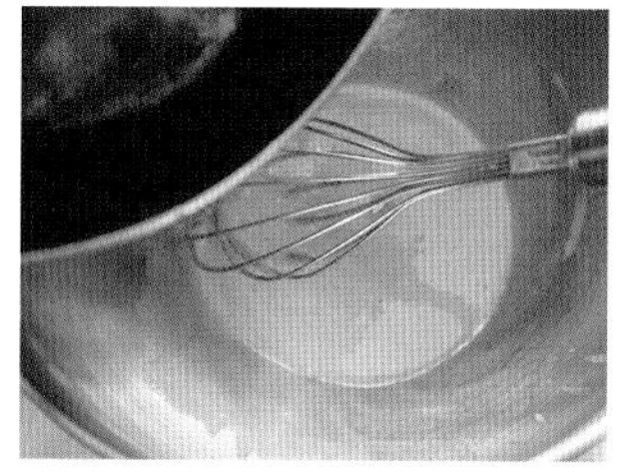

5. 搅拌到蛋黄糊变稠后停止，把事先煮好的黄油，每次加一点儿，搅拌均匀后，再加，直到加完所有黄油为止。

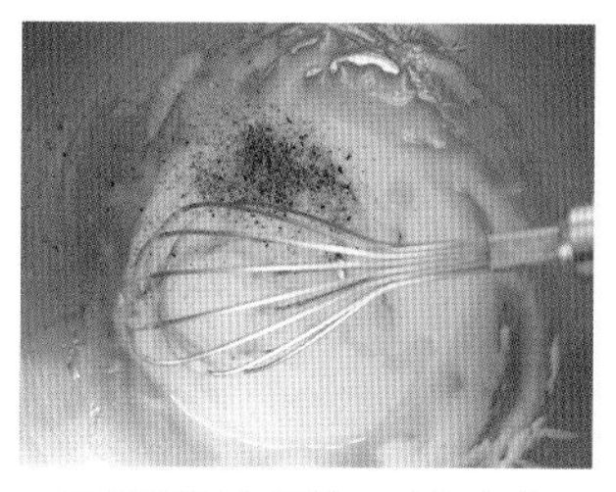

6. 可以根据自己的口味加入盐和黑胡椒调味，荷兰酱即准备好了。

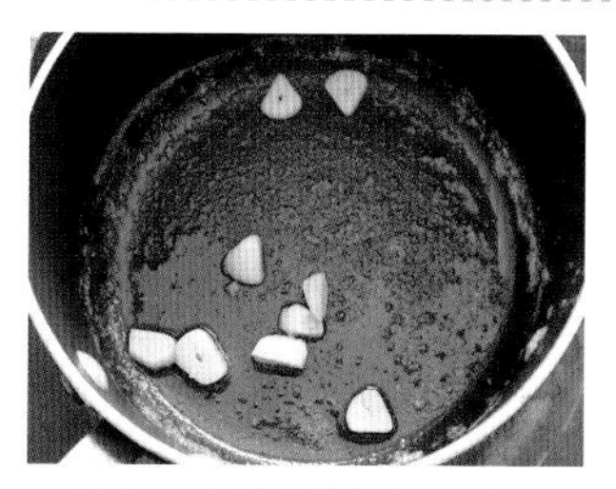

7. 继续用煮黄油的奶锅，放入切碎的蒜，炒出香味。

8. 加入洗好的菠菜叶，放入盐和黑胡椒，翻炒变软取出。

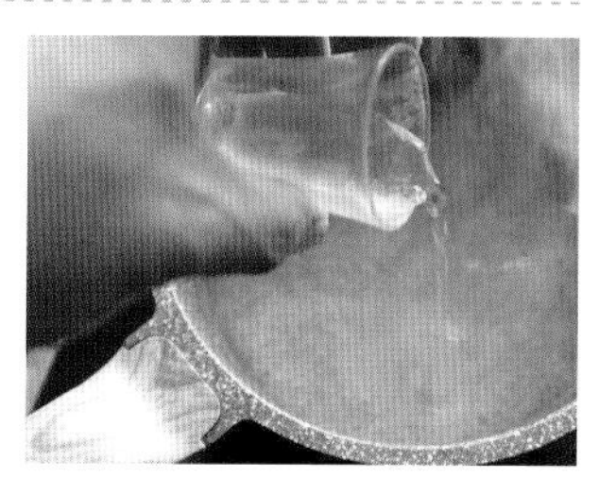

9. 把小奶锅加一半的水，水烧开以后，倒入白醋，转小火。

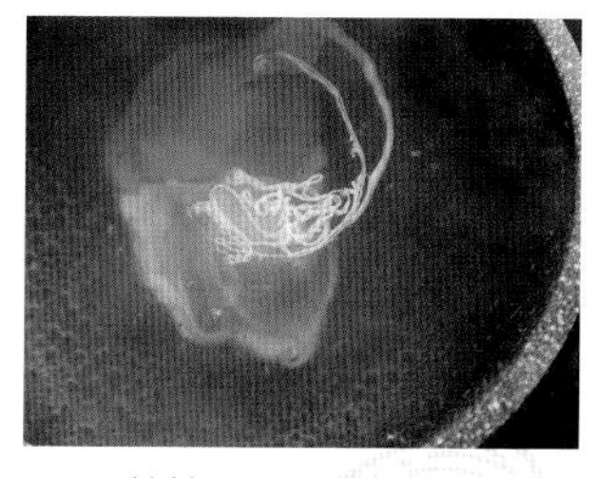

10. 用搅拌勺搅动热水成旋涡状，在旋涡中间打入两个鸡蛋。

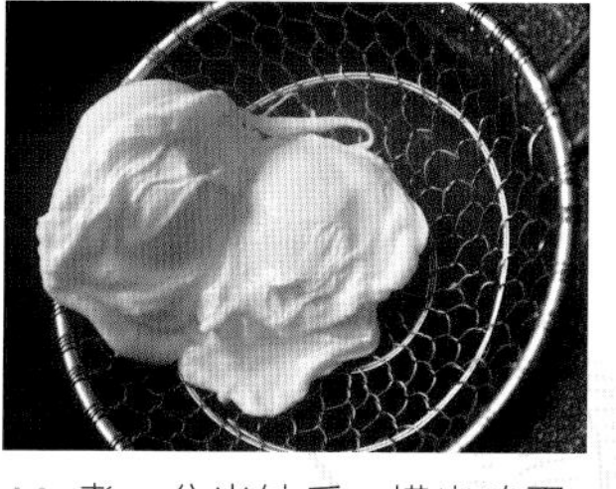

11. 煮一分半钟后，捞出鸡蛋。将准备好的面包切片烤 1~2 分钟。

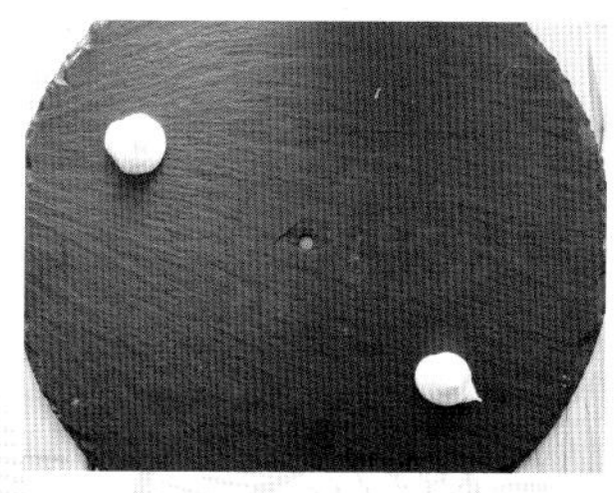

12. 在黑色的盘子上，用蛋黄酱挤上两个小点。

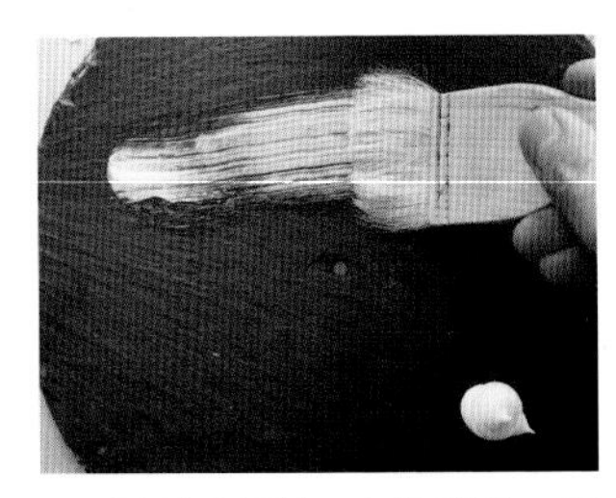

13. 用毛刷压住，向外拉出一条直线。

14. 形成图中盘子的样子。

15. 依次摆上烤好的面包，火腿片，炒好的菠菜，煮好的鸡蛋，再放上做好的荷兰酱。

虎哥的暖心小贴士

做荷兰酱的时候，隔水加热蛋黄，锅里的水一定不要太热，不能把蛋黄给煮熟。因为是水波蛋的关系，鸡蛋只煮了 1 分钟多，蛋黄还是溏心的，不建议孕妇或者备孕的女生吃，因为生鸡蛋里面的细菌存活率比较高。

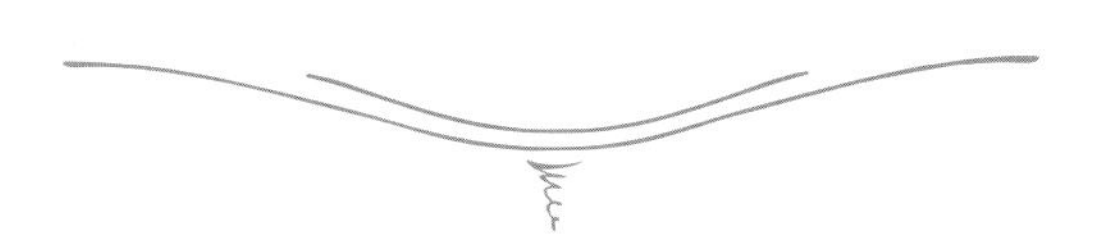

法式吐司

- **烹饪工具：**

平底锅

烤箱

面包刀

叉子

牙签

深盘子

- **准备食材：**

法棍面包…3 切片

鸡蛋…1 个

肉桂粉…2.5 克

培根…2 条

香蕉…1 根

枫叶糖浆…30 毫升（根据自己的口味调整）

马斯卡彭奶酪…30 克（也可不用）

玉米油…少许

- **摆盘所需食材：**

橙子…1 个

树莓（或草莓）…2~3 颗

薄荷叶…少许

巧克力酱…10 克

糖粉…5 克

1. 用面包刀把法棍面包切成 1~2 厘米的切片。

2. 这道法式吐司，需要 3 片切片即可。

3. 用一个稍微深一点儿的盘子，打一个鸡蛋，加入肉桂粉。

4. 用叉子混合均匀。

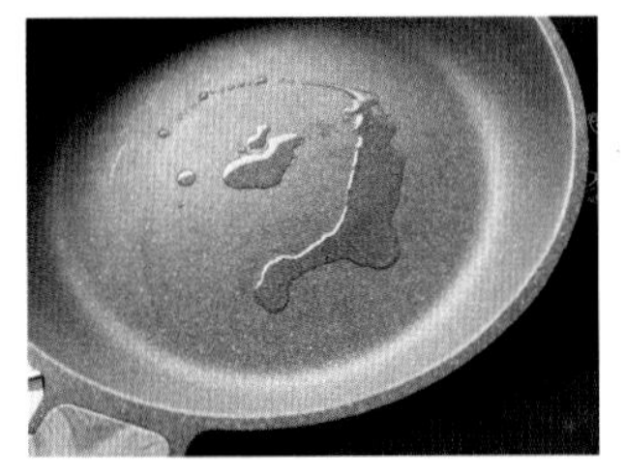

5. 锅里放入少许玉米油（或者黄油），中火加热。

6. 切好的面包片，两面充分沾上蛋液。

7. 放入热好的锅里，每面各煎 1 分钟，表面蛋液凝结后，翻面。

8. 烤箱预热，上下火 150 摄氏度，将面包片放入中层，5 分钟取出。

9. 烤面包的过程中，平底锅里放少许油，香蕉带皮从中间劈开，面朝下先煎上色，两条培根同时入锅。

10. 香蕉上色后，翻面，带皮继续加热；培根两面各煎 1 分钟即可。

11. 香蕉煎到肉皮自动分离，开始冒小泡泡即可。

12. 橙子如图切 3 片，大约 2~3 毫米厚度。

13. 橙子一片片叠在一起，如图所示。巧克力酱沿盘子边点 5 个渐小的圆点。

14. 用牙签贴住盘子，从最大的圈点中间匀速穿过所有巧克力圆点。

15. 先把烤好的两片法棍切片放在最下面，依次放上煎好去皮的香蕉、培根，再放上最后一片面包切片。

16. 可以挖上一勺马斯卡彭奶酪放在最上面，淋上枫叶糖浆，再用 2~3 颗树莓和少许薄荷叶点缀，撒上少许糖粉即可。

虎哥的暖心小贴士

买不到法棍面包，或者像虎哥一样还不会做法棍面包的朋友，我们可以用吐司面包片代替，操作顺序是一样的。没有烤箱的朋友们，也可以省掉烤箱那一步，烤箱烤 5 分钟，是为了让法棍面包切片表面更脆，淋上枫叶糖浆的口感会更好。

枫叶糖浆是甜度高但是热量低的天然糖浆。买不到的朋友可以淋上蜂蜜，但是会失去枫叶糖浆独特的味道。

肉桂粉和桂皮磨成的粉，是差不多的，长期吃，对软化血管都有好处，所以买不到肉桂粉的朋友可以去菜市场买点儿桂皮，让店家帮忙磨成粉末就可以啦。

香蕉，我们尽量选择表皮有一点点黑的，有点儿熟透的，这样的香蕉煎出来味道非常香，就像我们做香蕉蛋糕，也选择这样的香蕉。

法式吐司的吃法，一定要切一点儿吐司，与香蕉、培根一起蘸上枫叶糖浆一口吃下去，这样才会有一种奇妙的味蕾碰撞。不要一层一层地吃哦，那样就失去了法式吐司应有的味道啦。加点马斯卡彭奶酪搭配在一起吃，口感更棒。

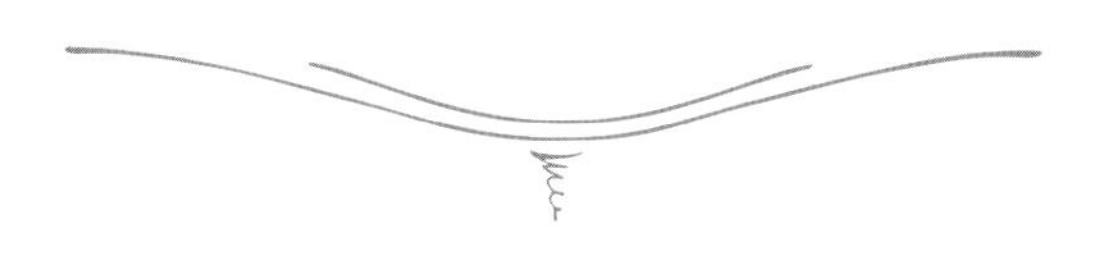

奥姆雷特

西方鸡蛋饼

● **烹饪工具：**

平底锅

烤箱

拌沙拉的盆子

铲子

刀

叉子

● **准备食材：**

奥姆雷特：

鸡蛋…3 个

盐和黑胡椒…各 1 克

火腿…3 片（46 克）

马苏里拉奶酪碎…40 克

西红柿…50 克

洋葱…50 克

食用油…适量

面包…2 片

爽口沙拉：

苦苣…一小把

红、黄圣女果…各 3 个

白醋…7.5 克

橄榄油…5 克

白糖…7.5 克

1. 先把火腿、西红柿、洋葱切成小丁。

2. 打 3 个鸡蛋在容器里，加入 1 克的盐和 1 克的黑胡椒。

3. 用叉子搅拌均匀。

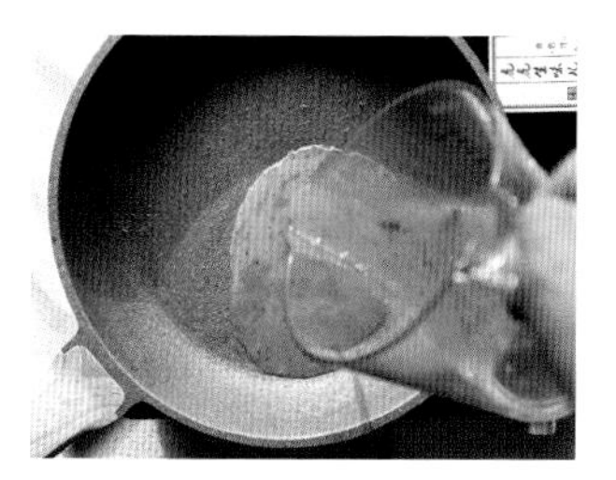

4. 锅里放入少许油，中火，油热后，倒入鸡蛋液。

5. 转动蛋液，铺满锅底，呈一张圆形的鸡蛋饼。

6. 鸡蛋饼边缘已经没有蛋液的时候，关火。

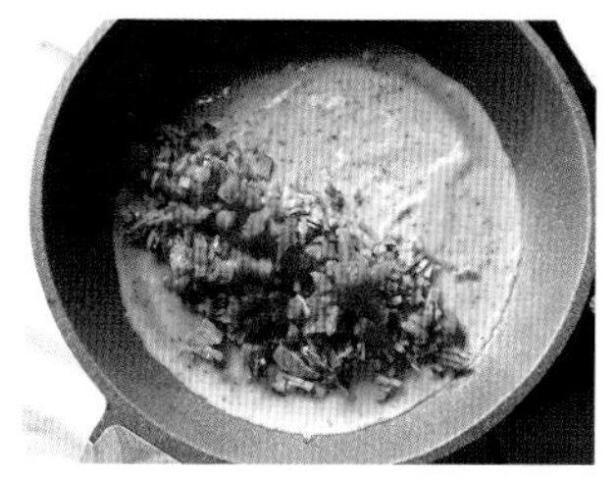

7. 在鸡蛋饼的一侧放入切好的食材。

8. 在食材上撒上奶酪碎。

9. 将鸡蛋饼放入烤箱，180 摄氏度上下火，烤 9 分钟，奶酪熔化即可。

10. 平底锅把手的地方进不去烤箱，像虎哥这样，把手柄留在烤箱门外，就可以了。

11. 在烤鸡蛋饼的时候，我们把苦苣放入容器中，圣女果切丁。

12. 放入橄榄油、白醋和白糖。

13. 拌匀沙拉后，把苦苣放在上方，然后按由宽到窄的弧线摆好圣女果。

14. 取出烤好的鸡蛋饼。

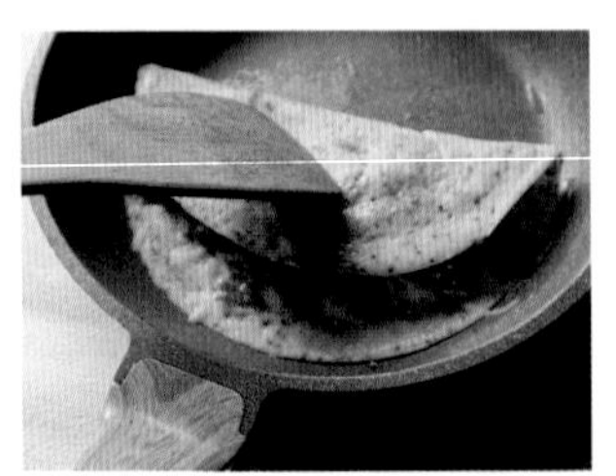

15. 用铲子从没有放食材的一边铲起来，盖住另外一边。

16. 再把鸡蛋饼从中间切开。

17. 将饼摆在沙拉的旁边，再配上两片面包。

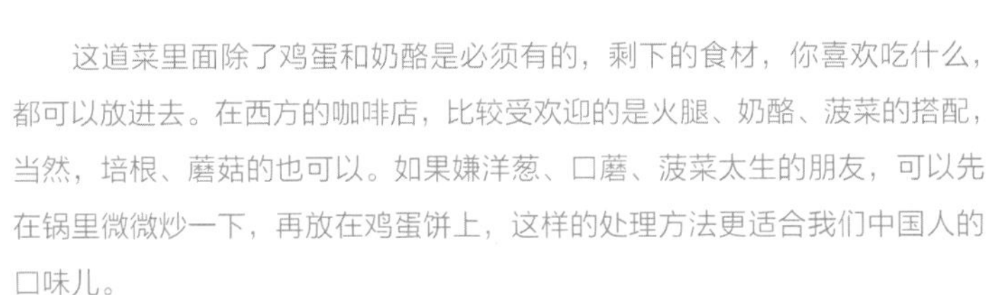

虎哥的暖心小贴士

这道菜里面除了鸡蛋和奶酪是必须有的，剩下的食材，你喜欢吃什么，都可以放进去。在西方的咖啡店，比较受欢迎的是火腿、奶酪、菠菜的搭配，当然，培根、蘑菇的也可以。如果嫌洋葱、口蘑、菠菜太生的朋友，可以先在锅里微微炒一下，再放在鸡蛋饼上，这样的处理方法更适合我们中国人的口味儿。

如果你不想把锅直接放入烤箱的话，可以把鸡蛋饼挪到烤盘上，或者比萨盘里也可以。图中我用的平底锅是直径 28 厘米的，给大家做参考。

虎哥手机摄影小课堂

美食要有美图才能证明它存在过，所以在这里简单介绍一下用手机拍美食的小技巧。首先，我们可以利用家里很多东西来做背景板，像这里面，我用的就是两张礼物的包装纸，白色和蓝色的拼接。因为我用的是白盘子，所以我会在拍摄的时候，把白色盘子放在蓝色的包装纸上，这样会有颜色的对比。如果我们手机上有“人像”功能的话，直接在屏幕中的食物上点一下，后面的摆设就会自动产生景深，虚化了。

如果没有“人像”功能，那么正常拍摄也是一样的，这是一张俯拍的，我们可以通过调整手机与食物的距离来控制图片的构图。图中我们有吃的喝的和刀叉。我们一定要知道什么是主角，主角食物只要全部露出了，剩下的不需要都全部入镜，一般图片有 3 个东西的话，我们将它们摆放成三角形，效果就不会太差。

这就是个错误的例子，没有找好角度，边边角角的地方都露了出来，其实我们动动小心思，在家用手机，一样能拍出好看的照片哦！

另外，我们在拍成品图的时候，需要有一些背景板，像饼干类的，可以在一边铺开做展示，让大家看到图片了解饼干的样子。还可以把饼干叠起来，然后用一些毛绳稍微扎起来一下，如果有一些是做坏的饼干也可以弄碎一点儿，撒落在背景板上当装饰。

黄金鸡蛋包

● **烹饪工具：**

平底锅
小奶锅
打蛋盆
土豆丝擦板

● **准备食材：**

鸡蛋…5 个
香菜…25 克
虾仁 …100 克
土豆…1 个（约 200 克）
盐…5 克
黑胡椒…2.5 克
料酒…5 克
泰国鱼露…1 克（可选）
葱绿…3 段
食用油…适量

1. 鸡蛋打散待用。

2. 香菜切碎放入容器。

3. 虾仁切碎，加入盐、黑胡椒、料酒，腌制 10 分钟。

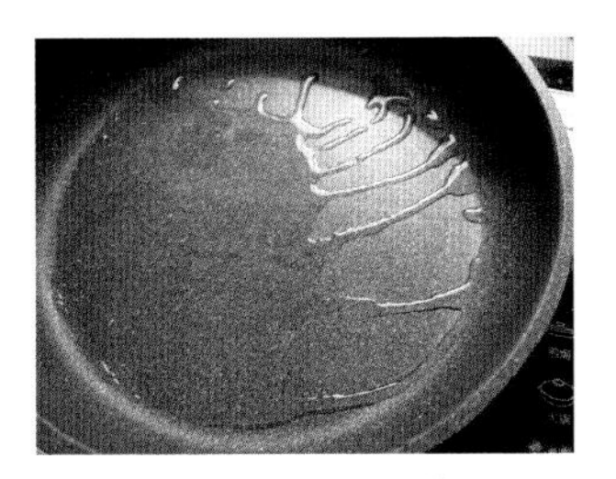

4. 平底锅里加入油，烧热。

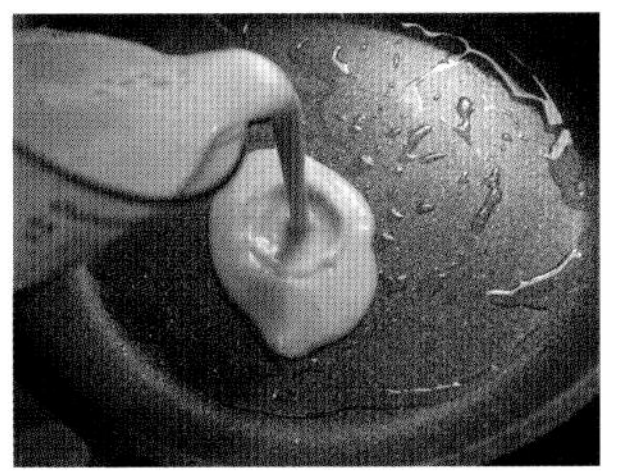

5. 倒入鸡蛋液，转动平底锅，蛋液铺满锅底，呈一个圆饼。

6. 煎大概一两分钟后，表面蛋液快要干的时候，出锅。

7. 摊好的鸡蛋饼，先放在案板上，继续煎完剩下的蛋液。

8. 土豆用擦板擦成丝。

9. 平底锅加入油，油热后，先放入腌好的虾仁、香菜翻炒，虾仁变红后，加入土豆丝。

10. 有鱼露的可以加一两滴。

11. 将剩下的蛋液直接倒入一起翻炒。

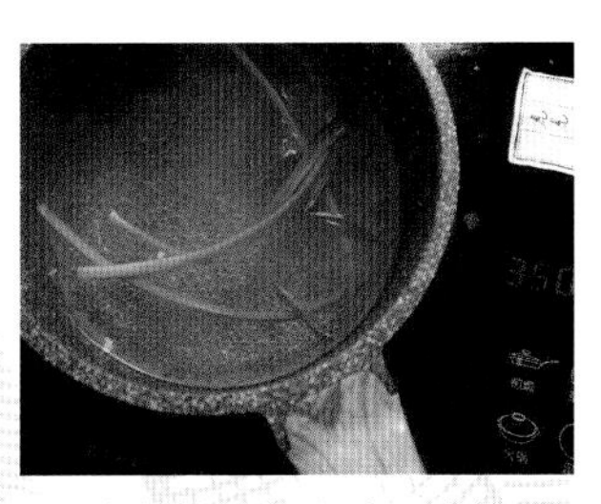

12. 小奶锅里加入水，水热后，放入葱绿部分，烫 10 秒捞出。

13. 鸡蛋饼中间放上炒好的虾仁糊。

14. 用手从外围往中间把鸡蛋饼扎起来。

15. 再用烫好的葱绿把口绑起来即可。

虎哥的暖心小贴士

鸡蛋饼不要煎到上面蛋液全部熟透，这样的鸡蛋饼很干，再包起来的时候很容易裂开。土豆丝不要过水，我们需要用里面的淀粉把虾仁、香菜黏合在一起。最后就是用水来烫一下葱绿的部分，这样葱绿里面黏黏的东西会被去掉，而且增加韧性可以用来绑鸡蛋饼。鱼露的味道很重，就像榴莲一样，喜欢的人非常喜欢，不喜欢的人闻到会觉得要晕倒，所以看自己的选择哦。

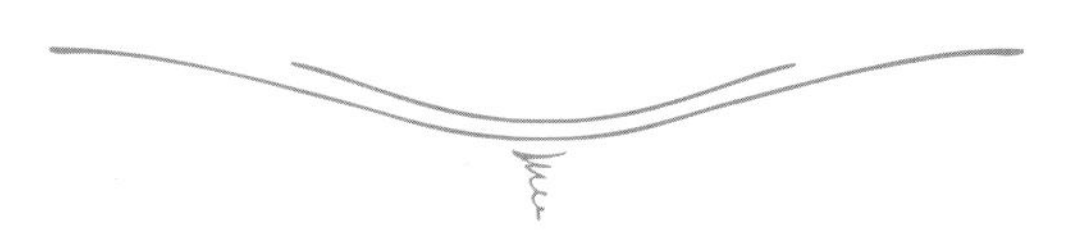

水果热香饼

烹饪工具：

平底锅
料理瓶或者裱花袋
筛网
打蛋盆
手动打蛋器

准备食材：

鸡蛋…1 个
牛奶…100 克
黄油…20 克
泡打粉…5 克
白砂糖…25 克
低筋面粉…115 克
盐…1 克
巧克力酱…适量
枫叶糖浆…适量
糖粉…适量
水果…适量

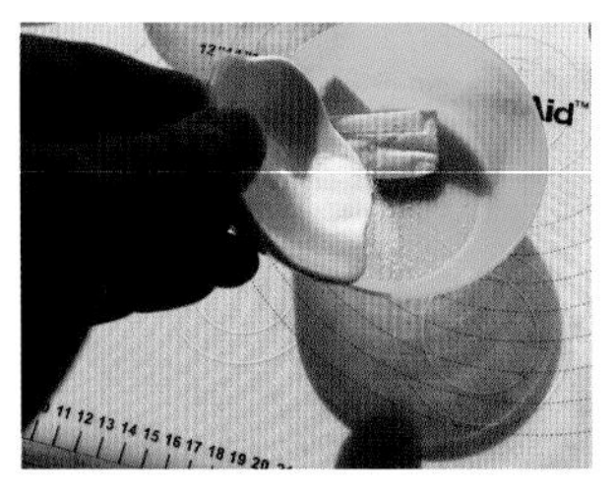

1. 黄油里加入盐，放入微波炉加热到黄油彻底熔化。

2. 再加入鸡蛋打散。

3. 低筋面粉和泡打粉过筛。

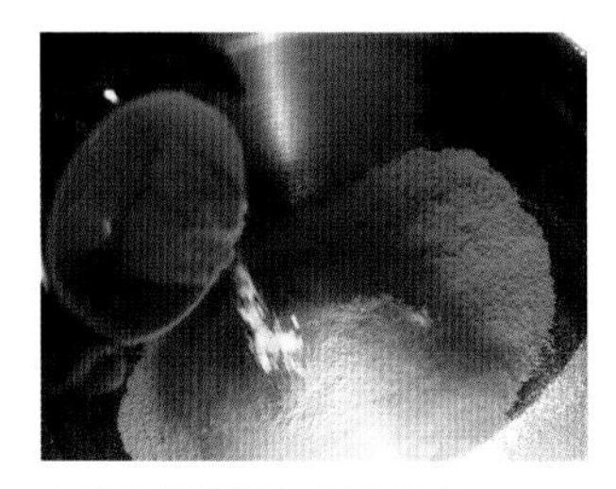

4. 加入白砂糖，混合均匀。

5. 加入牛奶和鸡蛋、黄油混合液。

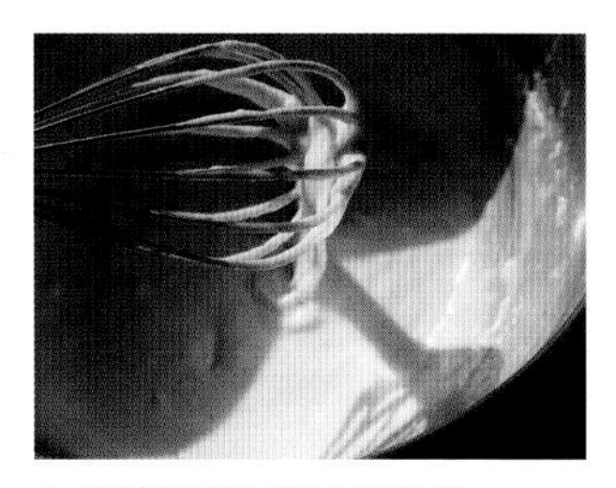

6. 搅拌到顺滑至无颗粒状。

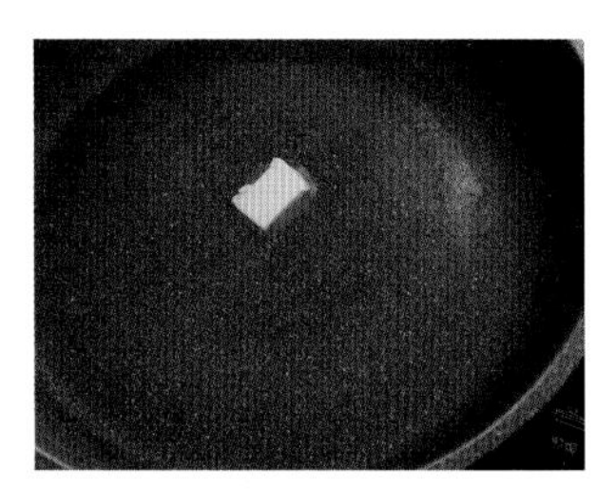

7. 平底锅中火加热，加入一点点的黄油即可。

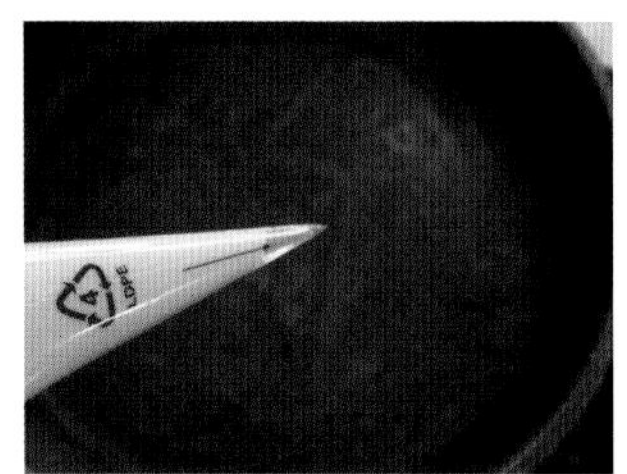

8. 把面糊装入裱花袋中，裱花袋剪个口。

9. 匀速挤入平底锅，让热香饼自己向外扩散成一个圆形。

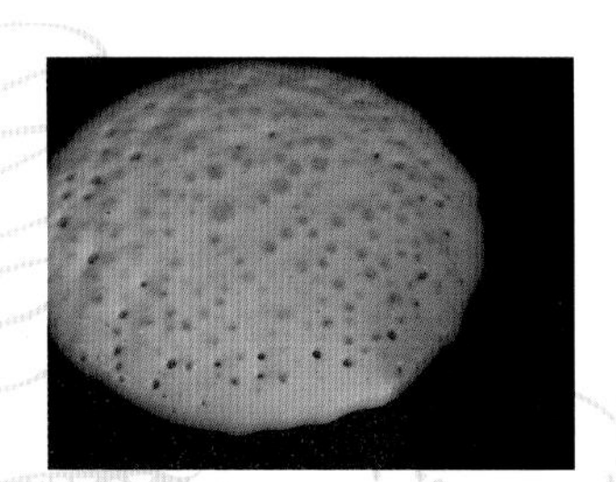

10. 大概煎 1 分钟，饼开始起泡泡，如图所示，这时候翻面。

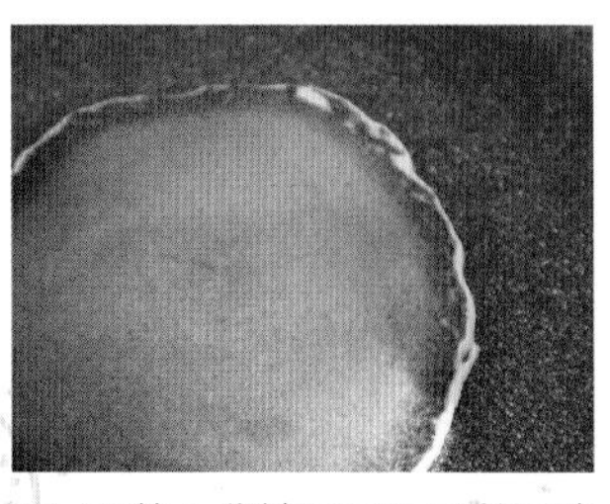

11. 再煎 1 分钟即可，可以晃动平底锅，让面饼受热更均匀。

12. 巧克力酱放入调料瓶，随意地挤出，在盘子的外围画圈。

13. 煎好的热香饼叠在一起，放在盘子中间。

14. 摆上水果，配上枫叶糖浆，撒上糖粉装饰。

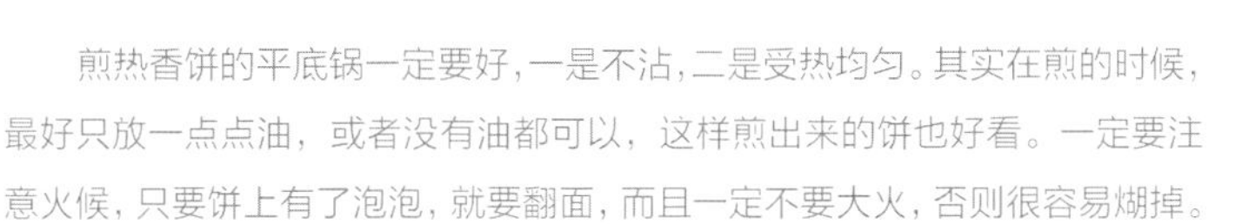

虎哥的暖心小贴士

煎热香饼的平底锅一定要好，一是不沾，二是受热均匀。其实在煎的时候，最好只放一点点油，或者没有油都可以，这样煎出来的饼也好看。一定要注意火候，只要饼上有了泡泡，就要翻面，而且一定不要大火，否则很容易煳掉。

柠檬热香饼的吃法就是，撒上点儿白砂糖，挤出柠檬汁，搭配着枫叶糖浆一起吃。当然，还是那句话，不怕胖的朋友们，可以挖一勺香草冰淇淋在上面，吃下去的那一刻，幸福感爆棚！

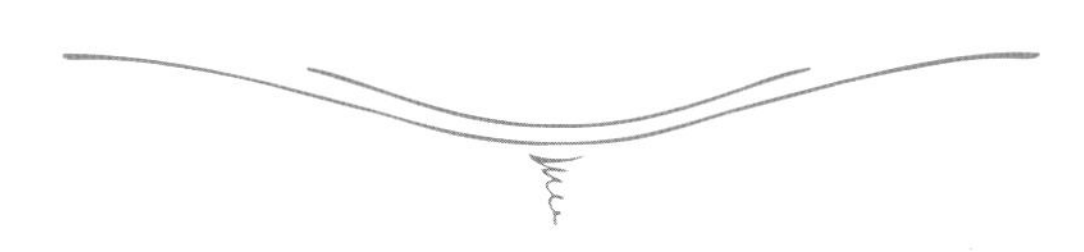

香橙燕麦奶昔

- **烹饪工具：**

料理机或奶昔机

- **准备食材：**

橙子…1 个

香蕉…1 根

低脂牛奶…50 克

无糖酸奶…50 克

即食燕麦…50 克

1. 香蕉去皮，橙子肉切小块儿。切出一小撮橙子皮（尽量只是皮表面橙色的部分，白色太多就会发苦）。

2. 切好的橙子皮的示意图。

3. 把所有食材放入料理机或者奶昔机里。

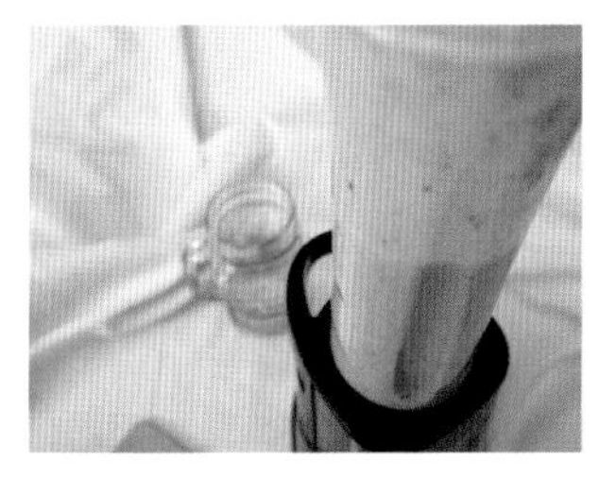

4. 启动机器，充分打发均匀。

5. 倒入杯子里，在表面撒上少许燕麦。

6. 再放上 1 片橙子做装饰。

虎哥的暖心小贴士

切记橙皮不要放太多在奶昔里，而且切的时候，一定不要把白色的部分连带切下太多，会影响到口感，这款奶昔作为早餐，饱腹感很强，口感也很清新。如果不是减肥人士，可以再加两勺巧克力冰淇淋进去，味道更棒。

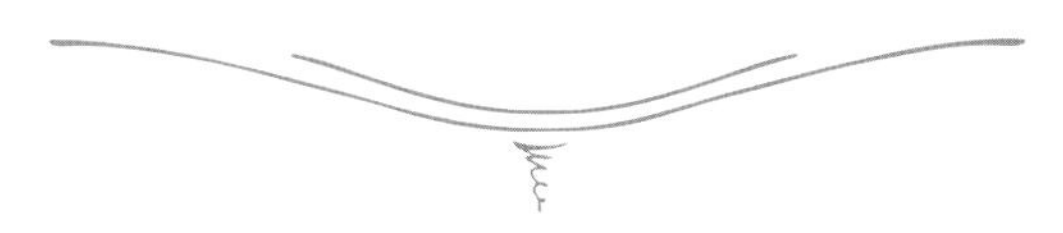

早午餐

玉米西葫芦饼

● **烹饪工具：**

平底锅

烤箱

手动打蛋器

打蛋盆

煎蛋圈

擦板

● **准备食材：**

玉米罐头…1罐（432克，含水）

香菜…100克

低筋面粉…80克

洋葱粒…100克

杂蔬…100克

西葫芦…200克

盐…10克

黑胡椒…10克

培根…2条

水…200毫升

食用油…适量

罗勒叶酱…适量

番茄酱…适量

1. 低筋面粉里加入盐和黑胡椒。

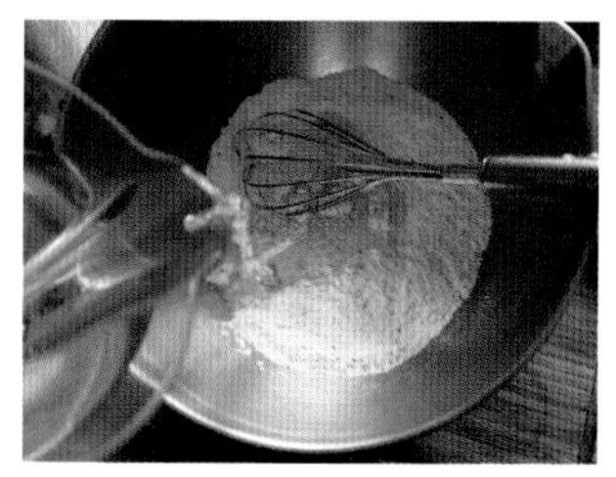

2. 倒入 200 毫升的水。

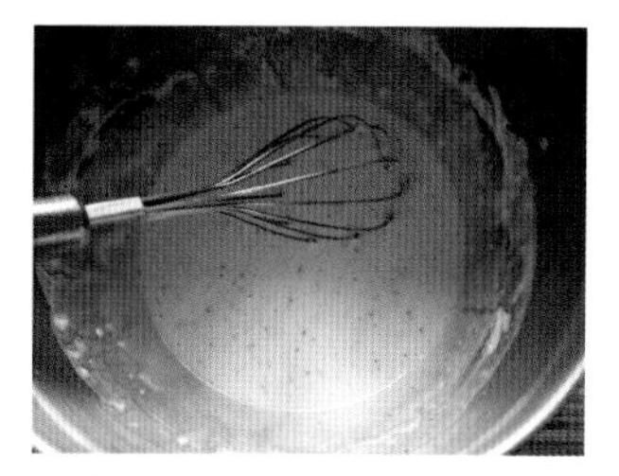

3. 搅拌成面糊，无颗粒状。

4. 玉米罐头的水要倒出去，然后加入玉米粒、洋葱粒、杂蔬、切碎的香菜和擦成丝的西葫芦。

5. 均匀地把蔬菜和面糊拌好。

6. 平底锅里放上煎蛋圈，加入少许油，放上拌好的玉米糊。

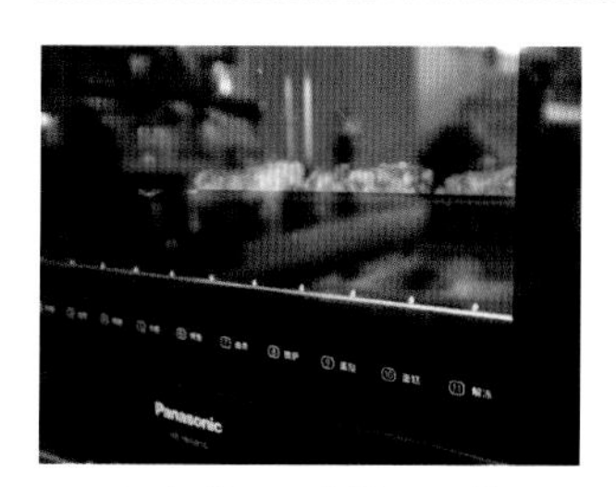

7. 两面各煎两三分钟后，放入预热好的烤箱，设定上、下火 180 摄氏度，中层烤 20 分钟。

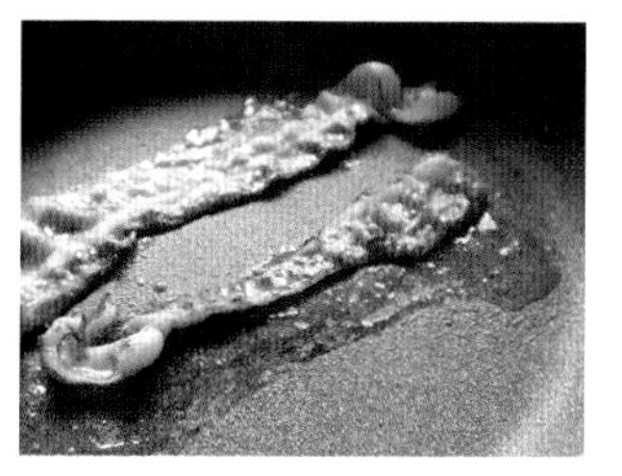

8. 平底锅煎 2 条培根，两面煎，煎至变色即可。

9. 玉米饼烤好以后，3 个饼叠在一起，放上培根，旁边放上罗勒叶酱和番茄酱（见 P.138“红酱意面”中的番茄酱做法）。

虎哥的暖心小贴士

喜欢表皮焦一点的，可以在平底锅上大火两面多煎 1 分钟，放入烤盘的时候，一定要抹一层油，或者放上油纸，因为这个饼里面的面糊和大量蔬菜的关系，会比较软，也容易沾底。

吃的时候，就是玉米饼、培根蘸上番茄酱和罗勒叶酱一口下去，有层次的口感。没有煎蛋圈的，可以直接用勺子把面糊挖到锅里，只是成品不会太圆，不影响口感。用煎蛋圈的，一定要注意，圈内部涂油，在煎大概 2 分钟的时候脱模。每次放面糊前都要抹油哦，但是一定注意安全，不要用手，以免烫伤。

香蕉热卷饼

一饼两吃

● **烹饪工具：**

平底锅

筛网

打蛋盆

保鲜膜

料理瓶或者裱花袋

手动打蛋器

● **准备食材：**

低筋面粉…130 克

白砂糖…25 克

盐…2 克

牛奶…250 毫升

无盐黄油…15 克（再多备出一些，最后煎饼用）

鸡蛋…1 个

香蕉…2 根

巧克力酱…少许（摆盘用）

1. 先把低筋面粉过筛。

2. 加入白砂糖和盐搅拌均匀。

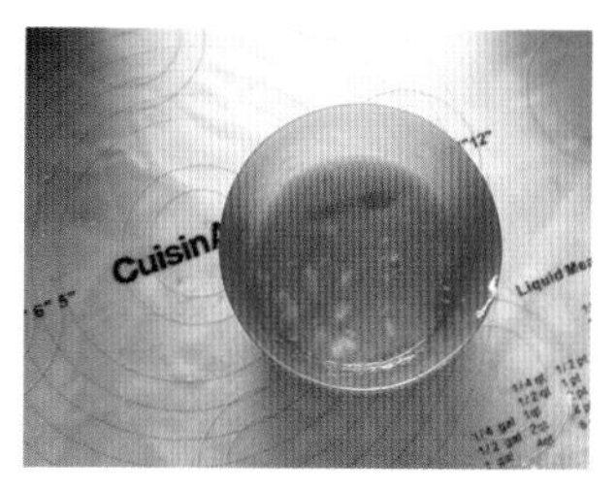

3. 熔化好的黄油里加入鸡蛋打散。

4. 加热牛奶到皮肤温度即可，不要煮沸。

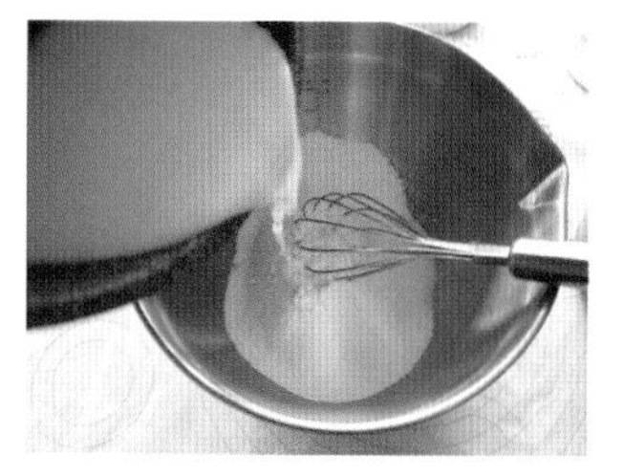

5. 将牛奶迅速倒入面粉里。

6. 搅拌到无颗粒状态即可。

7. 加入鸡蛋和黄油混合物继续搅拌。

8. 面糊过筛网。

9. 用保鲜膜盖好后，放入冰箱冷藏最少 4 小时，最好隔夜。

10. 平底锅放入少许黄油，倒入面糊，转动平底锅，让面糊铺满整个锅底，大概煎 2 分钟取出即可。

11. 再把锅里放入少许黄油，香蕉从中间劈开，煎到香蕉表面上色。

12. 香蕉表面上色后，翻过来，隔皮再煎 8 分钟。

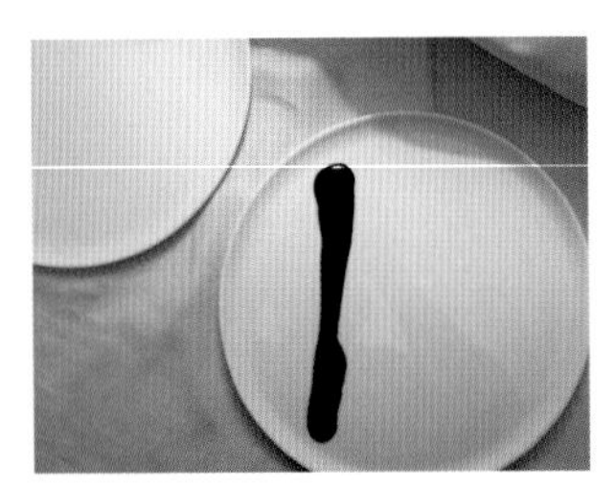

13. 煎香蕉的时候，用巧克力酱在盘子上挤出一条直线，在画好的直线上，有间隔地点 4 个点，再挤上一点儿巧克力酱。

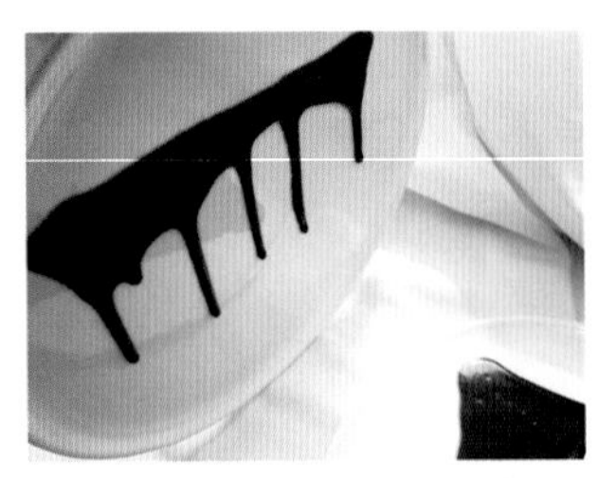

14. 然后把盘子立起来，多点的四个点上的巧克力就会自然往下滑落。

15. 吃法一：煎好的薄饼放上新鲜的香蕉。

16. 卷好后，斜着切成段。

17. 直接摆在盘子中的巧克力上即可食用。

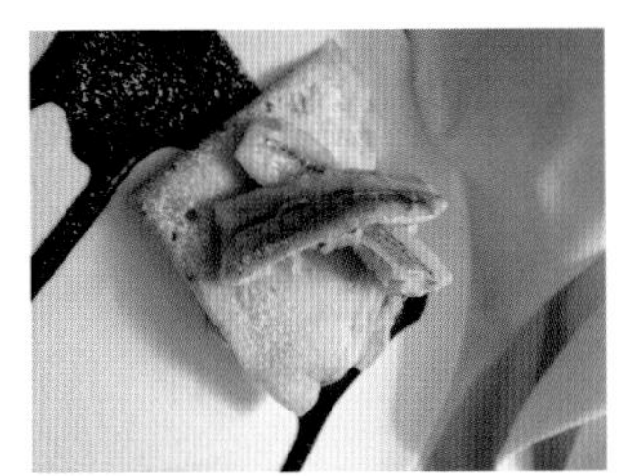

18. 吃法二：热的薄饼，就是把薄饼叠成扇形，在上面放上煎好的香蕉即可。

虎哥的暖心小贴士

这道薄饼是我在新西兰寄宿家庭里周末吃的，他们叫“周末的奖励”。喜欢甜一点儿的，可以淋上少许蜂蜜或者枫叶糖浆。如果不怕胖，再弄点儿打发好的淡奶油和一个香草冰淇淋配着一起吃，这是个完美的饭后甜点。

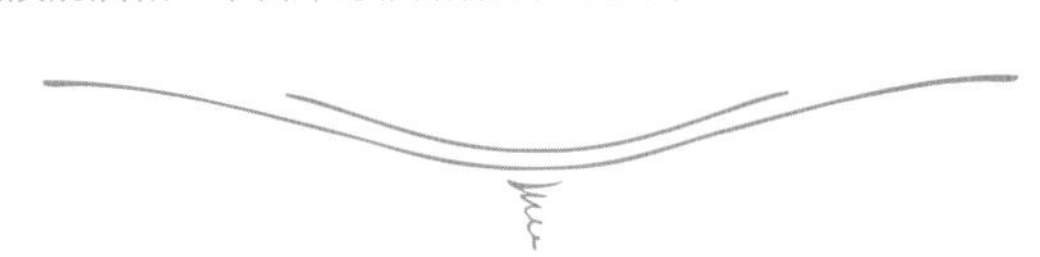

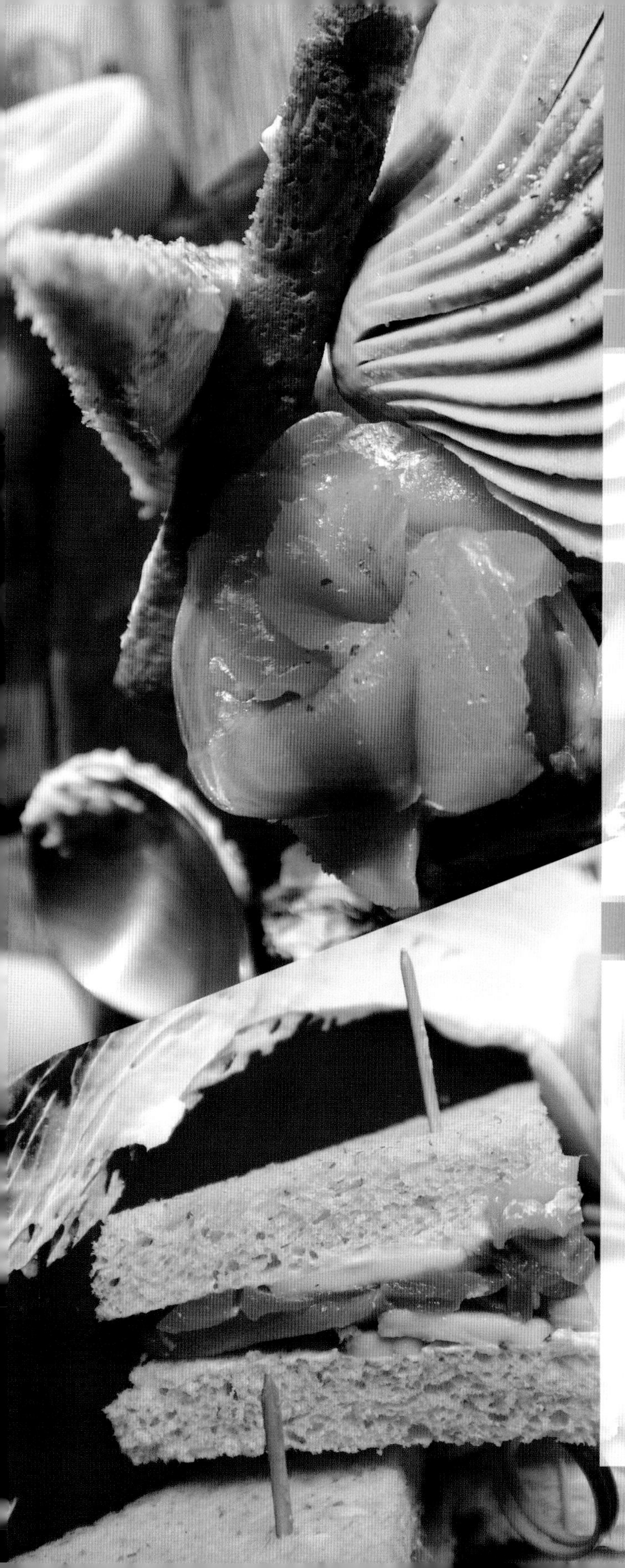

牛油果三文鱼三明治

公开三明治的摆盘

- **烹饪工具：**

平底锅

毛刷

勺子

面包刀

- **准备食材：**

吐司面包…1 片

奶油奶酪…20 克

烟熏三文鱼切片…3 片

牛油果…1/2 个

黑胡椒…少许

玉米油…少许

传统三明治的摆盘

- **烹饪工具：**

勺子

面包刀

牙签或者竹签

裱花台

- **准备食材：**

吐司面包…2 片

奶油奶酪…20 克

烟熏三文鱼切片…3 片

牛油果…1/2 个

黑胡椒…少许

公开三明治的摆盘

1. 吐司两面涂上少许玉米油（或者软化的黄油），用平底锅中火加热。

2. 加热的同时，把锅离火，转动锅，让吐司在锅中晃动，这样受热更均匀，烤成金黄色，翻面继续。

3. 牛油果如图，用刀环绕切一圈。

4. 上下扭一下，牛油果就分成两瓣。

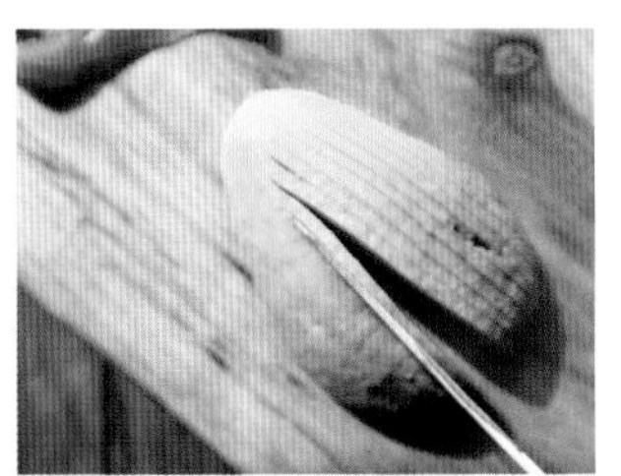

5. 其中的一半，去掉表皮，用刀切成 1 毫米的切片，但是顶部不要切断。

6. 切好后，用手轻轻往一侧推开呈扇形。

7. 把烟熏三文鱼切片，叠加铺平在一起。

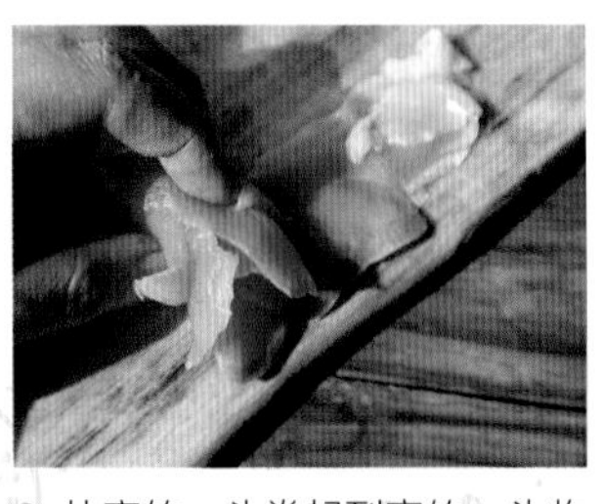

8. 从宽的一头卷起到窄的一头收尾。

9. 立起来，用手将三文鱼边缘轻轻往外拨开，三文鱼花就做好了。

10. 涂 10 克室温软化的奶油奶酪在吐司片上。

11. 先把吐司对角切开，再把其中一个三角形从尖角到底边中间切成两片，如图所示。

12. 剩下的 10 克奶油奶酪，放在盘子上，用勺子底部的鼓起部分压住奶油奶酪。

13. 一边压着盘子，一边向外呈直线推出。

14. 先把三角形的吐司片放在最下方，旁边放上卷好的三文鱼花、牛油果，再把剩下的两个小三角面包靠在上面，撒上少许黑胡椒在三文鱼和牛油果上即可。

传统三明治的摆盘

1. 吐司涂上软化的奶油奶酪，放上牛油果切片、烟熏三文鱼，撒上黑胡椒，再放上一层牛油果切片，最后放上一片吐司。

2. 用面包刀切掉四周的面包边。

3. 在如图的位置，插上 4 根牙签或者竹签。

4. 用面包刀对角线切开。

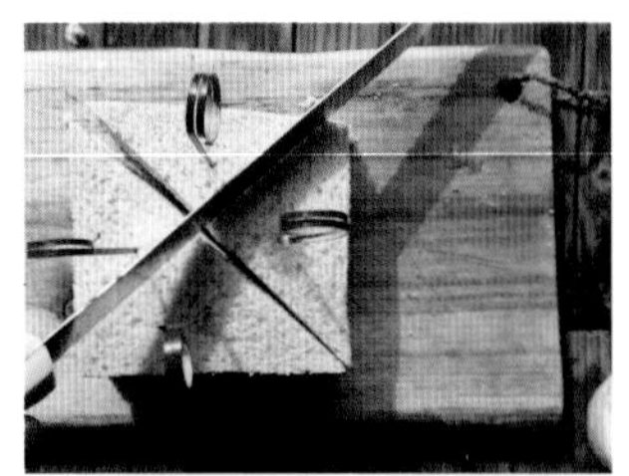

5. 再切另外一个对角线，注意切完的刀，要擦干净，再切第二刀，这样刀上带到的酱不会粘在面包表面。

6. 把剩下的牛油果切薄片，一片叠着一片排开放好后，竖立起来，从一头卷到另外一头。

7. 做成牛油果花的造型。

8. 把盘子放在裱花台上，放上软化好的奶油奶酪，还是用勺子底部凸起的部分，压住奶酪的手不动，另外一只手匀速旋转裱花台。

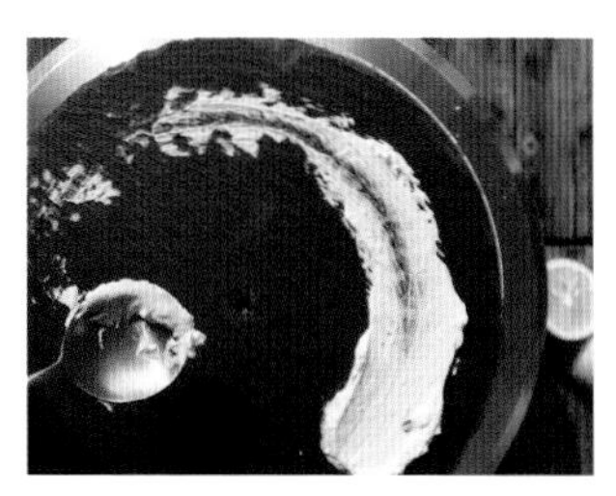

9. 完成后就会形成图中的摆盘造型。

10. 摆上牛油果花和切好的三明治。

虎哥的暖心小贴士

公开三明治，如果家里有吐司机的话，就不用这样烤啦！这是为了给一些没有吐司机的朋友想的小窍门。有些朋友可能不喜欢烟熏三文鱼的口感，其实也可以稍微煎一下，弄熟。或者可以挤一点点柠檬汁在上面解腻哦。

我们在切传统三明治的时候，手要用巧劲儿，轻轻地抚着三明治的表面，不要使劲儿压，那样你的手指印就会留在三明治的表面。奶油奶酪、牛油果和烟熏三文鱼是西餐三明治里面非常经典的一款搭配，这是国外咖啡店里都会有的一款三明治。

LUNCH
午餐

快手
腊味煲仔饭

- **烹饪工具：**

电饭煲

搅拌勺

- **准备食材：**

腊味煲仔饭：

大米…400 克

纯净水…500 毫升

腊肠…2 根（90 克）

腊肉…1 块（80 克）

咸鸭蛋…1 个

酱汁：

纯净水…50 克

生抽…7.5 克

老抽…5 克

玉米油…7.5 克

耗油…7.5 克

辣椒酱（可选加）

小葱…少许

1. 淘好的米里加入 500 毫升的纯净水。

2. 把腊肠、腊肉切成 2 毫米的薄片。

3. 将切好的腊肠、腊肉和咸鸭蛋一起放入电饭煲内胆中。

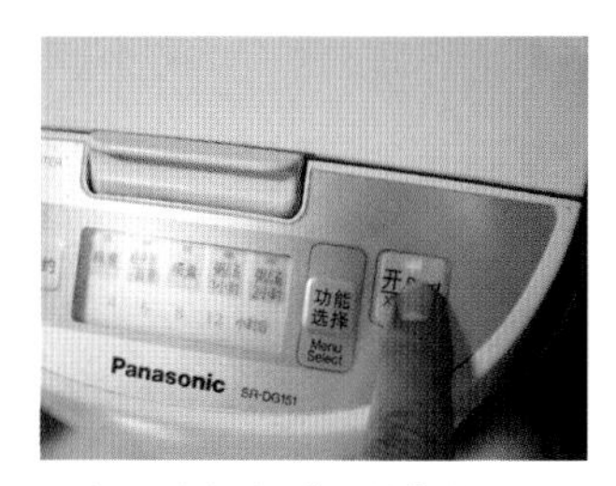

4. 按下电饭煲“开始”键（和平时蒸米饭的功能一样）。

5. 在等蒸饭的过程中，把酱汁的所有材料放入容器，小葱切成葱花。

6. 将葱花加入酱汁，搅拌均匀后，待用。

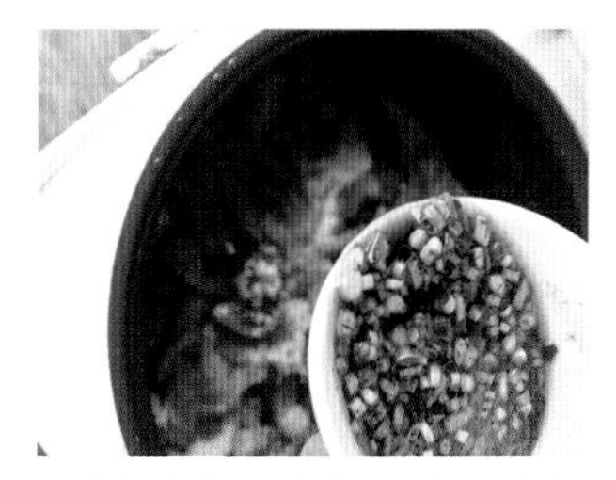

7. 电饭煲提示完成后，打开电饭煲盖子，放入调好的酱汁。

8. 搅拌均匀后，盖上盖子，再闷 5 分钟即可。

虎哥的暖心小贴士

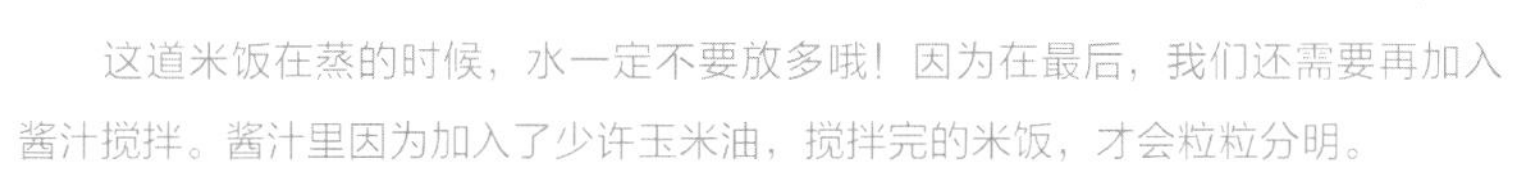

这道米饭在蒸的时候，水一定不要放多哦！因为在最后，我们还需要再加入酱汁搅拌。酱汁里因为加入了少许玉米油，搅拌完的米饭，才会粒粒分明。

米饭做好了以后，我们可以烫一个生菜，烫生菜的时候，在烧开的水里加入少许盐，开水里烫一两分钟捞出即可，淋上一点点的蒸鱼豉油，搭配我们的煲仔饭是绝配哦！

素带鱼

- **烹饪工具：**

蒸锅
平底锅

- **准备食材：**

山药…200 克
玉米淀粉…10 克
玉米油…少许
水…15 克
生抽…15 克
陈醋…15 克
白砂糖…15 克
老抽…5 克（可选）
姜、葱段…少许

虎哥的暖心小贴士

我强烈建议大家把山药上面的毛处理好，洗干净以后，带皮做这道菜，一是成品更类似带鱼，二是你在切开后，压扁的时候比较好操作。我去皮是因为很多人对山药的毛过敏。如果是用去皮的方法，切记压扁的时候注意安全，因为山药会很滑。在蒸的时候一定不要时间过长，否则山药一压，就会变成泥了。

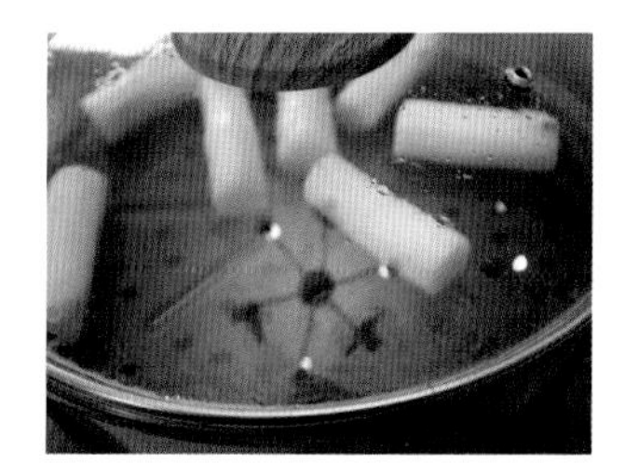

1. 山药去皮，水开后，蒸 6 分钟左右。

2. 将山药从中间一切为二。

3. 再用刀面轻轻压下去，稍微变扁。

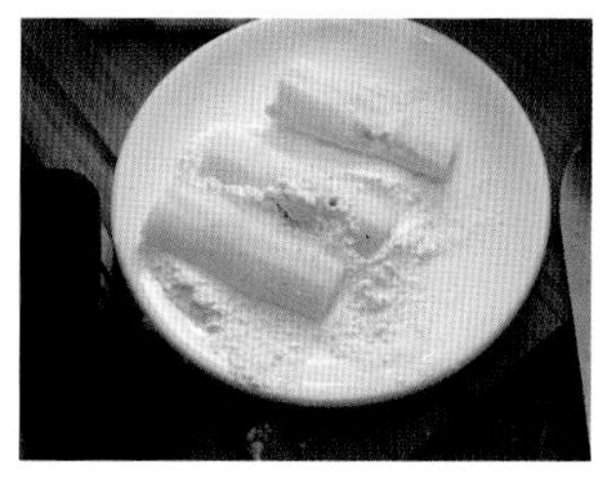

4. 把压扁的山药两面粘上玉米淀粉。

5. 平底锅放入玉米油，再放入山药。

6. 煎到两面上色，有一点儿焦黄色即可。

7. 切 3 片姜。

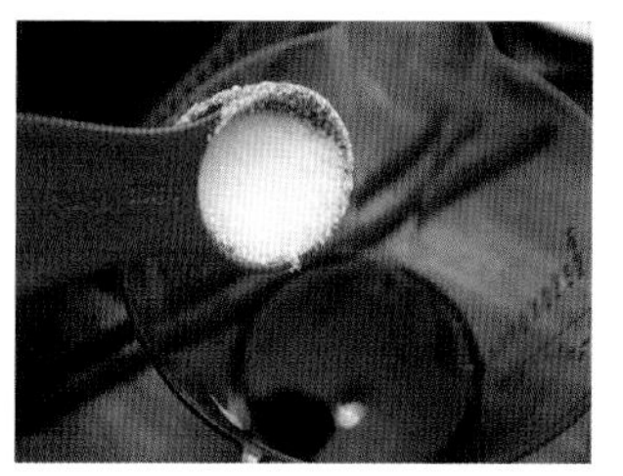

8. 调汁，把水、生抽、陈醋、白砂糖搅拌均匀。如果喜欢颜色深一点儿，可以加入一点点的老抽。

9. 锅里放入玉米油，烧热后加入姜片，炒出香味。

10. 放入煎好的山药，加入调好的酱汁。

11. 离火，不停转动锅，因为山药上面有玉米淀粉，所以酱汁会迅速变稠。

12. 切少许葱段做装饰。

柠香鸡翅

- **烹饪工具：**

平底锅

- **准备食材：**

鸡翅中…8 个
柠檬…1/4 个
水…80 毫升
生抽…15 克
白砂糖…10 克
老抽…2 克
蒜粒…20 克
葱花…20 克

1. 用刀把鸡翅中两面斜着划两道。

2. 蒜切碎。

3. 准备好 1/4 个柠檬。

4. 把蒜粒铺在鸡翅上。

5. 挤入柠檬汁。

6. 把挤完汁的柠檬皮切下来。

7. 柠檬皮切成丝待用。

8. 鸡翅腌制约 15 分钟后，把蒜粒全部去掉。

9. 平底锅中火加热，不要放油，慢慢将鸡皮煎出油。

10. 煎到两面有点金黄色即可。

11. 加入 80 毫升的水。

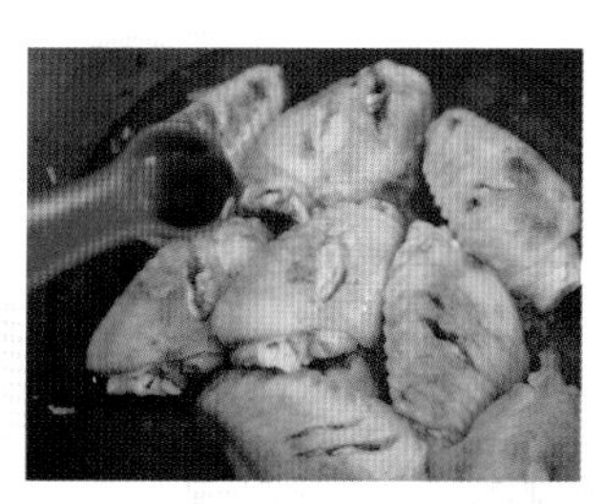

12. 加入生抽、老抽和白砂糖。

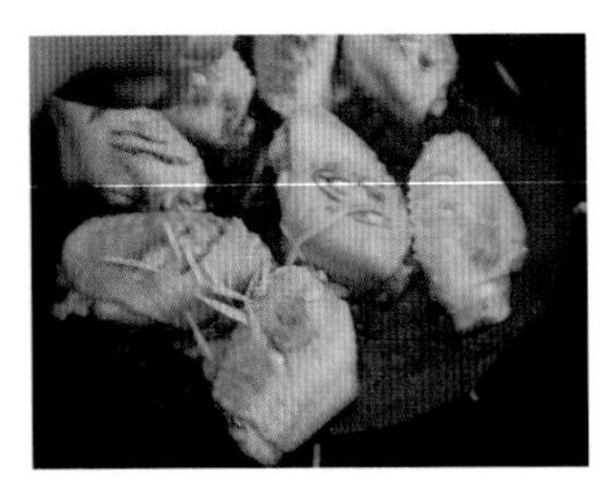

13. 再放入切好的柠檬丝。

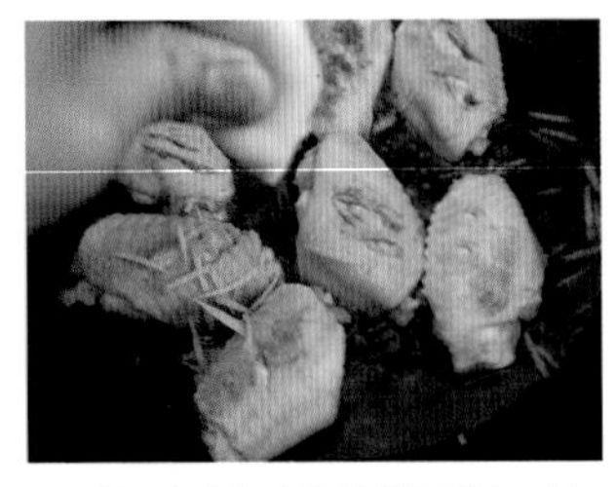

14. 把刚刚去皮的柠檬再挤一挤，挤出的柠檬汁入锅。

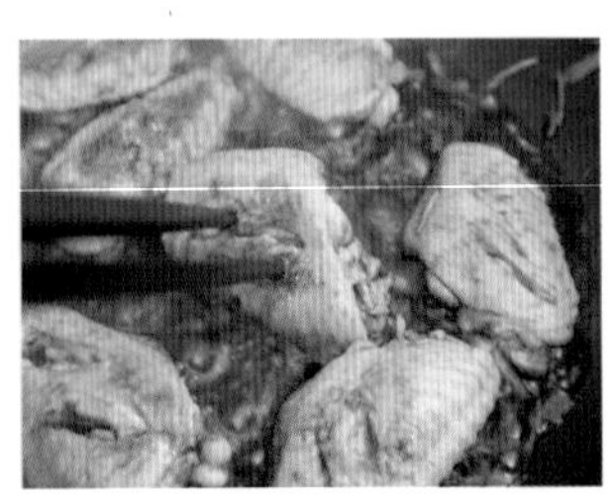

15. 盖上锅盖，小火煮 15 分钟后，开大火收汁，可以用筷子如图所示扎进鸡翅，更快入味。最后撒上少许柠檬丝和葱花装饰即可。

虎哥的暖心小贴士

这道菜我们用到的油就是鸡皮本身的油，柠檬皮切的时候一定要够薄，白色的部分太多的话，会发苦。蒜粒是为了让鸡肉有淡淡的蒜香味儿，煎的时候一定要去掉，要不然蒜会煳在锅里而影响成品味道哦。鸡翅鲜香里带着柠檬的回甘，在春夏吃，绝对清爽。

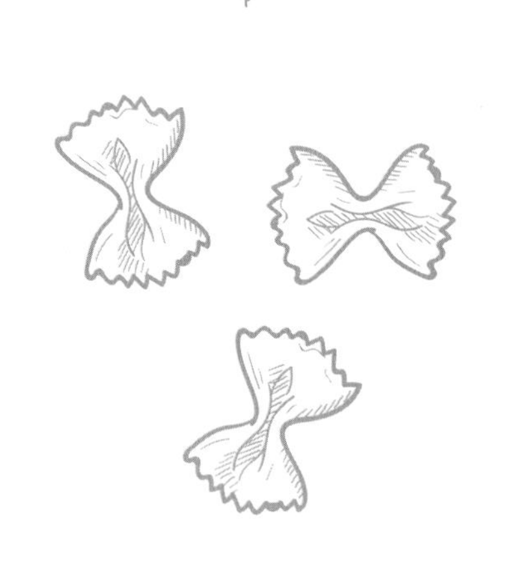

乌梅糖醋排骨

● **烹饪工具：**

炒锅

漏勺

● **准备食材：**

小肋排…500 克

姜…2 片

料酒…20 克

生抽…40 克

冰糖…60 克

醋…80 克

玉米油…45 克

水…200 克

乌梅…4 颗

白芝麻…少许

1. 排骨放入加了两片姜的水里煮。

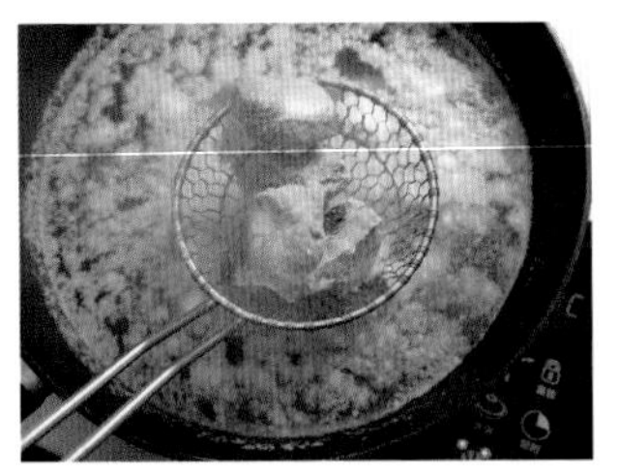

2. 煮出血沫后，捞出，再准备一锅干净的水。

3. 再煮一遍，捞出排骨待用。

4. 放入玉米油，油热后，放入冰糖。

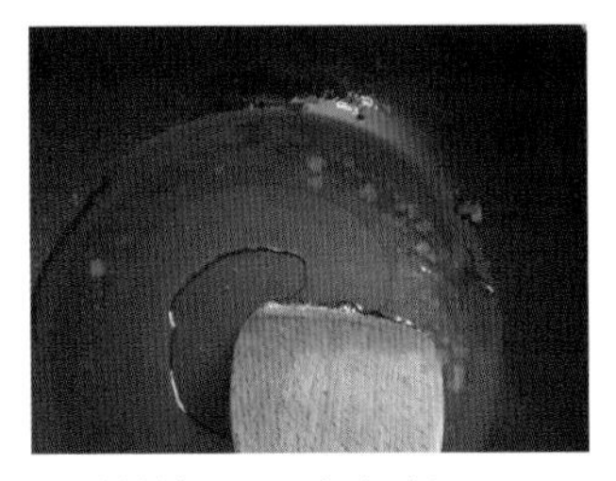

5. 冰糖熔化后，颜色变深。

6. 放入排骨，翻炒上糖色。

7. 加入水、料酒、生抽、醋。

8. 放入乌梅。

9. 盖上锅盖小火炖 30 分钟后，开盖大火收汁，不停翻炒，到汤汁将要彻底收干时，撒入少许白芝麻拌匀出锅。

虎哥的暖心小贴士

乌梅是我直接从超市买的九制乌梅，本身有点儿酸酸甜甜和淡淡的盐味儿，与这道排骨菜很搭，增加了口味儿的层次感。我们有个小秘诀，就是 1（料酒）:2（生抽）:3（白糖）:4（醋），这样的比例，基本不会出错哦！

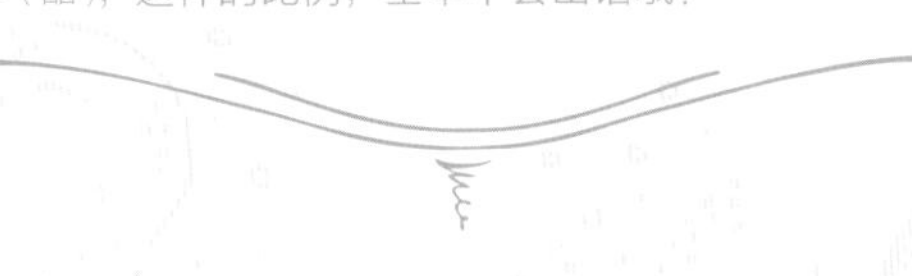

剁椒水波蛋

● **烹饪工具：**

奶锅

漏勺

● **准备食材：**

鸡蛋…4 个

生抽…5 克

青剁椒和红剁椒…各 30 克

蒜头…5 瓣

白醋…30 克

水…1 升

油…30 克

虎哥的暖心小贴士

一定要等水煮开了以后，再加入白醋。因为水里放了白醋，蛋白会包在一起，如果没有包起来，就是因为鸡蛋不够新鲜。这道菜最好的搭配就是煮一碗面，把剁椒和溏心蛋搅拌在面里一起吃。但是要注意，煮的时间不要过长，热油的过程也要快，因为煮好的鸡蛋还是有余温在加热的，如果时间太长，里面的蛋黄就会熟透，就不是溏心蛋了。

1. 把蒜切成小的蒜粒。

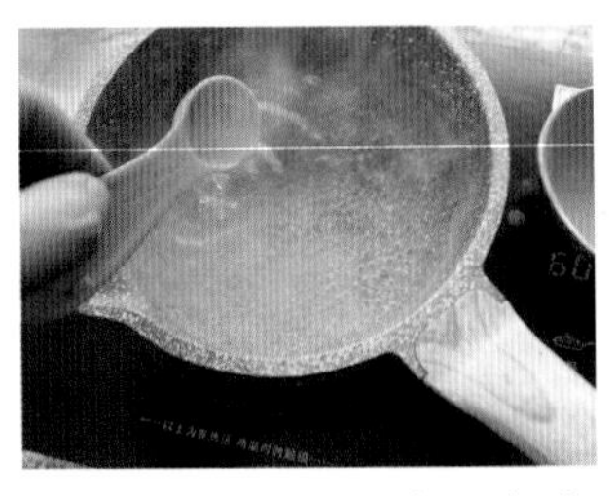

2. 大火烧开水以后，加入白醋，转小火。

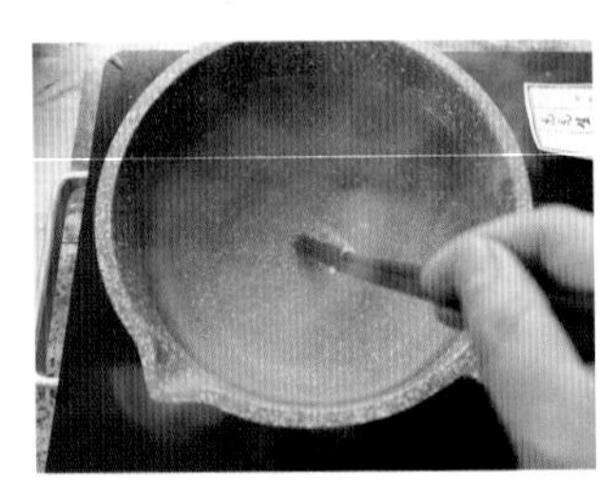

3. 用筷子或者勺子在锅里面旋转出旋涡。

4. 在旋涡中间打入鸡蛋。

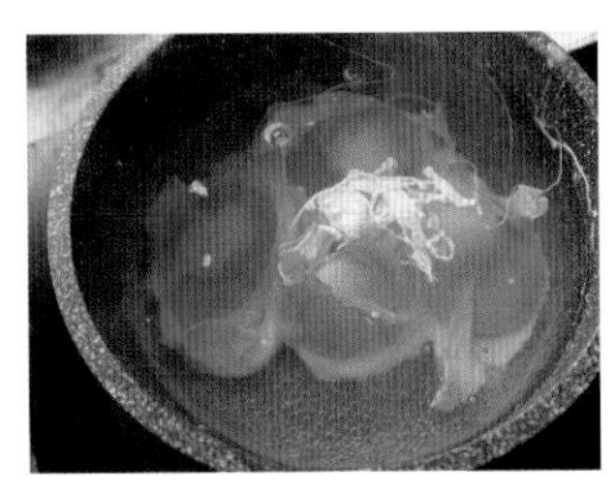

5. 放入 4 个鸡蛋，如图所示。

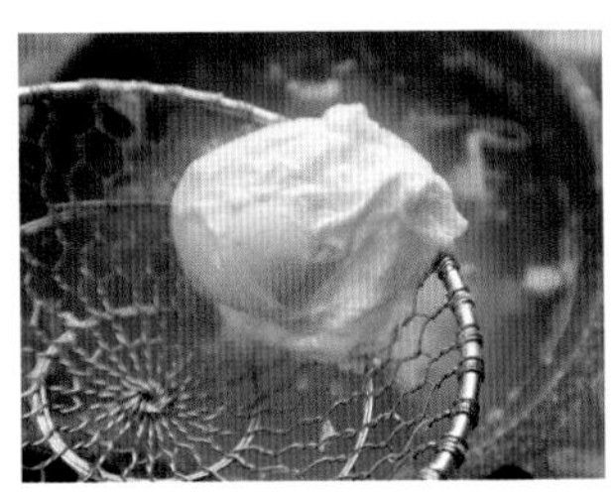

6. 小火煮 1 分 20 秒左右，捞出鸡蛋。

7. 放在盘子里待用。

8. 快速地用一个干净的锅加入少许油烧热。

9. 放入蒜粒，炒出香味。

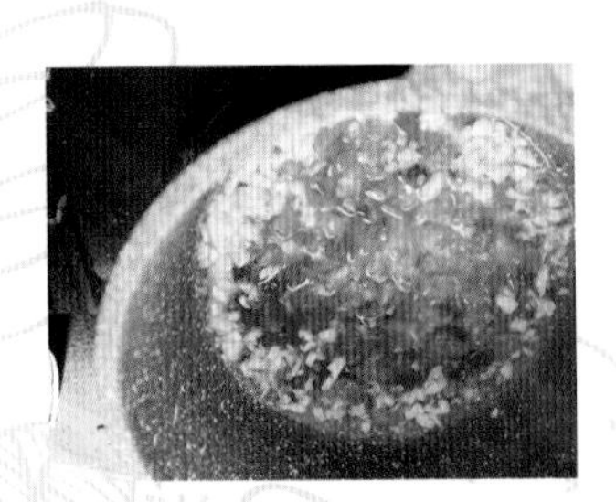

10. 再加入青、红剁椒。

11. 倒在煮好的鸡蛋上。

12. 淋上少许生抽。

自制杂酱手擀面

● **烹饪工具：**

深锅

和面盆

擀面杖

● **准备食材：**

手擀面：

普通面粉…400克

水…150克

盐…5克

鸡蛋…1个

杂酱：

肥瘦猪肉碎…300克

甜面酱…150克

香菇丁…100克

蒜…3瓣

大葱…1段

醋…5克

鸡精…2.5克

盐…2.5克

水…100克

食用油…适量

拌面料：

胡萝卜…1根（切丝）

豇豆…150克

香菜…少许

黄瓜…1根（切丝）

蒜泥…少许

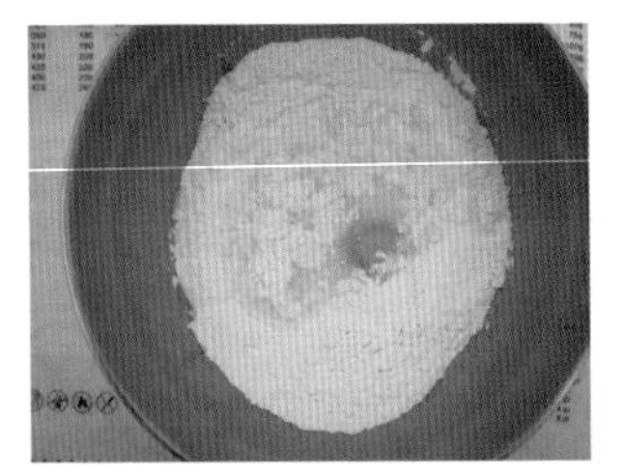

1. 面粉里加入盐搅拌均匀后，加入水和鸡蛋。

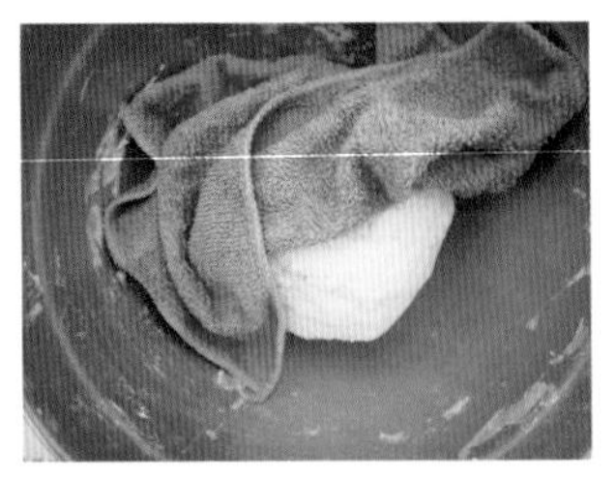

2. 揉成面团后，用干净的湿布盖上待用。

3. 大火烧开水后，放入整条的豇豆煮 4 分钟。

4. 豇豆取出后放入凉水，然后切成 2~3 毫米的小段。

5. 锅里放入油，放入蒜泥和葱花炒香。

6. 在葱花有点焦色的时候，放入猪肉碎。

7. 不停地煸炒，直到煸炒出油。

8. 加入醋和鸡精，继续翻炒一两分钟。

9. 放入香菇丁，翻炒，让香菇吸收煸炒出来的油。

10. 锅中加入水。

11. 再加入甜面酱。

12. 炒的时候，一定要不停地翻炒，避免煳锅，放入甜面酱后，加入少许盐，翻炒 5 分钟即可出锅。

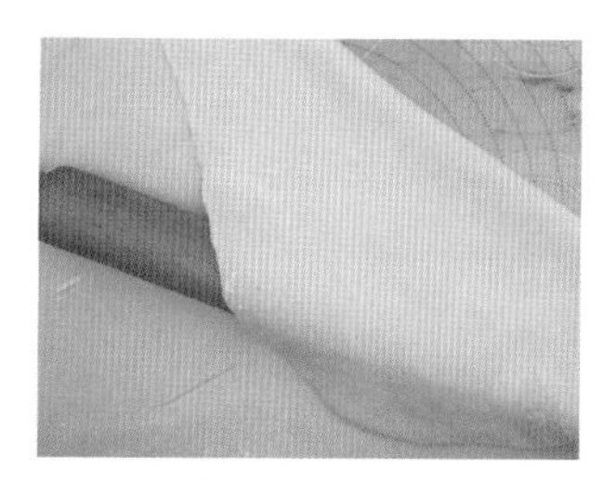

13. 这时候把醒好的面团拿出来，用擀面杖一边撒面粉，一边擀成薄片。

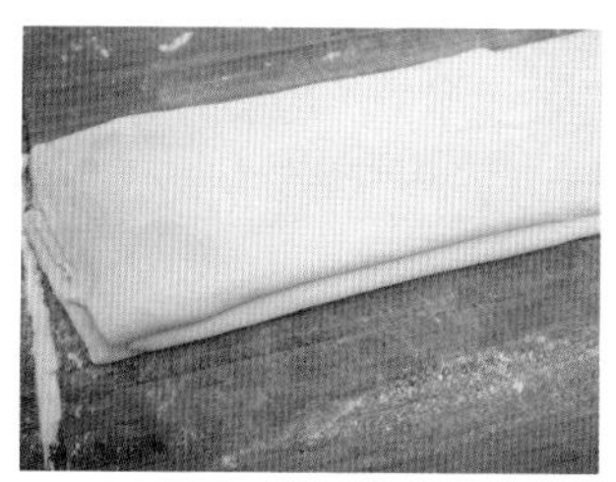

14. 一定记住面皮的两面都要撒面粉，这样切的时候才不会粘在一起，将面片一层层折叠在一起。

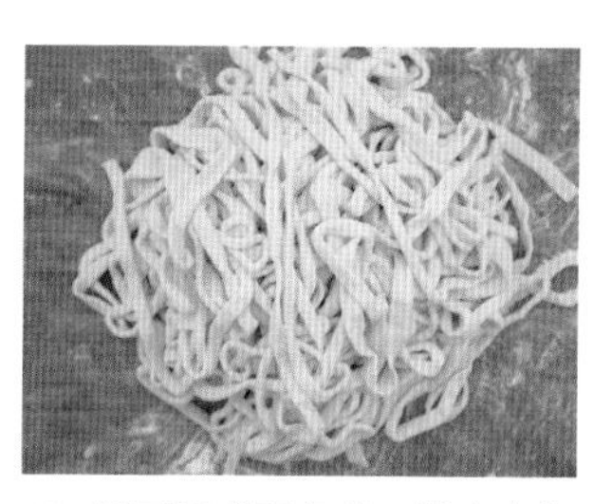

15. 用刀切成面条状，撒上少许面粉抓散。

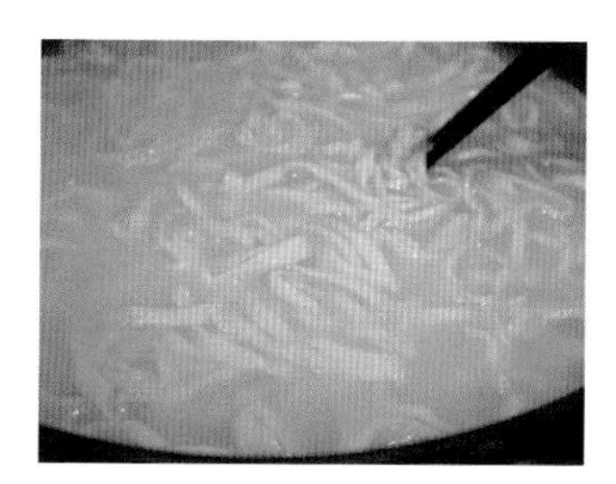

16. 水开以后，放入面条，用筷子搅拌，煮的时候，每 5 分钟用筷子搅拌一下，中火煮大概 10 分钟，可以拿出一根面条过一下冷水，尝一尝是不是熟透了。

17. 煮好的面条，用冷水冲洗沥干后放入碗中。

18. 先根据自己的口味放入肉酱拌匀。

19. 再放入蒜泥拌匀后，最后加入胡萝卜丝、黄瓜丝、香菜、豇豆搅拌均匀即可。

虎哥的暖心小贴士

豇豆整条焯才不会老。我们在做肉酱的时候，一定要在最后加入盐，要不然会越煮越咸。拌面的时候，可以放入自己喜欢吃的任何蔬菜，但是一定要有蒜泥，少了蒜泥，整个面的口感会差很多，当然你不吃蒜的话就另说啦。过了冷水的手擀面，拌好酱，吃起来也很过瘾哦！

低脂“卤肉饭”

● **烹饪工具：**

平底锅

● **准备食材：**

鸡腿肉（去皮去骨前）…200克
香菇…100克
生抽…20克
老抽…3克
蚝油…5克
食盐…5克
白砂糖…15克
姜…2片
葱…1小段
土豆…2个
鸡蛋…2个
八角…2个
桂皮…1根
水…300毫升

虎哥的暖心小贴士

鸡腿肉比较嫩一点，鸡皮煎出来的一点儿油刚刚可以炒出来葱香味儿，配着一碗糙米饭，绝对是又好吃，又相对健康的“卤肉饭”了，如果想更健康点儿，可以把生抽换成低钠的儿童酱油。

1. 先煮两个鸡蛋待用。

2. 鸡腿去皮去骨，肉切丁，香菇切丁，葱切碎，土豆切小块儿。

3. 先把鸡皮放入加热的平底锅里，煎出少许鸡油后，拿出鸡皮，放入葱花炒出香味儿。

4. 加入切好的鸡腿肉粒、姜片，继续翻炒。

5. 加入香菇丁。

6. 放入生抽、老抽、蚝油、白砂糖。

7. 放入桂皮、八角。

8. 加入 300 克的水。

9. 放入土豆丁。

10. 放入事前煮好的鸡蛋（剥皮）。

11. 小火盖盖子煮 15 分钟后，开大火稍微收下汁，关火，放入葱花、食盐。

12. 搅拌均匀，出锅。

河南烩面

- **烹饪工具：**

电饭煲

深锅

毛刷

和面盆

- **准备食材（2~3 人份）：**

牛肉…500 克

姜片…4 片

八角…4 个

普通面粉…400 克

水…200 克

油…40 克

盐…6 克

泡好的木耳…30 克

豆皮…20 克

拌面的料（2 碗）：

香菜…少许

盐…5 克

鸡精…5 克

香油…2 克

白胡椒粉…6 克

醋…15 克

1. 把牛肉切大块儿，水加到电饭煲最大容量，放入姜片、八角。

2. 启动“煲汤”功能，2 小时。

3. 面粉里加入盐搅拌好以后，加入油和水，揉成面团。

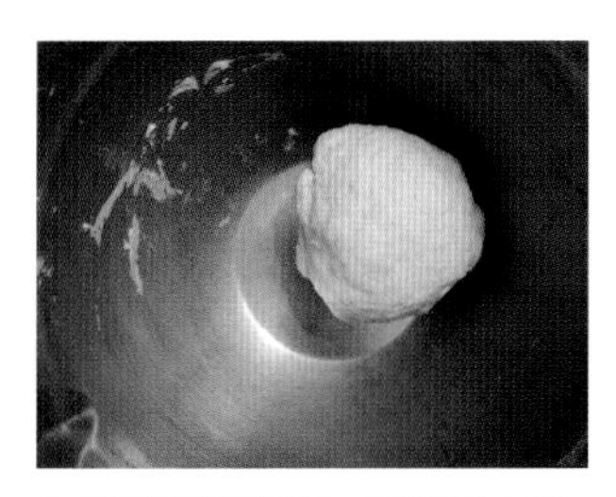

4. 用湿布盖起来，静置半小时，揉面排气后再静置半小时，重复 3 遍。

5. 把发酵好的面团分成小块儿，用手压成长条状，两面涂上油，再静置 10 分钟。

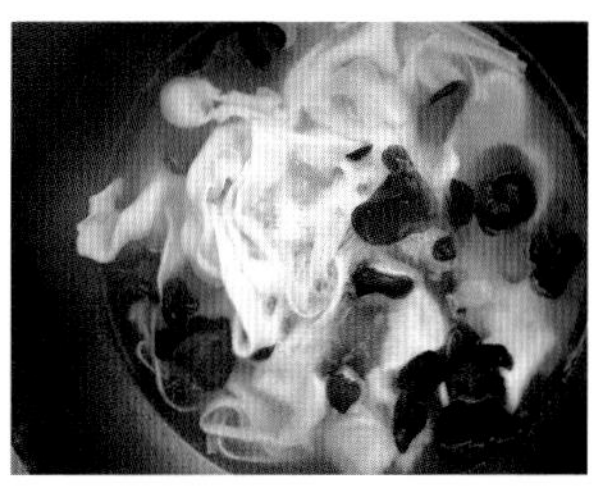

6. 另起锅装适量煮好的牛肉汤，放入木耳、豆皮。把面片用手在两边一边拉，一边上下地摔，一边放入牛肉汤中，煮 6~7 分钟，记得用筷子时不时搅拌面条。

7. 在每个碗里放入 2.5 克盐，2.5 克鸡精、3 克白胡椒粉、少许香菜、一点点香油、7.5 克醋。最后把煮好的面条连汤一起倒入碗里，搅拌均匀，放上切片的牛肉即可。

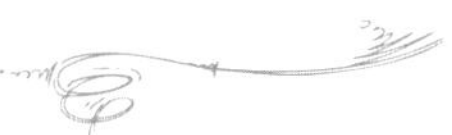

虎哥的暖心小贴士

面团一定要揉 3 次，醒 3 次，不能偷懒哦。这样出来的面，才有韧劲儿。我这个是牛肉汤版本的烩面，一般在河南都会用羊肉汤做底，还可以在里面加入自己喜欢的蔬菜。

柱侯牛腩饭

- **烹饪工具：**

泡牛肉的容器
深锅

- **准备食材：**

牛腩…250 克
姜…2 片
柱侯酱…70 克
八角…3 个
冰糖 …30 克
生抽…10 克
白萝卜…200 克
鸡精…2.5 克
食用油…适量
水…适量

1. 牛腩用清水泡四五个小时，泡出血水。

2. 锅里放入泡好的牛腩，加入水没过牛腩，再加上姜片。煮开，去掉血沫。

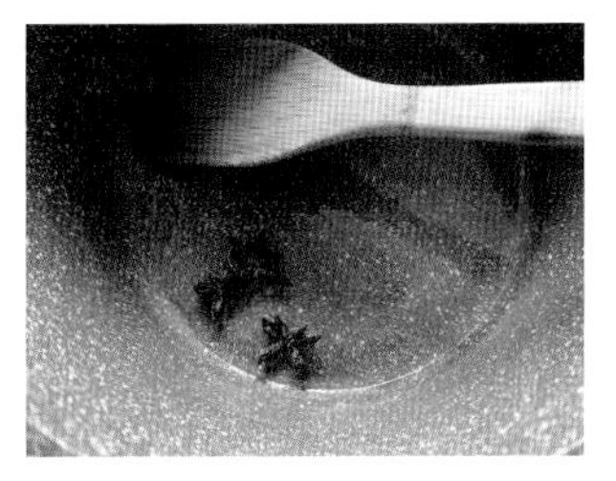

3. 锅里加入油，放入八角，炒出香味儿。

4. 加入焯好的牛腩、柱侯酱、冰糖翻炒。

5. 加入鸡精，大火煮 15 分钟以后，转小火焖 2 小时，期间一共要加 3 次水，每次到锅里水快没有的时候，再加入 500 毫升的水，最后一次加水的时候，放入滚刀切块的白萝卜一起收汁。

6. 最后要出锅的时候，加入少许生抽调味儿即可。

虎哥的暖心小贴士

我们在最后小火焖这道菜的时候，盖着盖子，但是也要时不时用铲子搅拌一下，避免煳了锅底，水干了，就再加 500 毫升的水。从小火开始炖算起，我一共加了 3 次水，在第 3 次的时候，加入了萝卜。如果想让萝卜口感再烂一点儿的话，可以在第 2 次加水的时候放入萝卜块儿。

最后一次的水，不要收得太干，剩的水淋在米饭上，拌饭超级香。

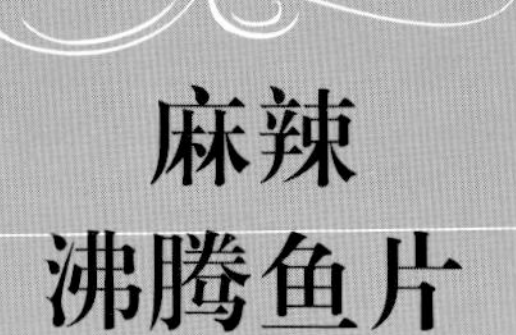

麻辣沸腾鱼片

● **烹饪工具：**

深锅

漏勺

打蛋盆

搅拌勺

● **准备食材：**

鱼（我用的是海桂鱼）…1 条

鸡蛋…1 个

玉米淀粉…20 克

料酒…15 克

盐…5 克

郫县豆瓣酱…100 克

鸡精…5 克

油麦菜…200 克

花椒…10 克

辣椒干…10 克

姜片…适量

香菜…适量

食用油…200 克

1. 把鱼肉从背部用刀片下来。

2. 鱼皮朝下，用刀斜着片成鱼片。

3. 鱼片放入容器中，加入玉米淀粉、盐、料酒，蛋清搅拌均匀，腌制 15 分钟。

4. 锅里加入少许油，放入姜片和豆瓣酱炒香。

5. 锅中加入水。

6. 放入鸡精。

7. 汤底滚了以后，一片片放入腌好的鱼片。

8. 大概 30 秒后捞出。

9. 放入油麦菜，烫 30 秒。

10. 把烫好的油麦菜放在容器底部。

11. 放入汤底，不用全部倒在碗里，差不多和菜一样高就可以。

12. 再放上已经煮好的鱼片。

13. 另起锅，锅里多加入一点儿油，根据自己的口味放入等量的花椒和干辣椒，炒出香味儿即可，不要等花椒或者辣椒变黑。

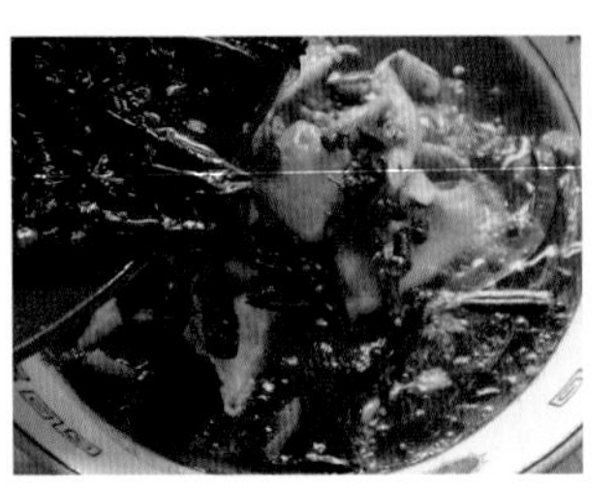

14. 将油直接淋在鱼片上。

15. 最后在上面摆上香菜做装饰。

虎哥的暖心小贴士

鱼肉的处理方法，用刀从鱼头的部分切下去，刀锋可以碰到鱼中间的脊柱，一只手按住鱼背，一只手向前切。可以在鱼背上放上一条干净的毛巾，这样可以防止我们切得太猛穿过鱼肉而切到手。

这是一道相对重口的菜，所以不喜欢太咸的朋友，可以减少盐、鸡精和豆瓣酱的量。至于花椒、辣椒干的量，可以根据自己的口味增减。

切下来的鱼头和鱼骨，不要扔哦，可以看 P.075，我们做一道超鲜的鱼头豆腐汤。

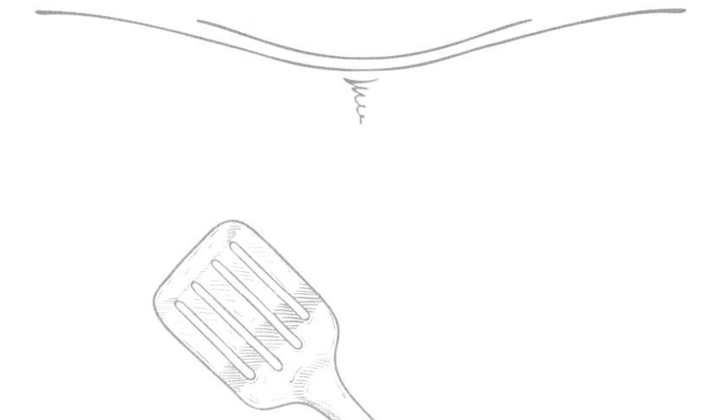

鱼头豆腐汤

烹饪工具：

炒锅

准备食材：

做完麻辣沸腾鱼片剩下的鱼头和鱼骨

豆腐…1块

姜…3片

浓汤宝…1/2个

白醋…5克

香菜…少许

葱花…少许

白胡椒粉…少许

食用油…少许

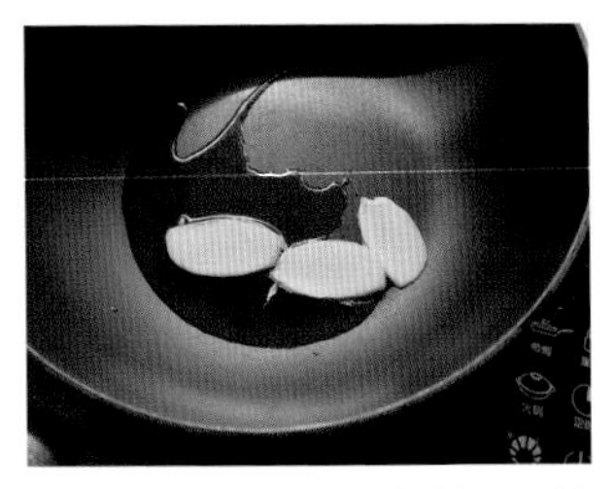

1. 锅里倒入少许油，加热后，放入姜片。

2. 倒入鱼头和鱼骨。

3. 煎到两面微微有点儿上色后，加入水没过食材即可。

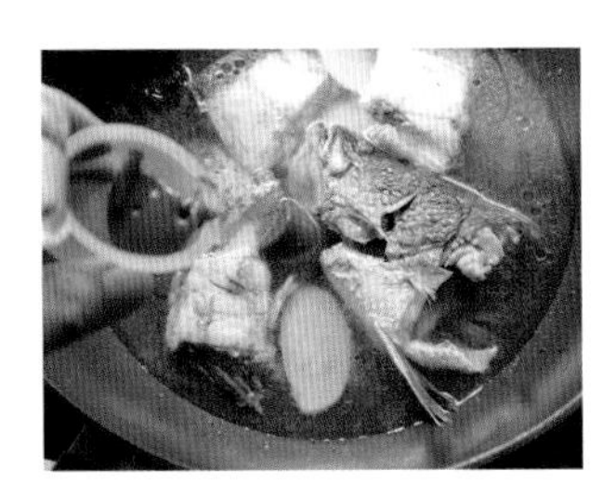

4. 放入半个浓汤宝。

5. 放入切块儿的豆腐。

6. 大火煮 15 分钟，汤的颜色变浓郁，加入白醋。搅拌均匀。

7. 出锅后，根据自己口味加入葱花、香菜、少许白胡椒粉搅拌均匀。

虎哥的暖心小贴士

不用多加盐哦，浓汤宝里本身就含有调味料。加入醋的作用：一是可以把鱼的腥味降低，二是可以提鲜。

酒香鸡肝

● **烹饪工具：**

平底锅

● **准备食材：**

鸡肝…150 克

培根…2 片

口蘑…5 个

洋葱…40 克

生抽…25 克

高度二锅头…20 克

淡奶油…45 克

黑胡椒…2 克

食用油…适量

1. 把鸡肝切成小块儿，洋葱切粒，培根切碎，口蘑切小块儿。

2. 锅里加入少许油，再加入洋葱爆香。

3. 放入培根翻炒。

4. 一定要炒到培根粒有点儿焦的时候，放入鸡肝。

5. 加入高度二锅头。

6. 放入生抽。

7. 再加入口蘑，转中火翻炒 2~3 分钟。

8. 加入淡奶油，继续中火加热，收汁后，可以加一点点黑胡椒。

虎哥的暖心小贴士

这道菜是我在新西兰打工的一个饭店里学的，也是这个饭店里我最爱吃的一道菜，所以就偷偷在后厨学了。当然，他们用的是西方的烈酒，而且会在放入口蘑的那一步骤中加入少许黑橄榄。喜欢黑橄榄的，也可以加入一些哦。最后可以炒一点点菠菜，放在烤好的面包上，再把鸡肝带着汁放在菠菜上，一口下去，让我想起了那些在新西兰打工的日子，累并快乐着。

红烩牛腩

- **烹饪工具：**

深锅

筛网

浸泡牛肉的容器

- **准备食材：**

牛腩…250 克

西红柿…1 个

胡萝卜…1 根

洋葱…1/4 个

香叶…2 片

盐…15 克

白砂糖…30 克

玛莎拉粉（或者咖喱粉）…10 克

姜…2 片

番茄膏…50 克

醋…30 克

水…750 毫升

食用油…适量

1. 牛腩用清水浸泡四五个小时，把血水彻底泡出来。

2. 锅里先加入牛腩、750 毫升的水、2 片姜。

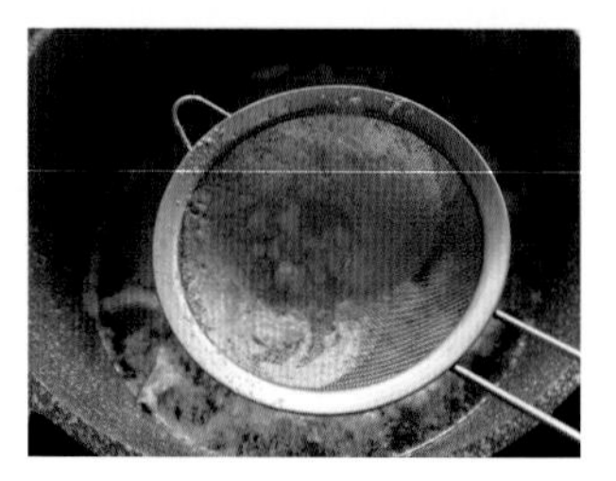

3. 把多余的血沫捞出来，剩下的肉和清汤待用。

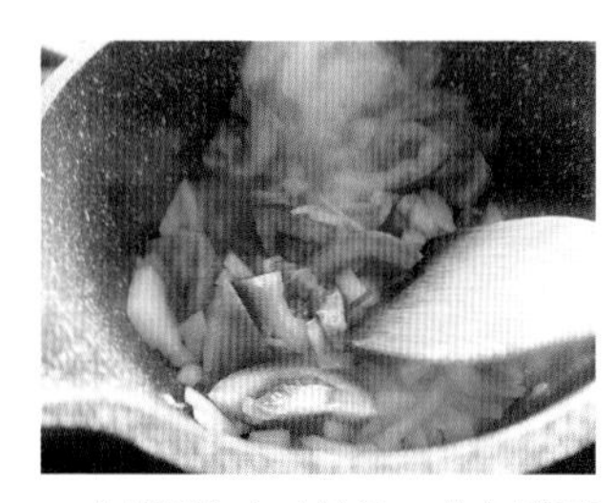

4. 在锅里加入少许油，放入洋葱和切小块儿的西红柿，翻炒变软。

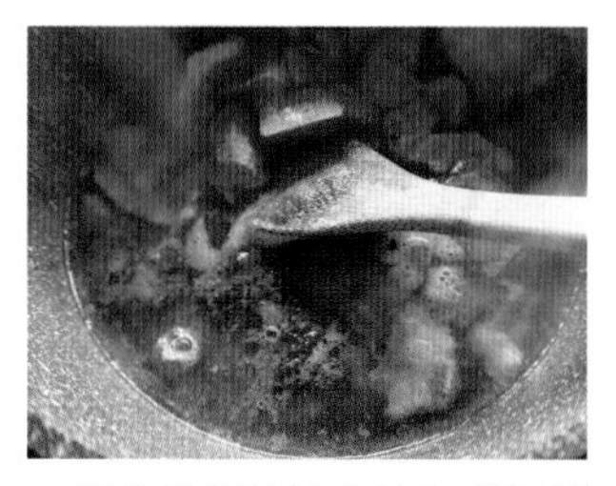

5. 把之前煮好的牛腩和清汤倒入，然后放入除了醋以外的所有食材、调料。

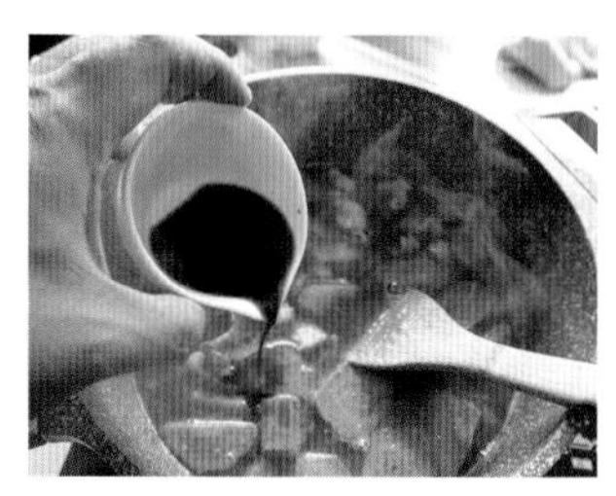

6. 放入醋，盖上锅盖，小火炖 1 小时。

虎哥的暖心小贴士

这道菜用的是越南的红烩做法，玛莎拉粉是一种调料，如果买不到，可以用咖喱粉代替。在锅里加入醋，是为了牛腩更容易被炖得烂一点儿。为了口感更好，在给牛腩焯水后，可以放入高压锅进行之后的步骤。一定记住煮牛腩的汤要留着，这样烩出来的牛腩味道才更鲜香。

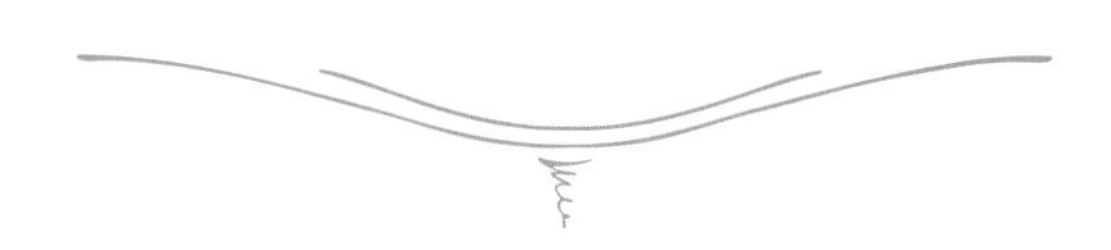

牛肉汉堡

- **烹饪工具：**

擀面杖

平底锅

打蛋盆

- **准备食材：**

牛肉饼：

牛肉碎…200 克

洋葱碎…100 克

生抽…20 克

盐…10 克

黑胡椒…10 克

鸡蛋…1 个

熟花生…40 克

食用油…适量

组装汉堡：

汉堡胚…1 个

西红柿…3 片

生菜叶…少许

菠萝…1 片

培根…1 条

芝士片…1 片

鸡蛋…1 个

蛋黄酱…30 克

1. 没有料理机的朋友，可以把花生放在保鲜袋里，用擀面杖擀碎即可。

2. 牛肉碎里加入洋葱碎、熟花生、鸡蛋、生抽、盐和黑胡椒。

3. 将搅拌上劲儿的肉馅，分成每个 90 克的肉饼，平底锅里放少许油，中火两面各煎 3~4 分钟即可。

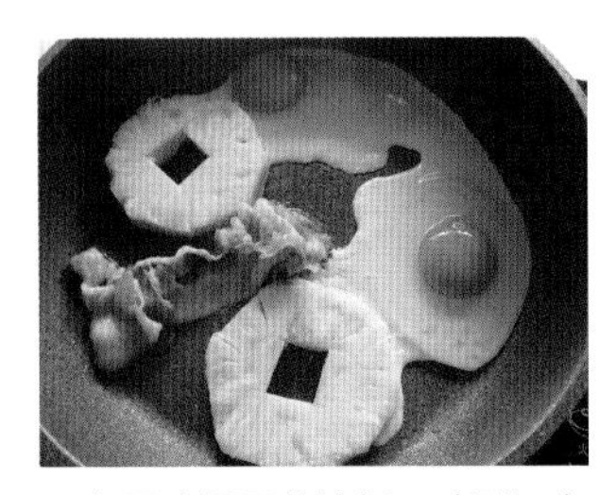

4. 在平底锅里煎培根、鸡蛋还有菠萝片。（我做了两个汉堡，所以煎了双份的量）

5. 菠萝片上色有点儿焦黄时，从中间劈开汉堡胚，依次放上生菜叶、西红柿片、蛋黄酱、牛肉饼、培根、菠萝片、芝士片、煎好的鸡蛋即可。

虎哥的暖心小贴士

汉堡胚被切开以后，可以放在烤箱里烤 5 分钟。这个汉堡应该是最经典的牛肉汉堡了，搭配煎烤的菠萝，别有一番风味哦。很多人会问，这么大的汉堡怎么吃，其实我们就是用手压住汉堡，捏扁，然后大口吃汉堡。一定要一起咬下去所有食材，很多时候，我们觉得西餐不好吃，是因为食材都被拆分着吃了，其实，西餐更讲究最后综合的口感，基本都是料和食材混合在一起放入口中的。

越南米卷

● **烹饪工具：**

奶锅

漏勺

烤盘或者 12 英寸的比萨盘

● **准备食材：**

鸡胸肉…100 克

彩椒（红椒、黄椒）…30 克

牛油果…1/4 个

蒸鱼豉汁…25 克

料酒…10 克

八角…1 个

蒜…2 瓣

米粉…100 克

越南米纸…6 张

食用油…10 克

温水…150 毫升

青柠…1 个

姜末…10 克

1. 热水烧开以后，放入鸡胸肉、八角、料酒，煮大概 10 分钟，煮熟鸡肉。

2. 在煮鸡胸肉的时候，把彩椒切丝，蒜切片，牛油果切片。

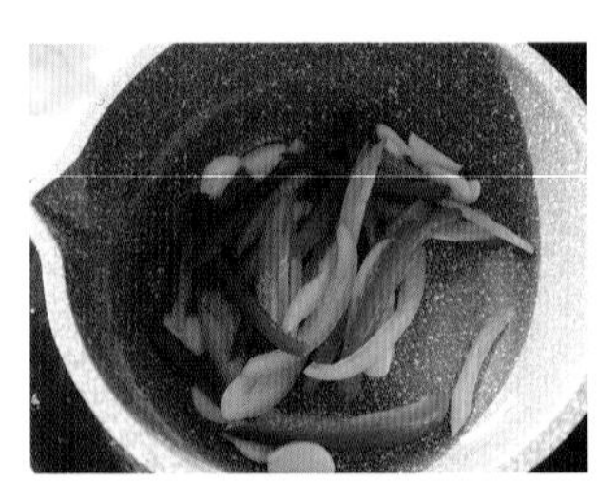

3. 锅里加入少许油，放入蒜片炒出香味儿后，加入彩椒丝翻炒大概 1 分钟即可。

4. 把煮好的鸡胸肉撕成丝或者小块儿。

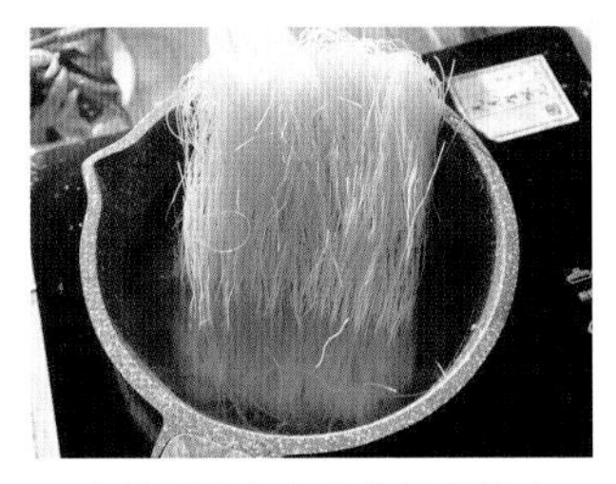

5. 米粉用开水煮 3 分钟后捞出。

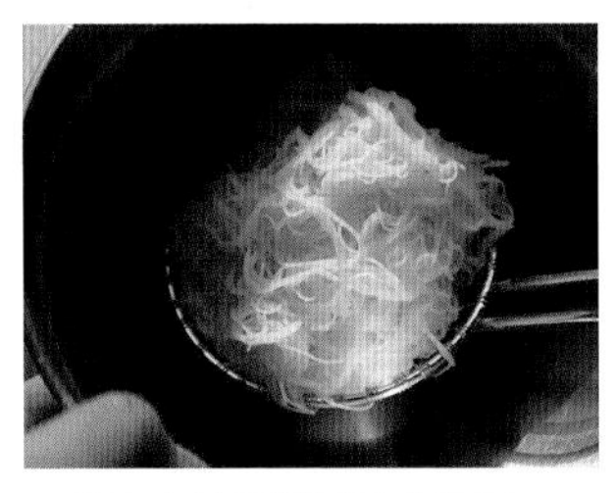

6. 捞出来的米粉过冷水待用。

7. 煮米粉的时候，在蒸鱼豉汁中加入姜末，并挤入一个青柠的汁。

8. 用一个大盘子（我用的比萨盘）里面倒入水。

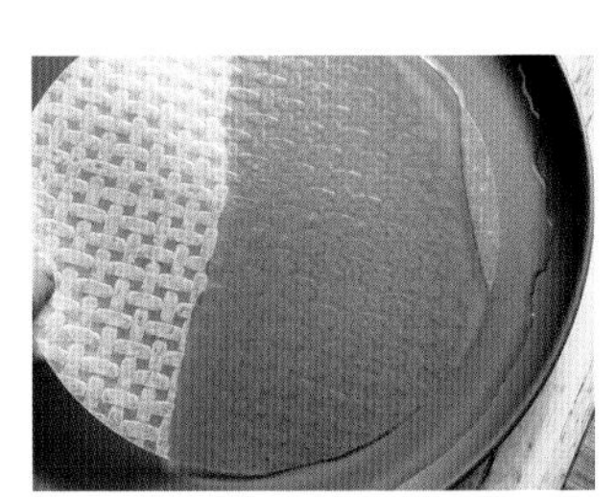

9. 取一片米纸，完全浸泡在温水里，大概 30 秒。

10. 拿出后，放在案板上。

11. 先在中间摆上切好的牛油果。

12. 再放上米粉。

13. 像包春卷一样，包起来即可。

14. 越南米卷里的食材也可以放上彩椒，再放上鸡肉，像卷米粉那样包好。

虎哥的暖心小贴士

越南米纸可以在网上买到，这个米纸浸泡的时间一定要控制好，因为时间太长，会变得非常软而没有办法包起来。如果做完不尽快吃的话，要用一个湿润干净的布盖在上面，要不然米纸很容易变干。食谱中我用了越南的米粉，但是在家我们可以把米粉换成粉丝，一样的操作手法。

特别提醒大家，有些仔细的朋友会发现，我其中的一个牛油果米卷里面有花，那个花叫“三色堇”，是西餐装饰的专用食用花。我们平常在街上或者花草市场买的花一定不要接触到食物，因为上面很可能有农药，切记哦。

芒果大虾藜麦沙拉

烹饪工具：

平底锅

奶锅

拌沙拉的容器

准备食材：

藜麦…20克

芒果…1/2个

大虾…3只

蒜…1瓣

紫甘蓝…20克

芝麻叶…10克

生菜叶…30克

圣女果…4个

牛油果…1/4个

自制素蛋黄酱…10克

酸奶…100克

盐…1克

黑胡椒…1克

食用油…5克

1. 藜麦泡一小时冷水。

2. 开大火煮泡好的藜麦，大约 20 分钟，藜麦的“小尾巴”出现时关火，倒掉水，用冷水冲煮好的藜麦待用。

3. 平底锅里加入食用油，放入蒜蓉、去头开背去了虾线的大虾、少许盐和黑胡椒，每面各煎 1 分钟呈红色。

4. 圣女果、牛油果、芒果切块儿，紫甘蓝切丝待用。

5. 在一个容器里放入所有准备好的蔬菜和藜麦，用手拌匀。

6. 10 克自制的素蛋黄酱（参考 P.002“豆皮杂粮米卷”）中加入 100 克的酸奶混合均匀。先把蔬菜在盘子上放好，淋上酱，放上切好的芒果丁和大虾即可。

虎哥的暖心小贴士

这是一道非常适合在夏天食用的沙拉。蔬菜叶子放在盘子上的时候，不要用手使劲儿压，让它蓬松地立起来，在盘子上呈现出来的效果会更好看。

炸鱼薯条

- **烹饪工具：**

打蛋盆
手动打蛋器
漏勺或者筛网
深锅

- **准备食材：**

鱼柳…200 克
低筋面粉…70 克
泡打粉…5 克
盐…5 克
黑胡椒…2.5 克
啤酒…200 克
土豆…1 个
食用油…适量
番茄酱…适量

自制蒜蓉蛋黄酱：
自制素蛋黄酱（见 P.002“豆皮杂粮卷”）…20 克
盐…1 克
蒜…1 瓣

虎哥的暖心小贴士

我们一般都是用海鱼的鱼柳做炸鱼，没有刺，这样炸出来以后，可以直接切开蘸酱吃。

给宝宝们做的朋友也不要害怕放了啤酒这件事儿，因为在油炸的过程中，啤酒的酒精已经完全挥发，留下的是啤酒花的香气。这样炸出来的薯条，配着蒜蓉蛋黄酱，味道棒极了。

食谱里，我买的是超市里现成的冷冻巴沙鱼柳，冷冻太长时间的鱼柳解冻后，会流失不少鱼的鲜味儿，大家尽量买新鲜的鱼柳。在炸好的鱼柳上挤上柠檬汁一起吃，可以解腻和增加口感。

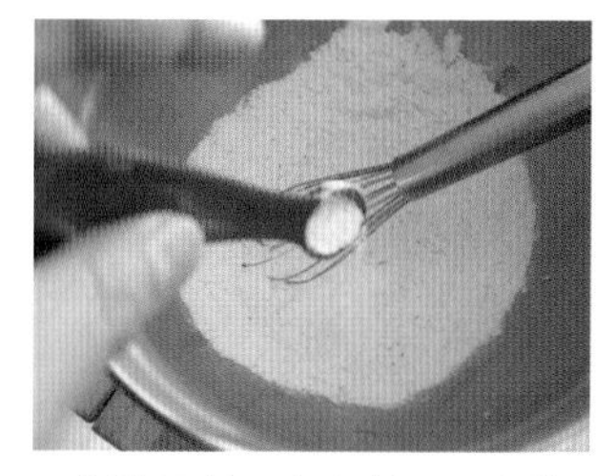

1. 低筋面粉里加入盐、黑胡椒、泡打粉，混合均匀。

2. 再加入啤酒。

3. 搅拌到无颗粒、有一点儿稀的面糊状态。

4. 土豆去皮后，切成大概宽 1 厘米的长条。

5. 放入面糊中。

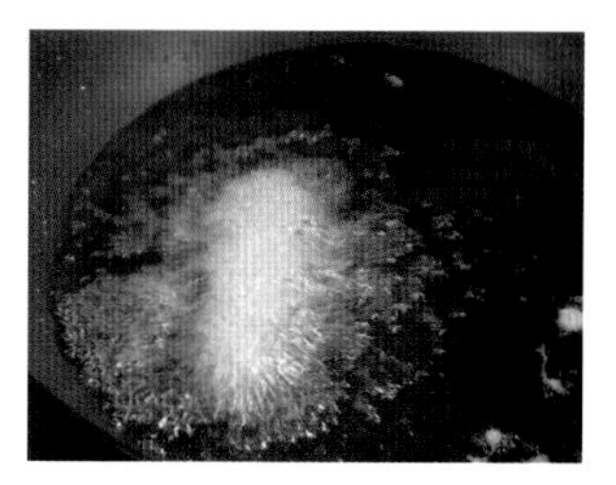

6. 将裹上面糊的土豆放入七分热的油里，炸 1 分钟上色。

7. 捞出后控下油。

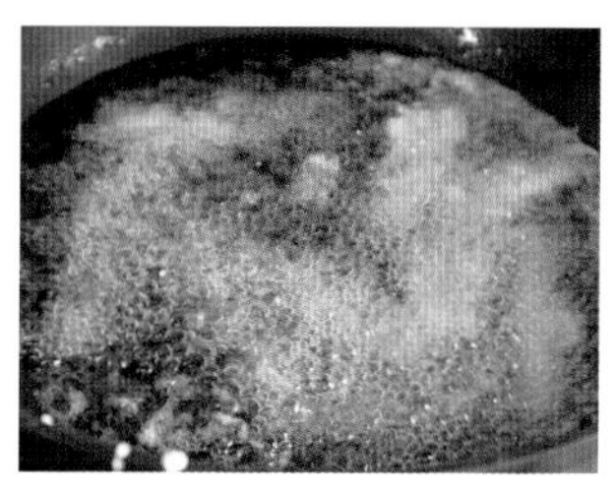

8. 然后再放入油锅里，炸 3 分钟捞出即可。

9. 鱼柳切成两段，先蘸上面粉。

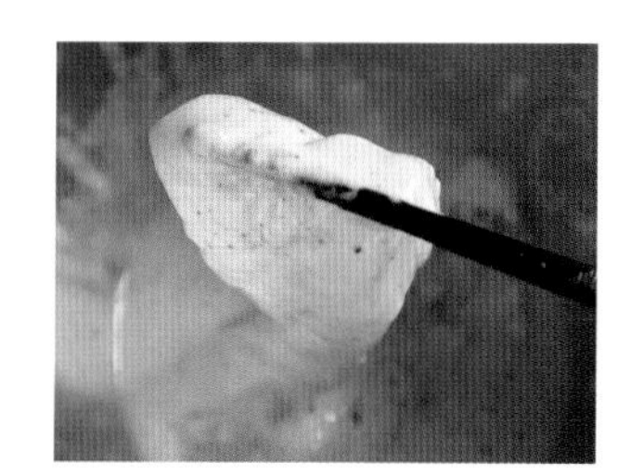

10. 再放入面糊，裹均匀后入锅，每面各炸 3 分钟即可。

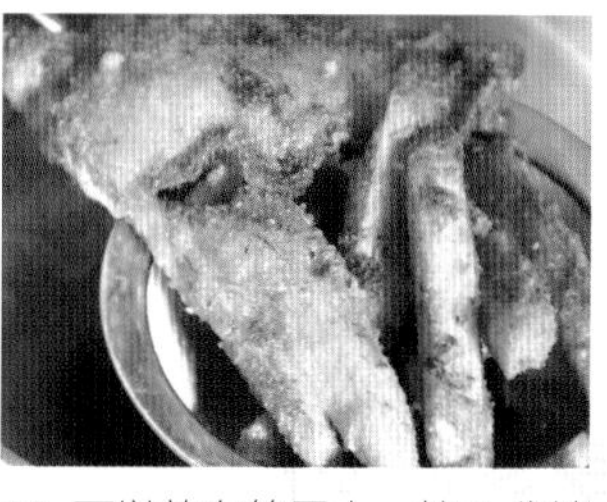

11. 可以放在筛网上，控 1 分钟的油。

12. 除了可以搭配番茄酱，还可以搭配我们自制的蒜蓉蛋黄酱，也是非常可口的，即素蛋黄酱里加入盐和蒜蓉搅拌均匀即可。

吞拿鱼三明治

烹饪工具：

平底锅

筛网

搅拌盆

面包刀

牙签或者竹签

准备食材：

水浸吞拿鱼罐头（罐头标明的是 180 克，含水）…1 罐

洋葱…50 克

彩椒（黄、红）…各 35 克

盐、黑胡椒…各 2.5 克

蛋黄酱…40 克

柠檬…1/4 个

生菜…少许

西红柿…3 片

食用油…适量

吐司…3 片

1. 洋葱切成丁。

2. 彩椒切丁。

3. 洋葱丁、彩椒丁各留出 7.5 克，最后摆盘装饰用。

4. 小火，加少许油，翻炒一下洋葱丁和彩椒丁。

5. 搅拌盆中放入吞拿鱼（罐头里的水要全部倒掉，我们只需肉，去掉水的吞拿鱼大概是 110 克）和翻炒好的洋葱、彩椒。

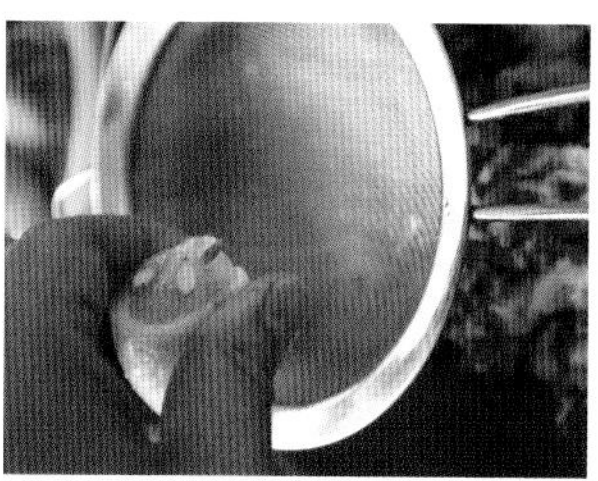

6. 挤入柠檬汁，用筛网过滤掉柠檬子。

7. 加入 35 克蛋黄酱、盐和黑胡椒，搅拌均匀待用。

8. 第一片吐司上面放上生菜（我放的是苦苣），西红柿切片。

9. 再挤上剩下的 5 克蛋黄酱，这样切出来的三明治，才不会散开。

10. 放上第二片吐司。

11. 铺好我们拌好的吞拿鱼酱。

12. 放上第三片吐司。

13. 用面包刀切掉吐司四周的边。

14. 插上竹签或者牙签，对角切开。

15. 把之前留好用作装饰的洋葱丁、彩椒丁拿出来。

16. 手自然松开，撒落在盘子里。

17. 摆好三明治。

虎哥的暖心小贴士

这款三明治是虎哥在新西兰咖啡店打工时候学到的，它有个非常好听的英文名字，译成中文叫享受海洋。大家如果不介意吐司边比较硬的口感，可以不切下来，其实切下来的边，也不会浪费，我们可以用烤箱上下火 150 摄氏度烤大概 10 分钟，拿出来以后打碎，当面包糠用。

能接受生洋葱和彩椒的朋友，可以省略在锅里加热的步骤。在炒的过程中，切记不要加盐或者翻炒时间过长，否则，食材会容易出水分。

制作时我用的是水浸吞拿鱼罐头，在超市里你会发现还有茄汁的、油浸的。水浸的口感会比油浸的更轻盈，如果喜欢口味儿浓郁一些的朋友，可以用油浸的，也非常好吃的。

夏威夷热烤三明治

烹饪工具：

平底锅…2个

油纸

毛刷

刮刀或者铲子

准备食材：

火腿…1片

吐司面包…2片

马苏里拉奶酪碎…20克

菠萝罐头…40克

蛋黄酱…10克

玉米油或者黄油…少许

1. 在 2 片吐司的表面刷上少许玉米油，或者涂上软化的黄油。

2. 先把其中涂好油的一片吐司有油的一面朝下摆放。

3. 在吐司上铺好奶酪碎。

4. 放上火腿片。

5. 放上切小块儿的菠萝。

6. 涂上蛋黄酱。

7. 再盖上第二片吐司，有油的一面朝上。

8. 平底锅不用放油，直接中火开始加热。

9. 再用另外一个平底锅或者奶锅，高火加热 5 分钟后，关火待用。

10. 先把拼好的三明治放入一个锅里，用刮刀压三明治上方，可让三明治下方受热更快。

11. 在加热过程中，不断移动三明治的位置，这样受热更均匀。

12. 一定注意火候，中火大概两三分钟后，表面呈金黄色，翻面。同之前的操作步骤一样，加热另外一面。

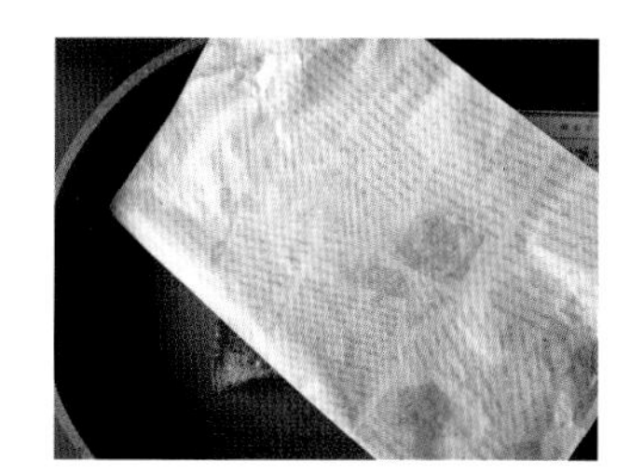

13. 在三明治上放上油纸。

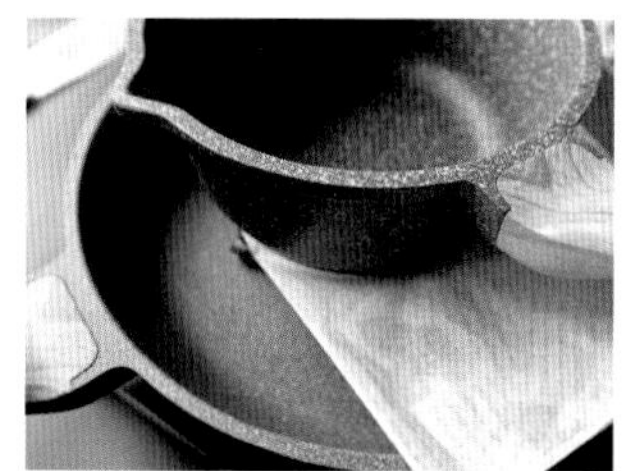

14. 两个锅都离火，用另外一个锅压在油纸上，用余温加热，上面的锅要压住三明治。

15.1 分钟左右，将三明治直接对角切开，能拉丝的热烤三明治就做好啦。

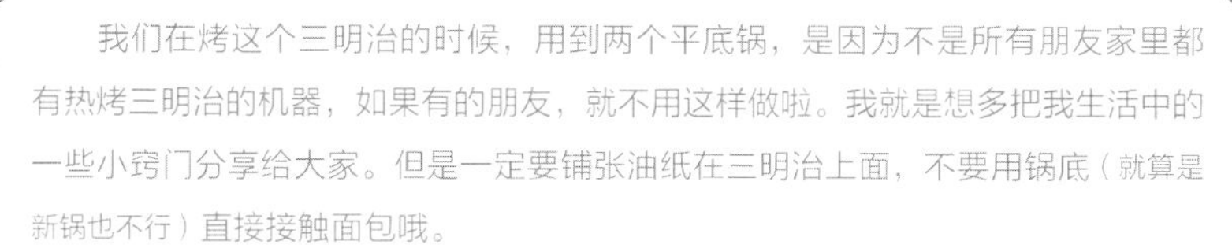

虎哥的暖心小贴士

我们在烤这个三明治的时候，用到两个平底锅，是因为不是所有朋友家里都有热烤三明治的机器，如果有的朋友，就不用这样做啦。我就是想多把我生活中的一些小窍门分享给大家。但是一定要铺张油纸在三明治上面，不要用锅底（就算是新锅也不行）直接接触面包哦。

还有，朋友们，我们之所以要用另外一个锅压这个三明治，是为了让里面的奶酪熔化。另外一个办法就是，三明治两面都煎成金黄色以后，我们可以将其放入烤箱，上下火 150 摄氏度烤 5 分钟，也可以达到这个效果。夏威夷的这个口味儿是家里小朋友的最爱。

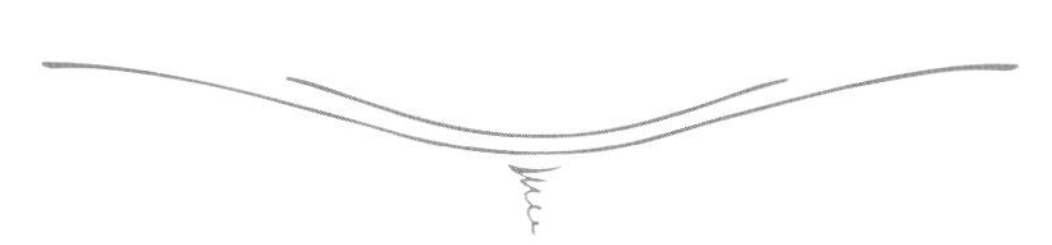

鸡肉芦笋乳蛋饼

- **烹饪工具：**

9 英寸比萨烤盘
平底锅
烤箱
叉子
打蛋盆
手动打蛋器
擀面杖

- **准备食材：**

鸡腿肉…200 克
洋葱…130 克
芦笋…8 根
马苏里拉奶酪碎…100 克
鸡蛋…6 个
淡奶油…150 克
牛奶…100 克
盐…5 克
黑胡椒…5 克
酥皮…120 克

1. 先把去皮去骨的鸡腿肉切小块儿，与洋葱一起翻炒 3 分钟，不用把鸡肉都炒熟。

2. 把酥皮（酥皮做法参考 P.100“牛肉咸派”）擀成一个大片，铺在比萨盘里，用手让酥皮和烤盘完全接触，边缘用叉子压出纹路，去掉多余的酥皮。

3. 先在底部铺满马苏里拉奶酪碎。

4. 放入翻炒好的鸡肉和洋葱。

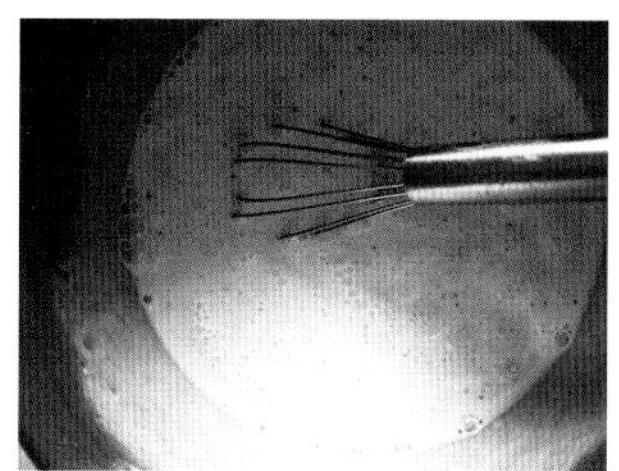

5. 把鸡蛋、盐、黑胡椒、淡奶油和牛奶用手动打蛋器打匀。

6. 倒入步骤 **5**，然后在最上面摆好生的芦笋。

7. 预热烤箱，上下火 150 摄氏度，预热好后将蛋饼放入中层以同样温度烤 60 分钟。

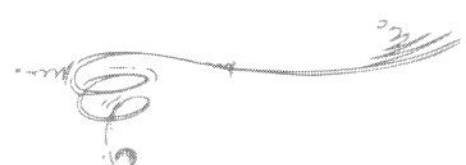

虎哥的暖心小贴士

乳蛋饼是西式咖啡店里非常流行的一种咸的西方鸡蛋饼。搭配沙拉一起吃，口感比较软，满口鸡蛋和奶油的香气。烤好的乳蛋饼，一定要彻底放凉以后，先用牙签在模具和乳蛋饼接触的地方划一圈，这样好取出来，如果有做大派的活底儿模具，最好用这种，比较好脱模。吃不完的，用保鲜膜包好，能保存 4 天。吃的时候，微波炉直接加热 4 分钟，或者用烤箱 150 摄氏度，烤 10~15 分钟即可。

芝士焗红薯

● **烹饪工具：**

烤箱

打蛋盆

平底锅

叉子

汤勺

● **准备食材：**

红薯（中等大小）…2个

盐…2.5克

黑胡椒…2.5克

火腿丁…40克

杂蔬…40克

洋葱…1/4个

马苏里拉奶酪碎…80克

食用油…少许

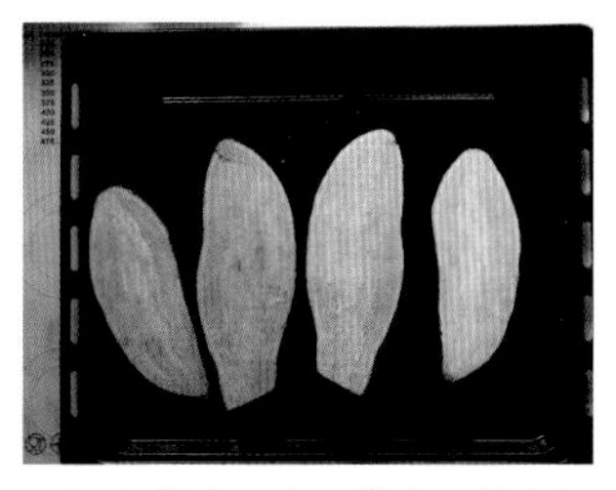

1. 把红薯洗干净，带皮。从中间劈开以后，放在烤盘里。

2. 上下火 180 摄氏度，放入中层烤 1 小时。

3. 用勺子把红薯肉挖出来，皮要留着，而且尽量不要把红薯皮挖穿。

4. 平底锅里加入少许油，锅热了以后，加入洋葱丁、杂蔬、盐和黑胡椒炒香即可。

5. 在红薯里加入火腿丁、40 克的马苏里拉奶酪碎、炒好的杂蔬，用叉子把红薯压成泥，拌匀。

6. 再撒上剩下的 40 克奶酪碎。

7. 最后放入烤箱，上火 180 摄氏度，再烤 10 分钟，待奶酪熔化，有一点点焦黄色即可。

虎哥的暖心小贴士

这是一道在新西兰非常流行的简餐，营养丰富，口感又好。新西兰叫它“塞满的红薯”。红薯泥里面，可以加入自己喜欢的任何蔬菜、熟肉，烤好后的奶酪熔化在红薯泥里，用叉子吃起来，还可以拉丝哦。一次吃不完的，可以用保鲜膜包起来，吃的时候，拆掉保鲜膜，用微波炉热 5 分钟就可以，但是要在 3 天内吃完。

牛肉咸派

开酥的方法

- **烹饪工具：**

擀面杖

打蛋盆

保鲜膜

可进烤箱的容器

（长：18 厘米，宽：12 厘米，深：4 厘米）

叉子

毛刷

烤箱

- **准备食材：**

起酥：

面粉…250 克

黄油…180 克

盐…5 克

冰水…200 克

牛肉派：

酥皮…260 克

马苏里拉奶酪碎…50 克

红酱牛肉碎…200 克（做法见 P.138“红酱意面”）

鸡蛋…1 个

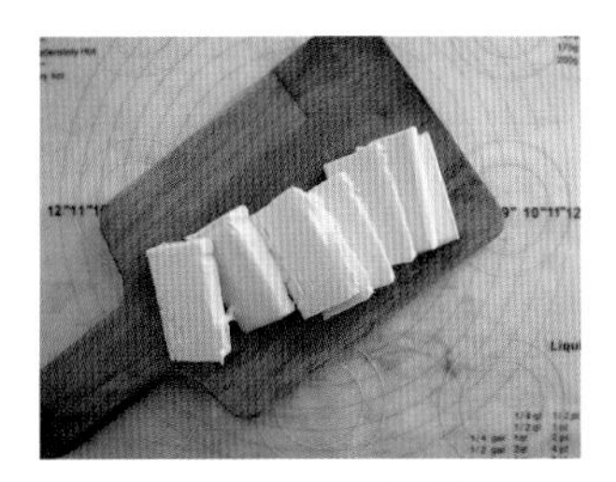

1. 先把 60 克的冷冻黄油切片。

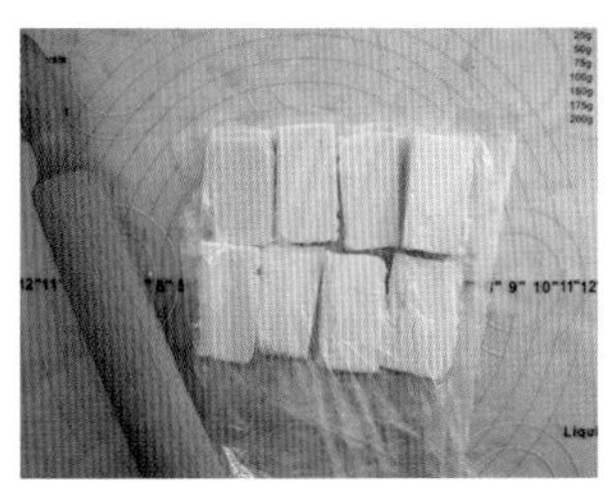

2. 放入食品袋里，排好位置。

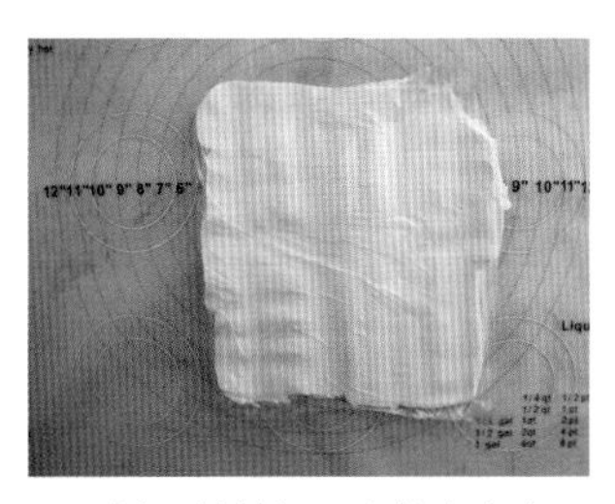

3. 用擀面杖敲打，让黄油连在一起，擀成一个薄片，先放入冰箱冷藏。

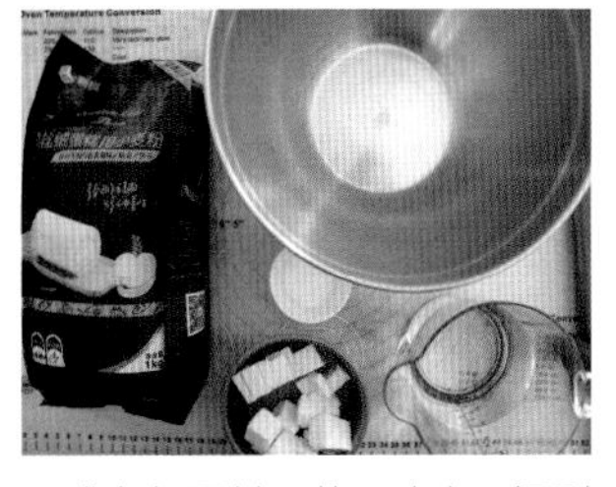

4. 准备好面粉、盐、冰水，把剩余的冷冻的黄油切小块儿。

5. 把 4 中的材料放入打蛋盆中。

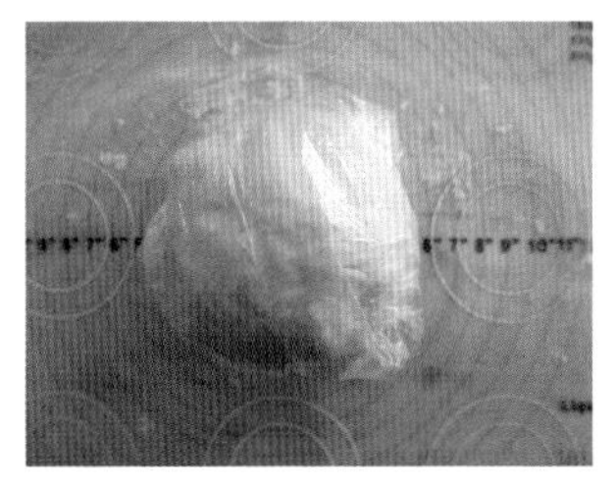

6. 用手慢慢地揉成面团，因为手的温度会把黄油慢慢和面揉到一起，过程有一点点长，不要着急。然后用保鲜膜包好，放入冷藏室静置 20 分钟。

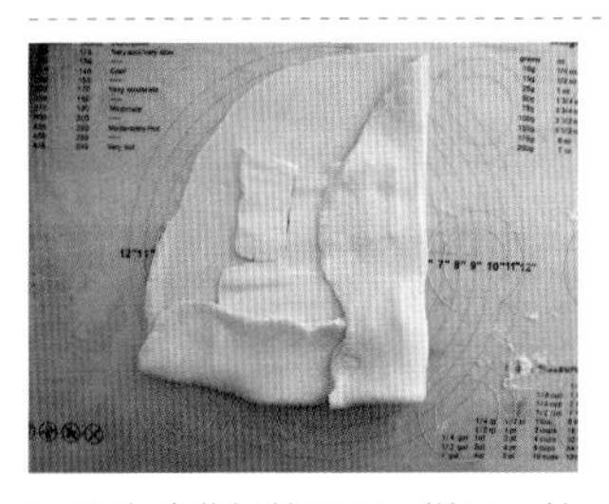

7. 取出冷藏好的面团，擀开。然后在中间放入之前冷藏的黄油，从四边向中间包起来，包紧。

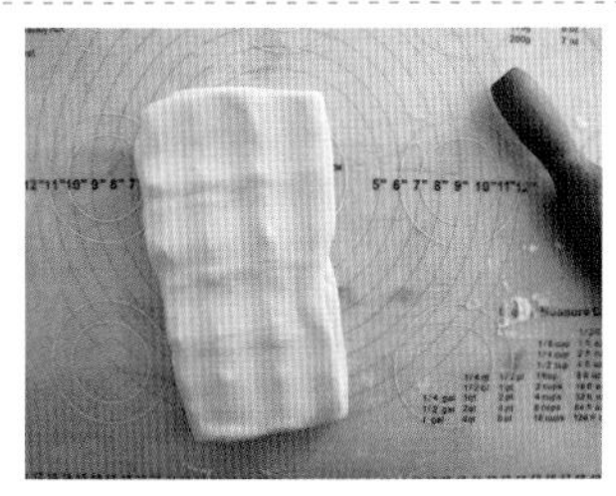

8. 用擀面杖先压一压包了黄油的面团，擀成一个小长方形。

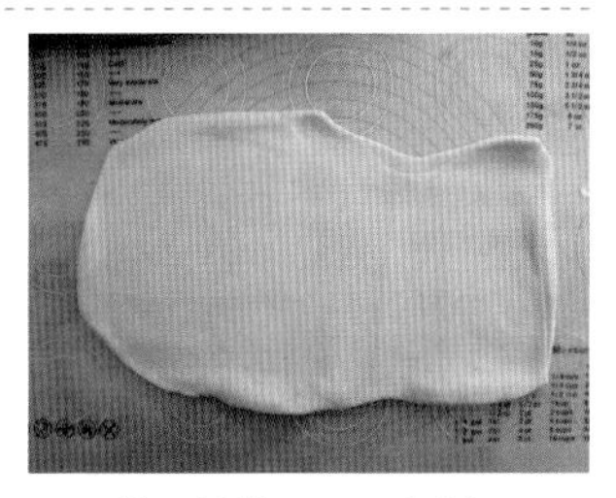

9. 用擀面杖擀开，厚度大概 3~4 毫米即可。

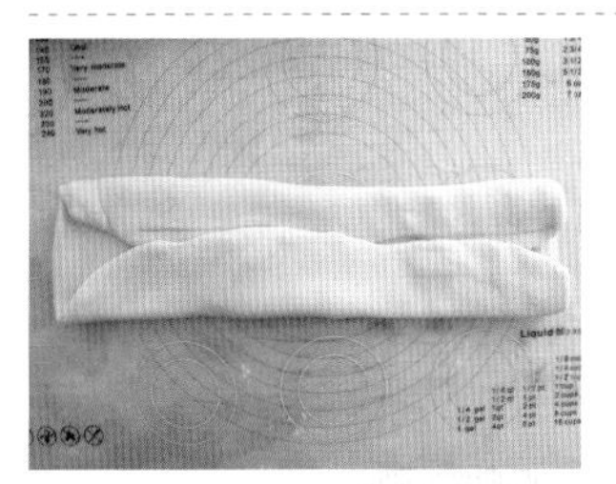

10. 先从上下往中间折起来。

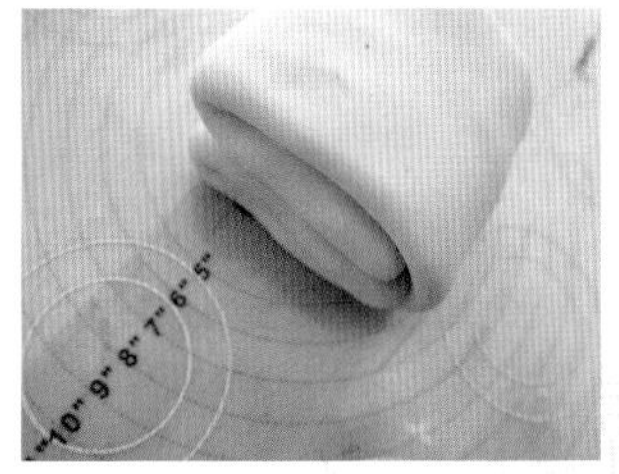

11. 再从左右往中间折起，像叠被子一样。包上保鲜膜，冷藏 20 分钟。

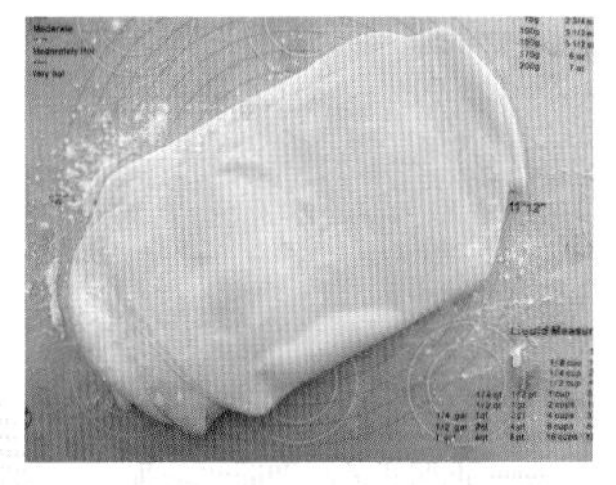

12. 拿出冷藏好的面团，再用擀面杖压扁，然后擀薄，注意不要太薄。

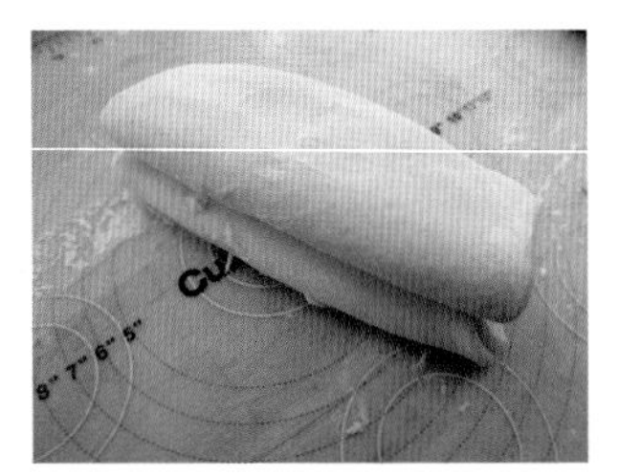

13. 然后从两边向中间折起后，再折一次，如图所示，再冷藏 20 分钟。

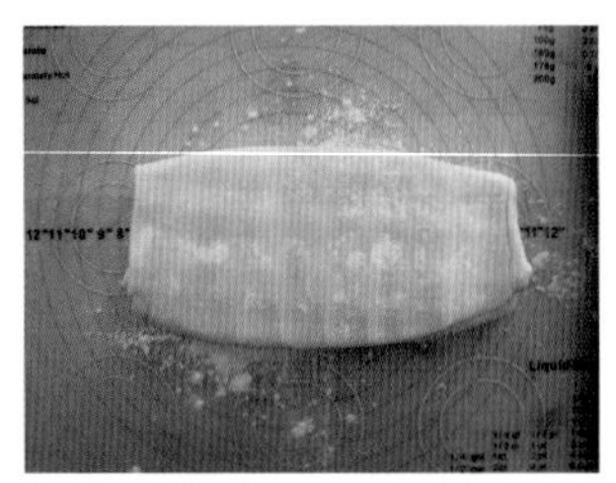

14. 拿出后，再用擀面杖压扁，擀开，呈长方形。

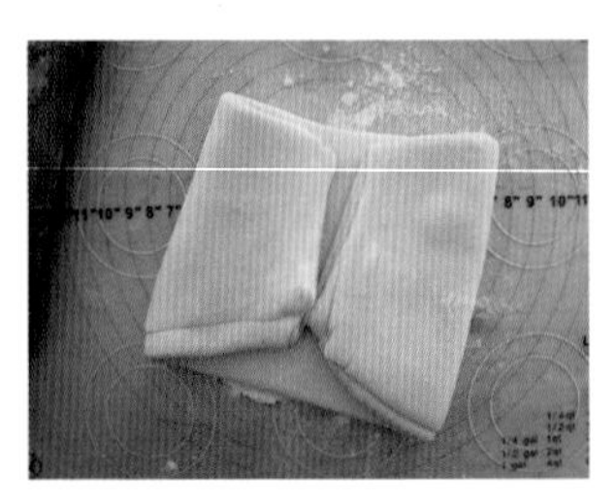

15. 两边向中间折起。

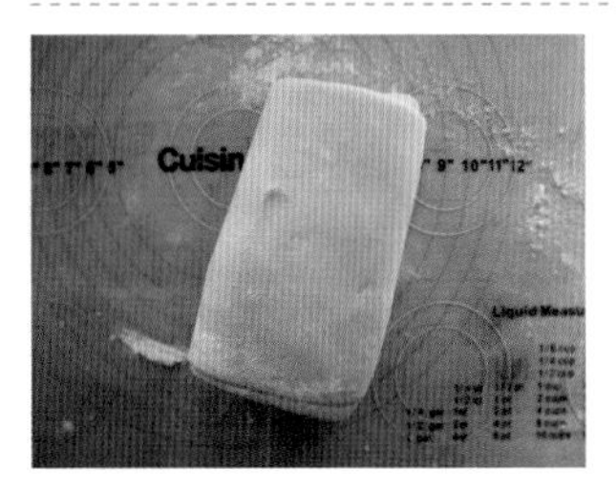

16. 再叠在一起，像叠被子一样。

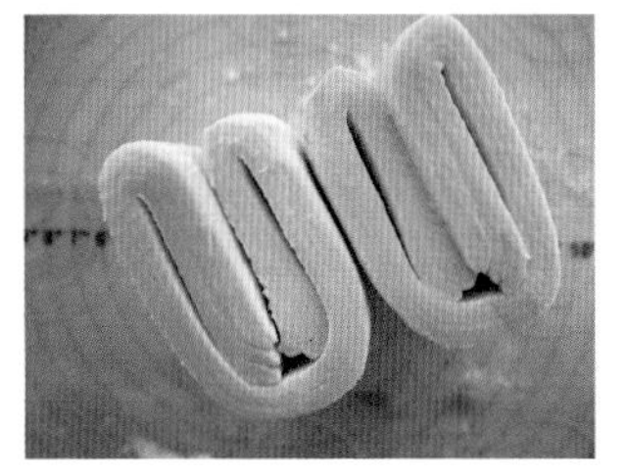

17. 从中间切开，用保鲜膜包好，冷藏一晚。

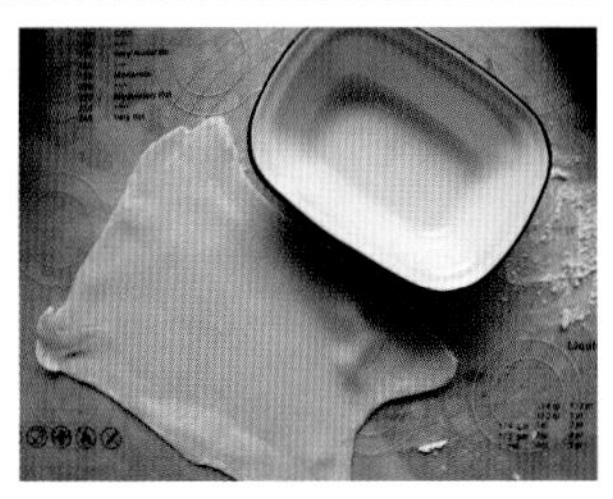

18. 取出冷藏一夜的酥皮和一个可以进烤箱的容器，先把一半的酥皮擀开，比容器的口要大。（我用的容器是 17 厘米长，12 厘米宽，4 厘米高）

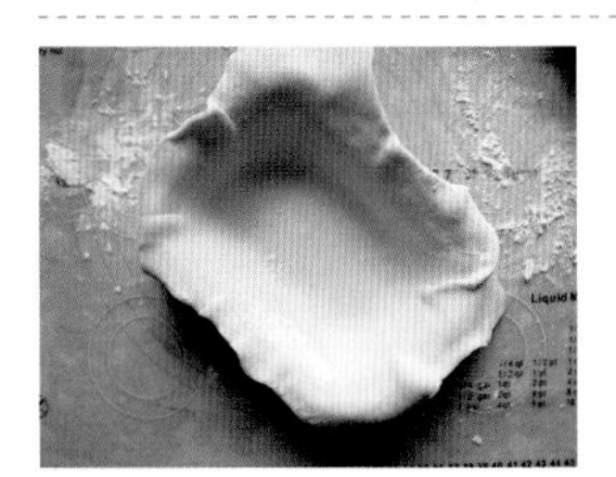

19. 把擀好的酥皮铺在容器底部和边缘，紧贴容器，边缘留出一些酥皮。

20. 先在底部铺上 25 克的马苏里拉奶酪碎，再放入红酱牛肉碎（制作方法参考 P.138“红酱意面”。）

21. 再在表面铺上剩下的 25 克马苏里拉奶酪碎。

22. 把剩下的一半酥皮擀成 2 毫米厚。用小刀切成长 15 厘米、宽 2 厘米的长条。

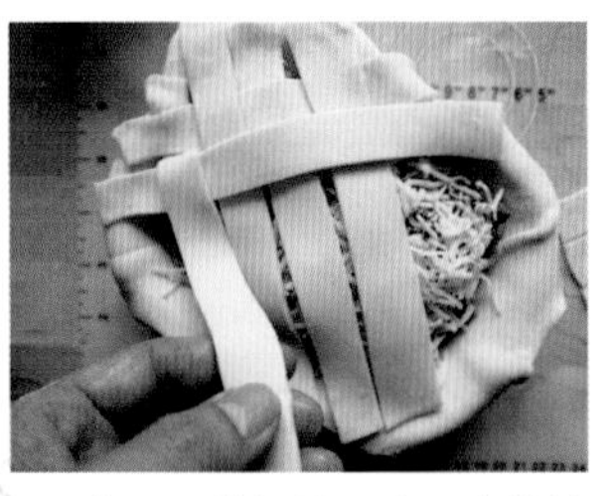

23. 然后用编织的手法，交错地铺在奶酪上方。

24. 铺好以后，用叉子用力将围边压一周，封口。

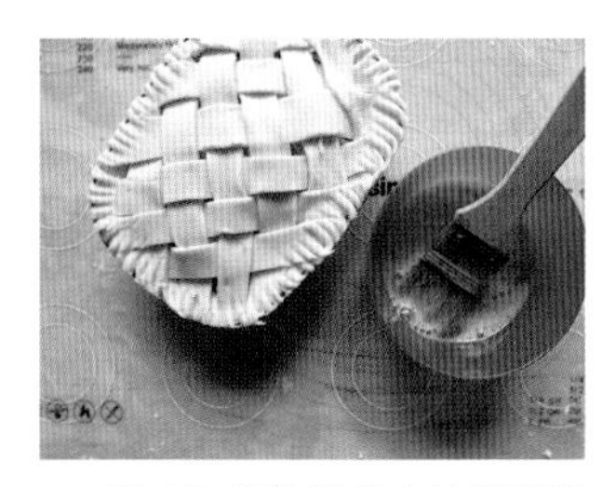

25. 用小刀把边缘多余的酥皮切掉以后，刷上蛋液。

26. 预热烤箱，180 摄氏度上下火，放入中层烤 20 分钟。

虎哥的暖心小贴士

天气越热，起酥的难度越大。所以在夏天或者南方的天气，一定要开空调，黄油也务必是直接从冰箱里拿出来的状态。在做酥皮的过程中，每冷藏一次，拿出来，一定再用一点点手粉，然后用擀面杖先压一压面团，再擀，这样能让黄油和面充分地接触，而且不容易擀破。

用不完的酥皮，直接用保鲜膜包好，冷冻。用的时候，提前拿出来室温稍微解冻下就可以。咸派是我在新西兰上学的时候经常当午饭吃的，当然我当时吃的都是巴掌大冷冻的、里面有点肉丁的小咸派，一是有了奶酪，觉得吃得饱，二是便宜。自己在家做的时候，里面可以加牛肉碎或是牛肉块儿。烤好的咸派，用勺子挖下去，酥皮、拉丝的奶酪加上牛肉的肉香，再配上点儿沙拉，一家人可以一同分享。

鸡肉沙拉

烹饪工具：

蒸烤箱

打蛋盆…2 个

手动打蛋器

准备食材：

鸡肉：

鸡胸肉…160 克

蒜…两瓣

盐…2 克

黑胡椒…2 克

五香粉…2 克

食用油…10 克

沙拉：

苦苣…80 克

紫甘蓝…40 克

圣女果…4 个

橙子…半个

馓子…少许（可选）

蜂蜜蛋黄酱：

蛋黄…1 个

食用油…20 克

蜂蜜…10 克

大藏芥末…10 克

1. 鸡胸肉切成条，加入盐、五香粉、黑胡椒、油和蒜片，搅拌均匀，腌制 15 分钟。

2. 蒸烤箱选择“健康炸”功能，预热好后，放入鸡胸肉，10 分钟即可。

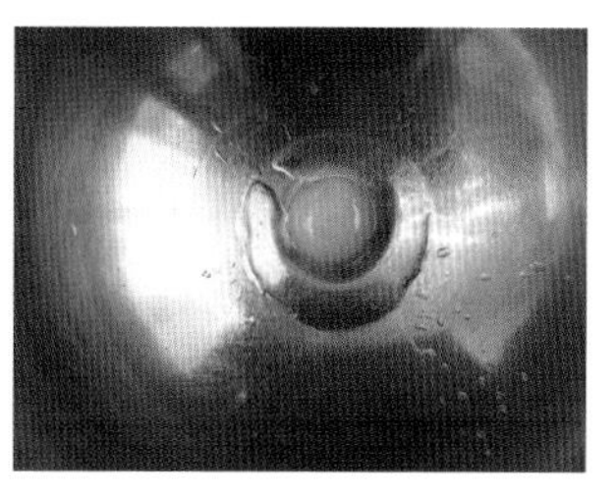

3. 在烹饪鸡胸肉的时候，蛋黄里加入油，搅拌均匀变黏稠状态。

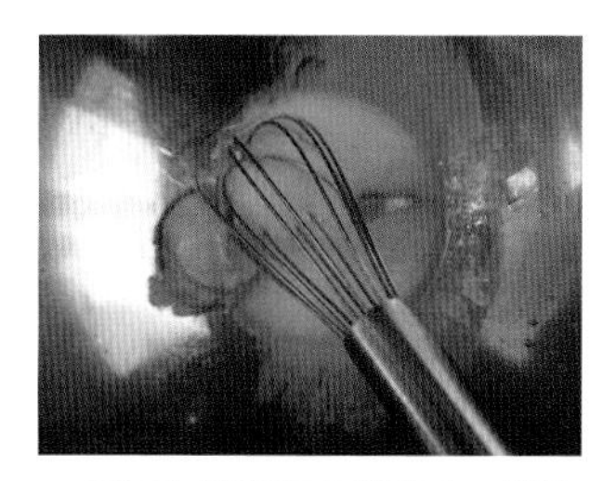

4. 再加入蜂蜜和大藏芥末，搅拌均匀，待用。

5. 把洗好的苦苣和切好丝的紫甘蓝在打蛋盆中拌好。

6. 把沙拉摆好放在盘子中间，切好圣女果和橙子围在沙拉的底部。

7. 放上烤好的鸡胸肉，在最上面放上捏碎的馓子即可。

虎哥的暖心小贴士

用蒸烤箱的好处是可以让鸡肉迅速熟透，又能保证鸡肉的口感，美味又健康。我用的型号是松下 NU-SC300B。

蜂蜜蛋黄酱里面用到了生蛋黄，所以还是不建议备孕或者是已经怀孕的女生们吃哦。调好的蜂蜜芥末酱，可以放在密封的储藏罐里，冷藏 2 天，配方的量其实就是一份沙拉所需的沙拉酱。

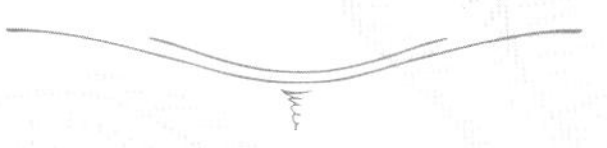

日式拉面

- **烹饪工具：**

面包机
漏勺
擀面杖
保鲜膜
刮刀
打蛋盆
平底锅
压花模具

- **准备食材：**

面团：
小麦粉或中筋面粉…300 克
小苏打…3 克
盐…3 克
水…130 克
鸡蛋…1 个
手粉…适量

汤底：
浓汤宝…1 个
水…500 克

配菜：
鸡蛋…2 个
上海青 …1 颗
胡萝卜 …1 根
香菇…3 个
食用油…10 克

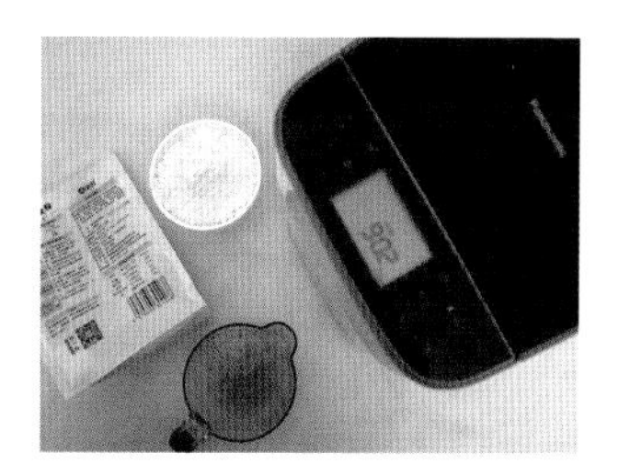

1. 称好面粉，把鸡蛋、水、盐和小苏打混合均匀。

2. 在面包桶内安装制作面条、麻薯用叶片。

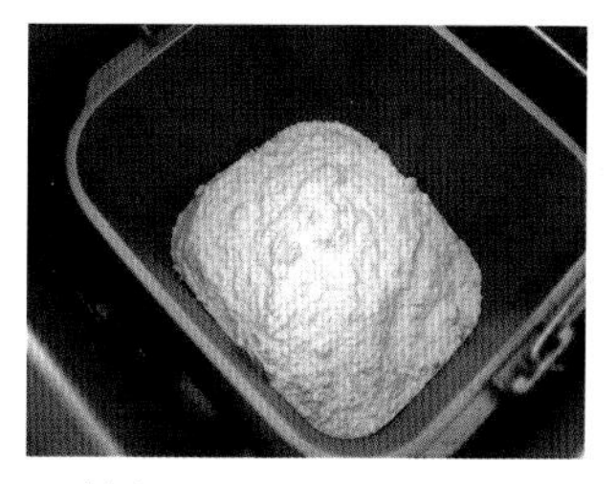

3. 先倒入面粉。

4. 再加入混合好的鸡蛋液。

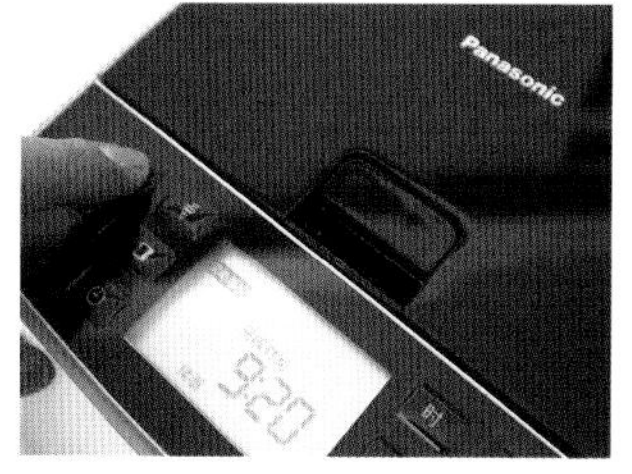

5. 选择智能菜单“和面”，15 分钟。

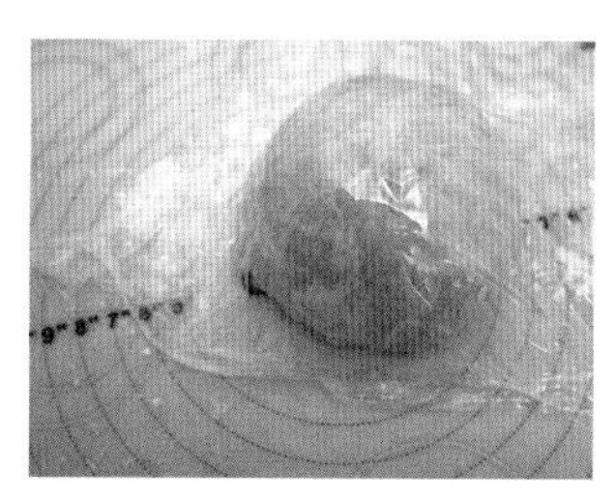

6. 揉好的面团，用保鲜膜包好，静置 1 小时。

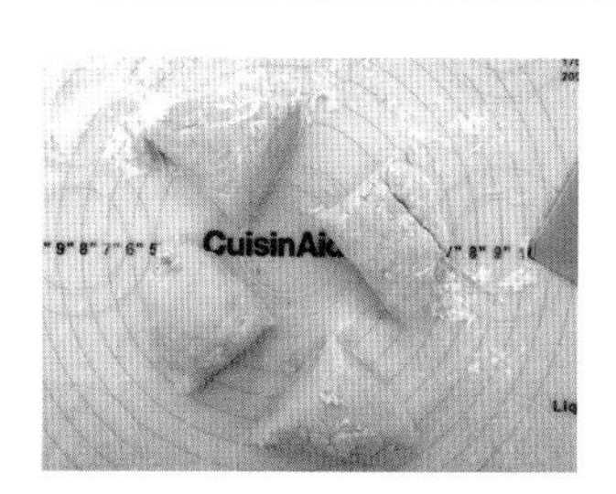

7. 用刮刀将面团切成 4 份。

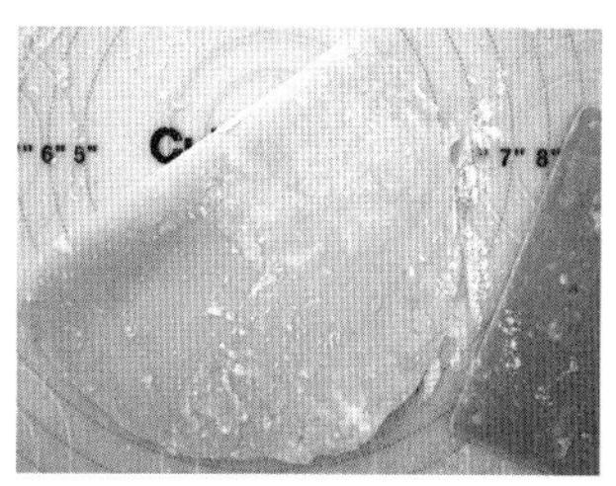

8. 擀面杖擀开以后，在表面撒上少许手粉，对折。

9. 再切成细条即可。

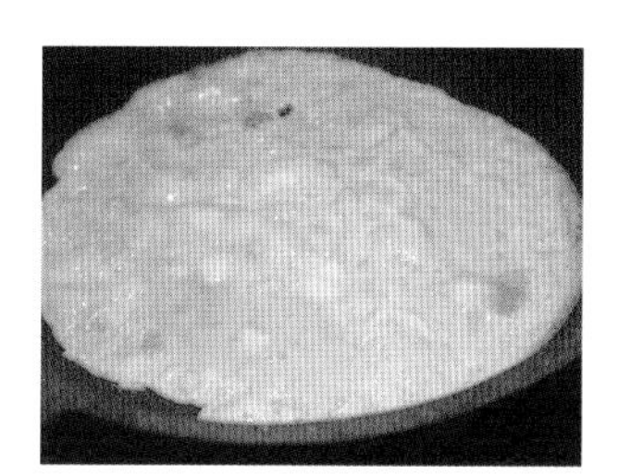

10. 平底锅中火下放入少许油，锅热后，倒入打散的两个鸡蛋的蛋液，晃动锅，摊成一张圆饼，大概 1 分钟后关火。

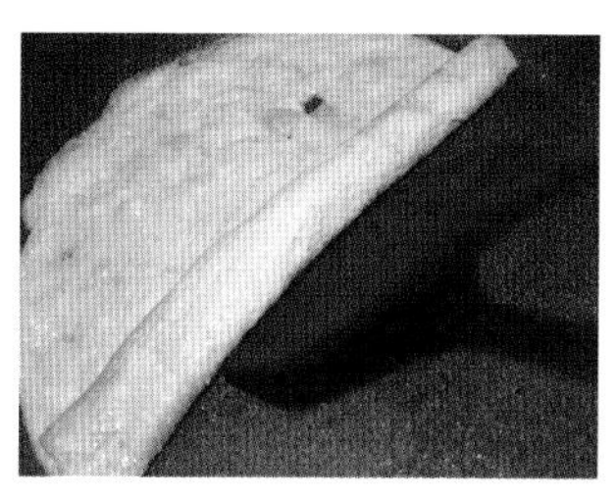

11. 从鸡蛋饼的一边，用铲子慢慢地把鸡蛋饼卷起来。

12. 胡萝卜切 5~6 片，大概 2 毫米厚。

13. 用模具压出花形。

14. 香菇改花刀。

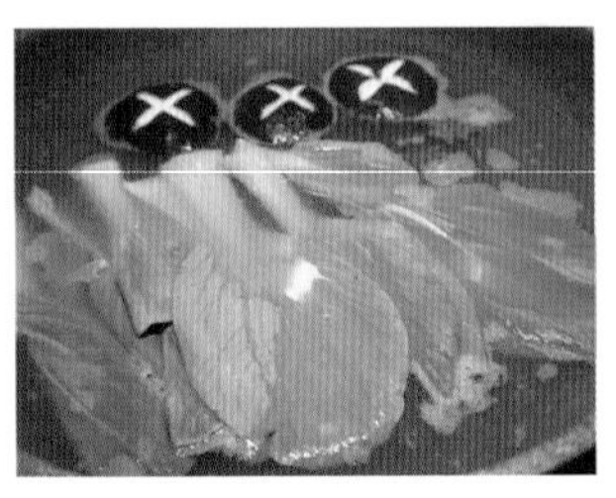

15. 开水里放入浓汤宝，再放入胡萝卜、香菇、上海青煮熟，捞出来待用。

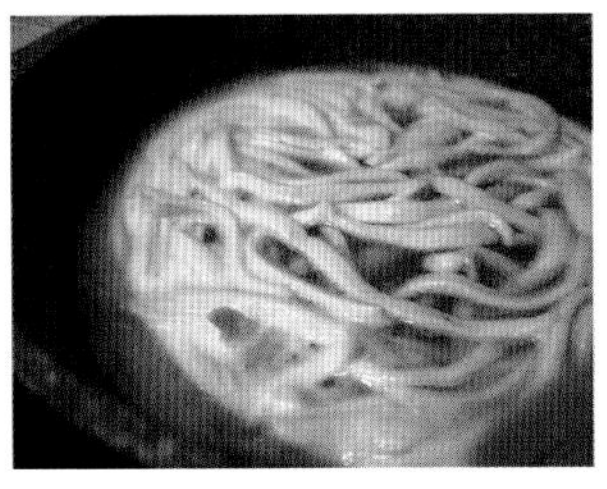

16. 热水烧开后，放入切好的面条，大火煮 4~5 分钟即可捞出。

17. 面条过凉水，去掉多余的黏液，沥干水分。把面条放在碗里，倒入熬好的汤，放上煮好的青菜，还有煎好的鸡蛋卷即可。

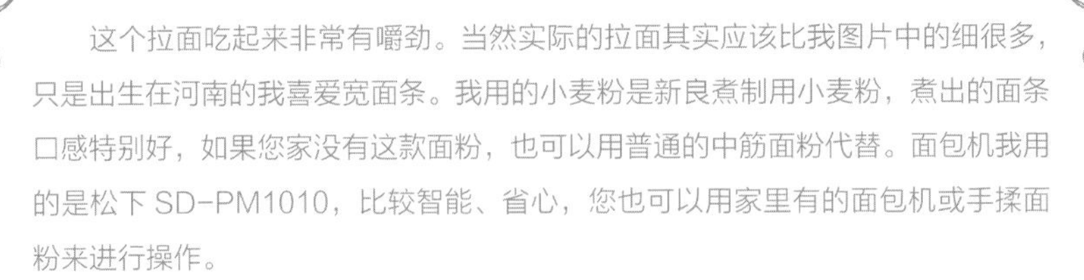

虎哥的暖心小贴士

这个拉面吃起来非常有嚼劲。当然实际的拉面其实应该比我图片中的细很多，只是出生在河南的我喜爱宽面条。我用的小麦粉是新良煮制用小麦粉，煮出的面条口感特别好，如果您家没有这款面粉，也可以用普通的中筋面粉代替。面包机我用的是松下 SD-PM1010，比较智能、省心，您也可以用家里有的面包机或手揉面粉来进行操作。

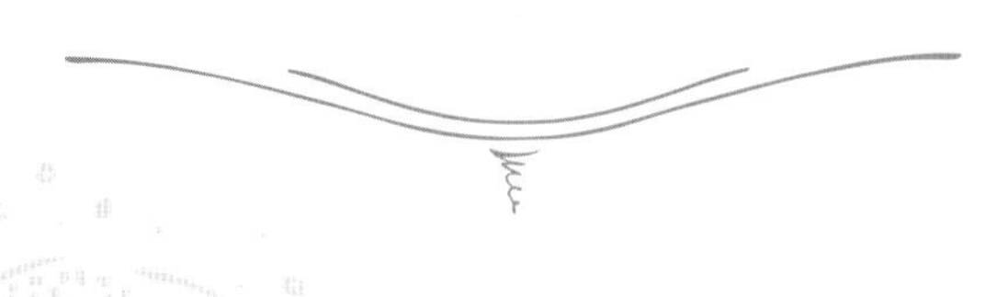

晚餐

DINNER

无油版

照烧鸡腿饭

- **烹饪工具：**

平底锅

毛刷

- **准备食材：**

手枪鸡腿…1 个

小葱…1 根

姜…3 片

生抽…20 克

料酒…15 克

老抽…5 克

蜂蜜…少许

盐…1 克

白砂糖…15 克

水…150 毫升

1. 把手枪鸡腿去骨留肉留皮。

2. 皮朝下，肉朝上，撒上少许盐和姜末，按摩一下，腌制 15 分钟。

3. 腌制好，要煎之前，在肉的一面，刷上一层蜂蜜。

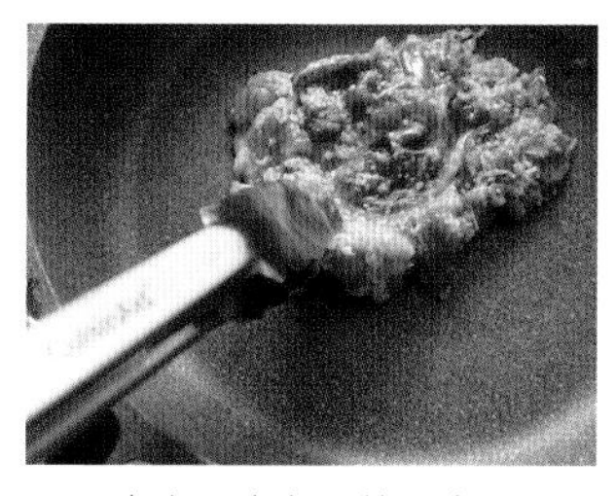

4. 开中火，皮向下煎，先不要翻面。

5. 慢慢的，鸡皮的油会被煎出来，这时候翻面。

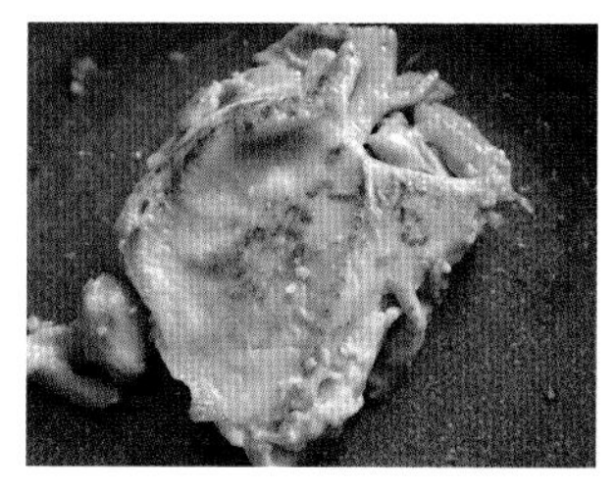

6. 一定注意是中火，煎肉的一面大概 1 分钟就可以了。

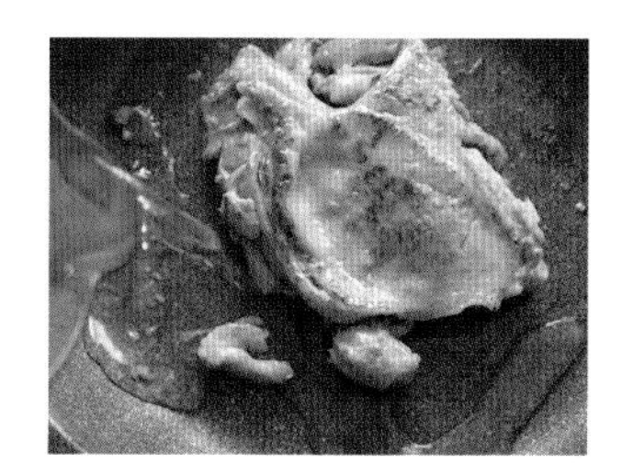

7. 加入 150 毫升的水。

8. 放入生抽、老抽、料酒和白砂糖。

9. 大火开始收汁，在汁变黏稠的时候，加入葱花，也可以加入少许熟白芝麻，搅拌均匀即可。

虎哥的暖心小贴士

这道菜全是鸡皮里本身的油脂。而且一定要有姜末，才会有照烧的味道。因为我们涂抹了蜂蜜在肉的一面，所以煎的时候一定不能是大火，否则很容易煳掉。

薄荷酱牛肉

● **烹饪工具：**

深锅

漏勺

拌牛肉的容器

● **准备食材：**

卤牛肉：

牛腱子肉…500克

生抽…30克

老抽…5克

姜…3片

葱…4段

卤肉料（里面有八角、桂皮、花椒、茴香、白果、香叶）…1包

高度白酒…20克

食用油…10克

拌牛肉：

煮熟的牛腱子肉…200克

蒜…6瓣

薄荷叶…50克

生抽…25克

醋…30克

香油…2克

辣椒油…2克（可选）

1. 把卤肉料和料包袋子放入热水里煮 5 分钟，沥干水分后，把香料放入料包，用绳子扎紧口。

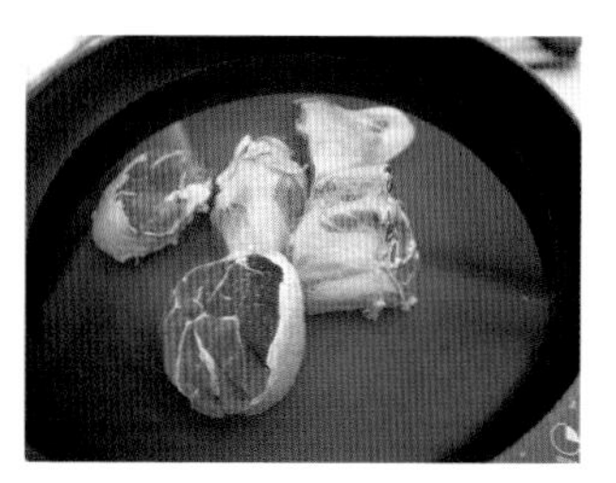

2. 牛腱子肉切块儿，入冷水开火煮。

3. 煮出血沫后捞出来。

4. 锅里放入油，加入姜片和清洗好的牛腱子肉翻炒，加入老抽、高度白酒继续翻炒 5 分钟。

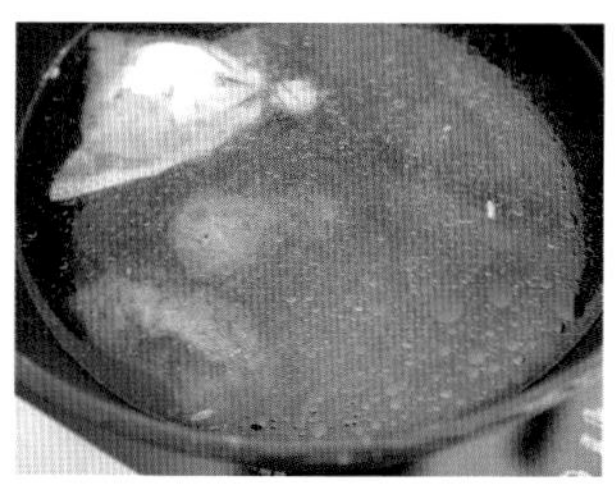

5. 加入水没过牛腱子肉，放入料包、葱段、生抽。

6. 中火煮大概 1 小时，筷子可以轻松插入牛腱子肉中，捞出来放凉待用。

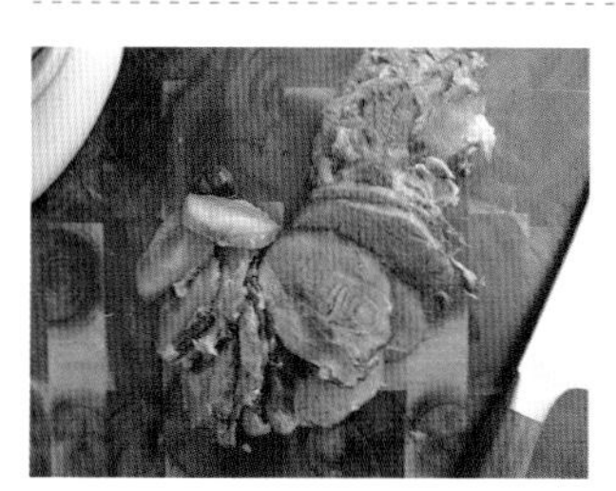

7. 取 200 克的牛腱子肉切片，在与牛腱子肉筋垂直的角度下刀切片。

8. 放入一小把薄荷叶、蒜蓉、生抽、醋、香油、一点点辣椒油搅拌均匀，冷藏 15 分钟后享用更佳。

虎哥的暖心小贴士

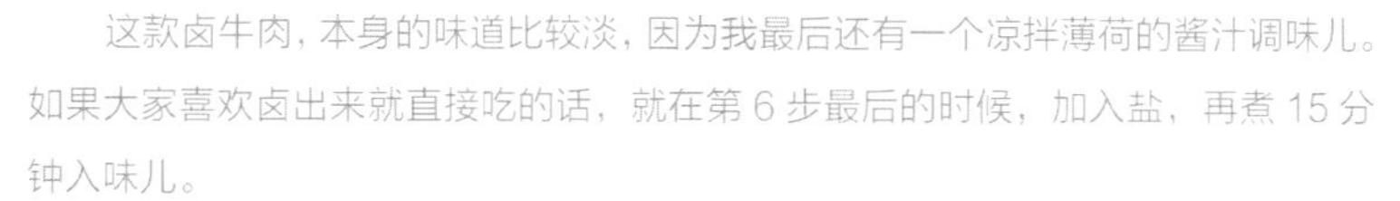

这款卤牛肉，本身的味道比较淡，因为我最后还有一个凉拌薄荷的酱汁调味儿。如果大家喜欢卤出来就直接吃的话，就在第 6 步最后的时候，加入盐，再煮 15 分钟入味儿。

牛腱子肉一定要切得大块儿一点儿煮，太小的话，煮的时候会缩水，成品不好切片。

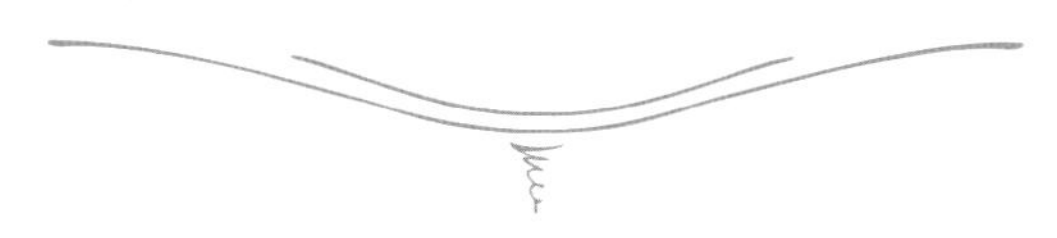

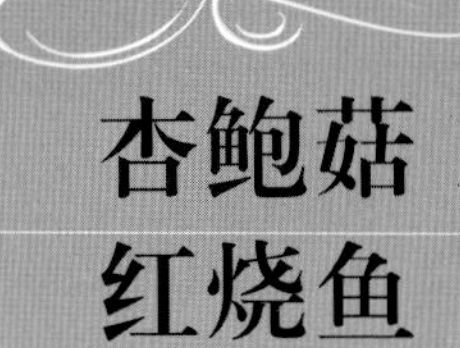

杏鲍菇红烧鱼

- **烹饪工具：**

炒锅
平底锅

- **准备食材：**

中号黄花鱼…2 条
西红柿…2 个
杏鲍菇…1 个
姜片…6 片
葱…4 段
生抽…45 克
老抽…15 克
料酒…30 克
白砂糖…20 克
香醋…30 克
盐…8 克（3 克腌制，5 克用于炖）
水…600 毫升
食用油…300 克

1. 黄花鱼处理好，洗干净以后，在背部切划 3 刀，放入姜片，撒上 3 克盐，淋上料酒，腌制 15 分钟。

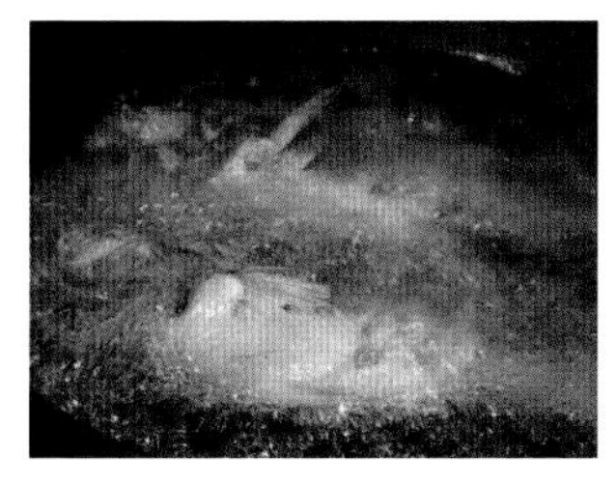

2. 食用油大概七分热的时候，放入腌好去掉姜片的鱼。

3. 西红柿切滚刀块儿，杏鲍菇切薄片。

4. 黄花鱼大概炸 10 分钟后捞出来，放入平底锅，加入水。

5. 再加入盐、白砂糖、生抽、老抽、香醋、葱、姜、西红柿。

6. 大火炖 15 分钟，锅里的水分开始减少时，放入杏鲍菇，最后再炖 5 分钟收汁，装盘后，撒上葱花即可。

虎哥的暖心小贴士

不喜欢油炸鱼，可以用油煎腌好的鱼。再告诉你们个小秘密，这种炖法也可以只做蔬菜，杏鲍菇、西红柿，再加上青辣椒、茄子，不用油炸，只需按照步骤 **4**、**5**、**6** 中添加材料炖就可以了。出锅前再放入一点点蚝油，炖出来也很好吃哦。

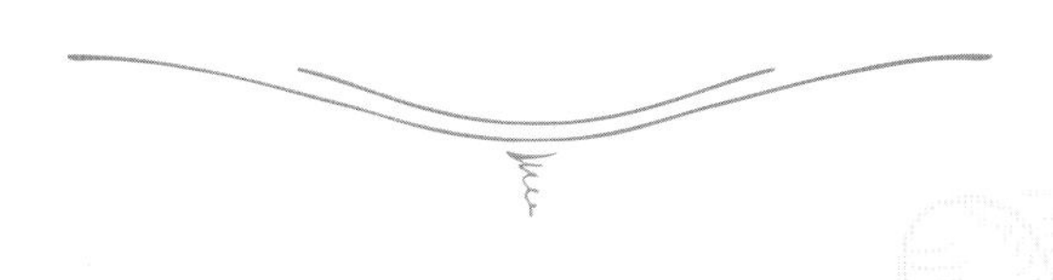

“姥姥的味道”
黄焖鸡

● **烹饪工具：**

腌制鸡肉的容器

筛网

蒸锅

● **准备食材：**

花椒水（10克花椒加入350克热水）

鸡腿…530克

香菇…5个

玉米淀粉…20克

普通面粉…20克

鸡蛋…1个

盐…5克

料酒…15克

蚝油…30克

生抽…35克

鸡精…5克

白胡椒…2克

八角…2个

姜和大葱…少许

食用油…300克

虎哥的暖心小贴士

这道菜我在第一次参加中央电视台的节目《回家吃饭》的时候做过，因为姥姥在我生命中占了非常重要的地位。在我小时候她做过很多好吃的东西给我。黄焖鸡是我记忆非常深刻的一道菜，每次放学，回姥姥家吃饭，最下饭的一道菜。我做的绝对没有姥姥做的一半好吃，但是我用我对姥姥的思念，还原了这道菜。“天上的姥姥，虎子谢谢您，也很想您。您外孙出了第一本书，您开心吧。”

1. 把鸡腿剁成块儿。

2. 加入 1 个鸡蛋、料酒、盐、玉米淀粉、面粉、白胡椒。

3. 抓匀以后，腌制 15~20 分钟，让鸡肉入味。

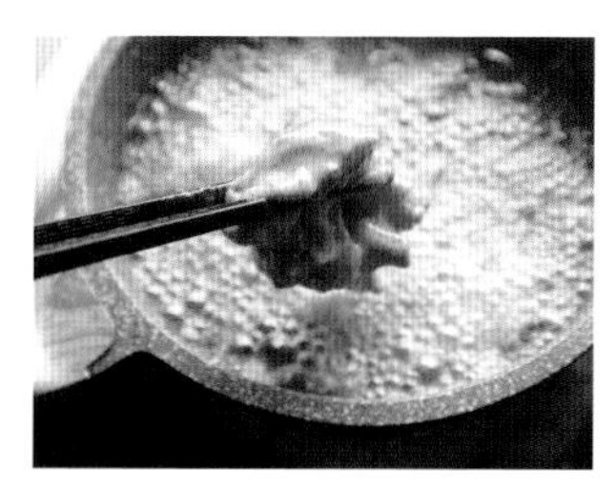

4. 油锅烧到大概七成热。一块块放入鸡块儿，避免粘在一起。

5. 在炸的过程中不停地用筷子搅动鸡块，只要变成黄色就捞出，在筛网上控油。

6. 把香菇改十字花刀。

7. 把花椒水中的花椒过滤掉。

8. 加入鸡精、生抽、蚝油，搅拌均匀。

9. 炸好的鸡块儿放入一个大碗里。

10. 在鸡块儿旁边摆好香菇，放入葱段、姜片、八角。

11. 倒入调好的酱汁。

12. 放入蒸锅，大火蒸 30 分钟。

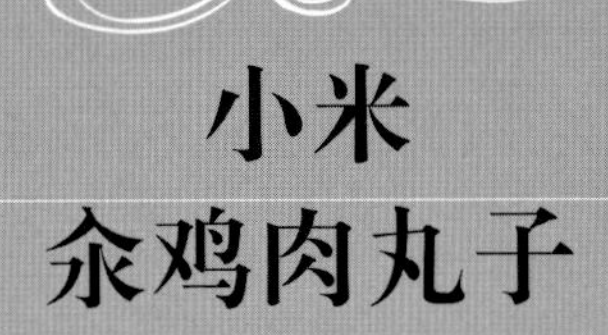

小米氽鸡肉丸子

● **烹饪工具：**

打蛋盆

一次性手套

漏勺

平底锅

● **准备食材：**

鸡腿（去皮去骨前）…300 克

豆腐…130 克

料酒…10 克

姜…2 片

葱白…1 小段

蛋清…1 个

白胡椒粉…2 克

盐…10 克

鸡精…5 克

蚝油…10 克

小米…50 克

油麦菜…1 小把

水…750 毫升

香油…少许

虎哥的暖心小贴士

食谱里我用的是北豆腐，其实用什么豆腐都可以，加入豆腐的鸡肉丸子特别嫩。这道菜既好吃又健康，而且有新意，家里来客人了，可以露一手哦！

1. 鸡腿去皮去骨后，剁成肉泥。

2. 在一个容器里，加入鸡肉泥、姜末、葱末。

3. 放入 5 克盐、白胡椒粉、料酒、蚝油、蛋清。

4. 放入捏碎的豆腐。

5. 用筷子向同一方向不停搅拌，打到肉馅上劲儿，豆腐变得更碎。

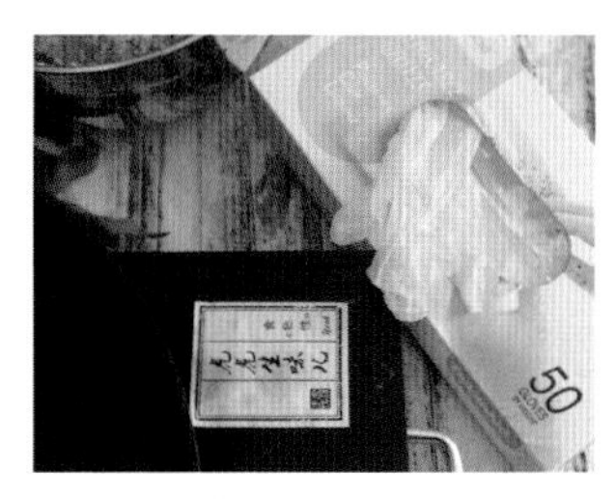

6. 戴上手套。

7. 抓一些肉，从虎口挤出鸡肉豆腐丸子。

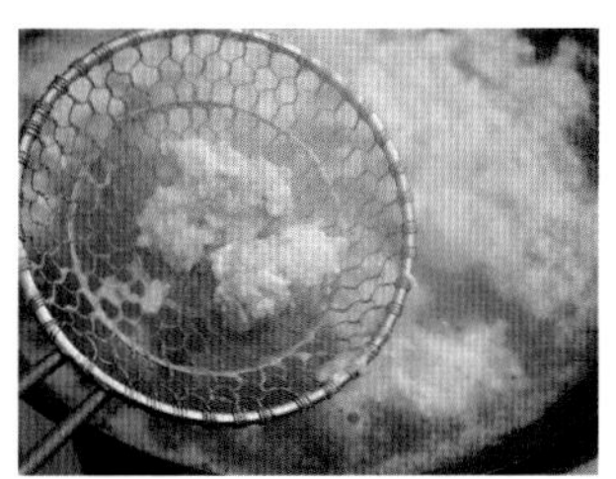

8. 把丸子放入热水里，水温不要太高，一直煮到有白沫出现，丸子浮起时捞出来。

9. 洗干净的小米里加入 750 毫升的水，大火加热。

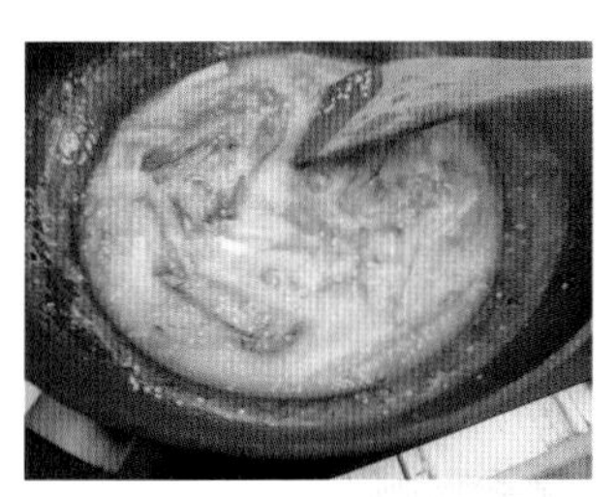

10. 在小米变得比较稠的时候，放入洗好的油麦菜、剩下的 5 克盐、鸡精，搅拌均匀。

11. 再放入汆好的鸡肉丸子，煮 5 分钟关火。

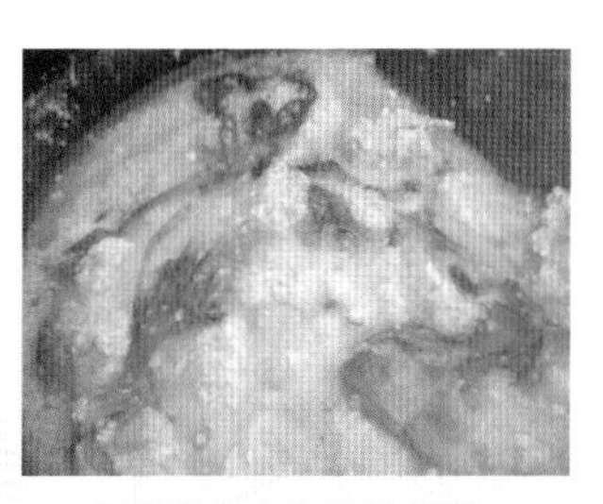

12. 最后淋上少许香油即可。

辣牛肉馅饼

● **烹饪工具：**

平底锅
打蛋盆
4 根筷子
保鲜膜

● **准备食材：**

普通面粉…250 克
温水…200 克
牛肉碎…200 克
生抽…10 克
老抽…2.5 克
洋葱…1/2 个
小葱…5 根
姜…3 片
蚝油…20 克
鸡蛋…1 个
黑胡椒…5 克
食盐…10 克
食用油…适量

虎哥的暖心小贴士

没有辣椒为什么叫辣牛肉馅饼？我们其实说的辣，就是洋葱和小葱的香辣。做完的饼，咬下去还有一点点脆口的洋葱粒，口感非常好，吃不完的可以放入密封盒里冷藏，吃的时候用锅热一下，或者电饼铛加热一下。

1. 一边加入水，一边用筷子搅拌面粉。

2. 面团要稍微稀一点儿，筷子提起会带起来一些的状态。

3. 包上保鲜膜，冷藏 1 小时。

4. 牛肉碎里加入 1 个鸡蛋、洋葱粒、葱花、姜末。

5. 再加入 60 克的水，用筷子向一个方向搅拌，让肉上劲儿。

6. 加入盐、黑胡椒、生抽、老抽、蚝油，继续搅拌。

7. 等肉有一定黏度了即可。

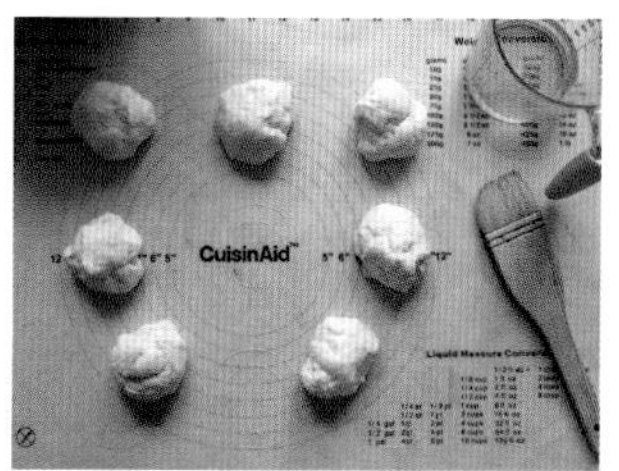

8. 手上抹一些油，把面粉分成 70 克 1 个的小面团。

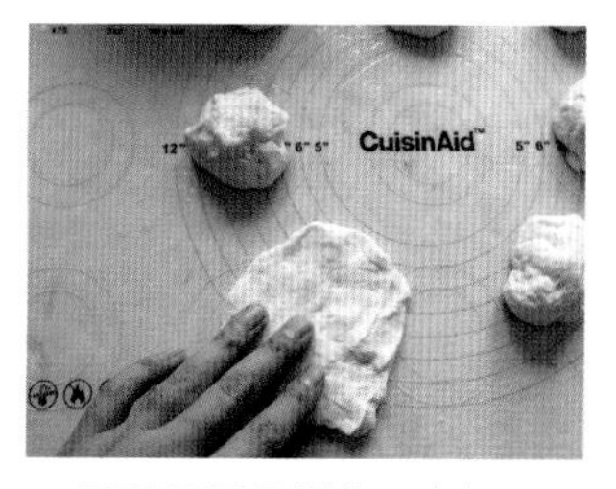

9. 用手压平呈饼状，大概 3~4 毫米厚。

10. 在中间放入肉馅儿。

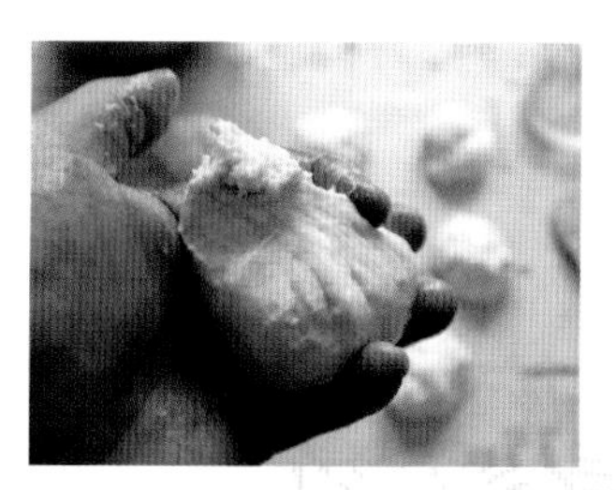

11. 向上合拢后，把最上面多出来的面团揪下来。

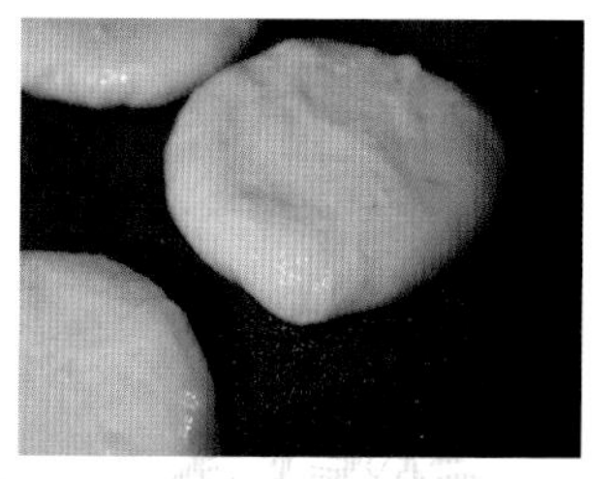

12. 平底锅刷上薄薄的一层油，放入包好的饼，用手轻轻按扁，先煎 2 分钟后，表面刷油翻面，再煎 2 分钟出锅。

冰花锅贴

● **烹饪工具：**

平底锅

打蛋盆

擀面杖

筷子

● **准备食材：**

锅贴：

高筋面粉…100 克

开水…80 克

猪肉馅儿…200 克

玉米油…30 克

姜…3 片

葱…2 根

香油…2 克

盐…5 克

白胡椒…2 克

冰花面糊：

水…50 克

面粉…5 克

玉米油…15 克

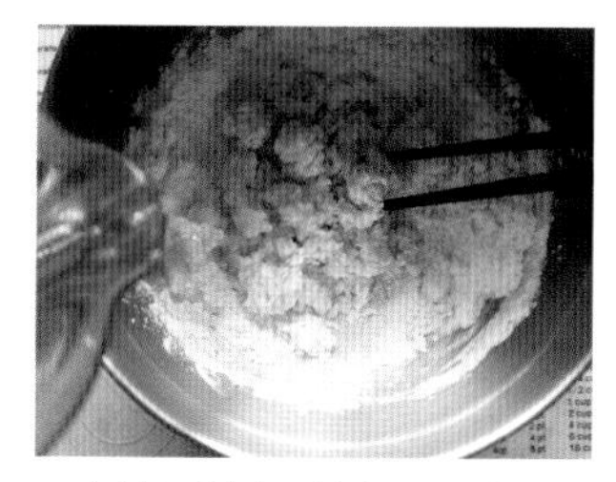

1. 高筋面粉中一边加入开水，一边用筷子搅拌，千万不要用手，以免烫伤。

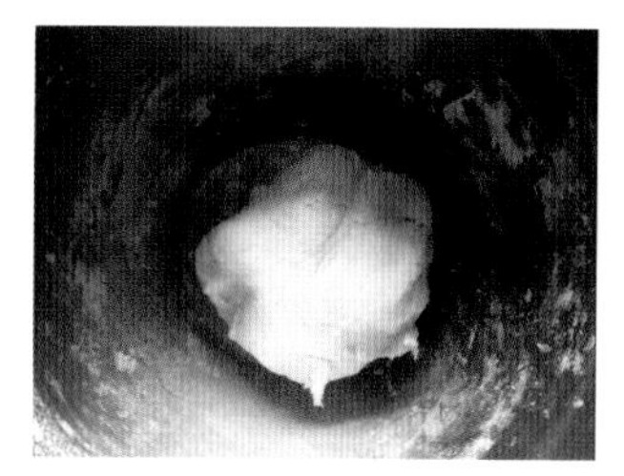

2. 稍微凉一下的时候，用手揉成面团，静置半小时。

3. 猪肉馅儿里加入盐、葱花、白胡椒、姜末、玉米油。

4. 朝一个方向用筷子不停搅拌上劲儿，最后加入香油，再搅拌均匀。

5. 馅儿弄好以后，面团也差不多了，用手滚成长条，横着从中间一分为二，变成两个长条。

6. 然后用刀切成大概 3~4 厘米的小段儿。

7. 用手掌压成小饼状。

8. 再用擀面杖擀成圆片。

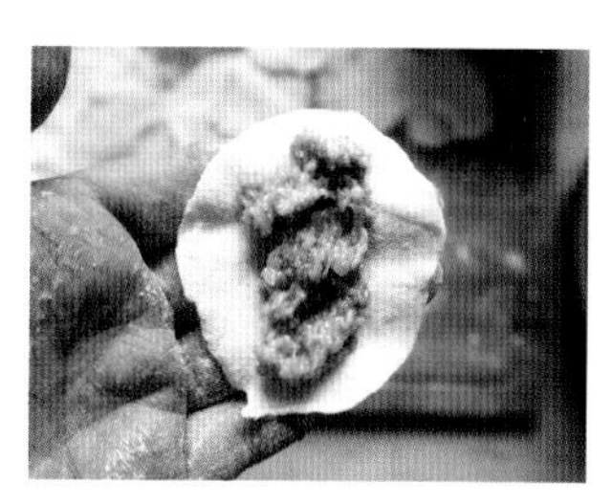

9. 在皮的中间，竖着放上肉馅儿。

10. 两边往中间捏好即可，两头敞开。

11. 摆好在平底锅里。

12. 开中火，在锅里加入水大概和锅贴一样高，盖盖子煮 5 分钟后，打开锅盖继续煮到水快干，转成小火，避免煳锅。

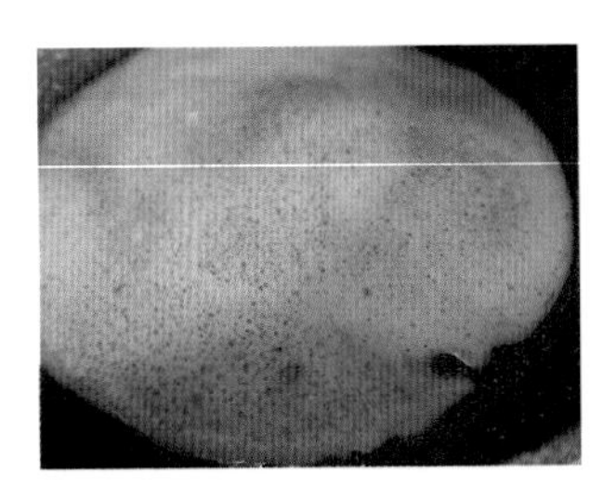

13. 拿出基本已经煮熟的锅贴，平底锅里加入制作冰花的面糊。

14. 在面糊开始冒泡泡，但是还没有干的时候，放上做好的锅贴，看到白色面糊变成焦黄色，关火出锅。

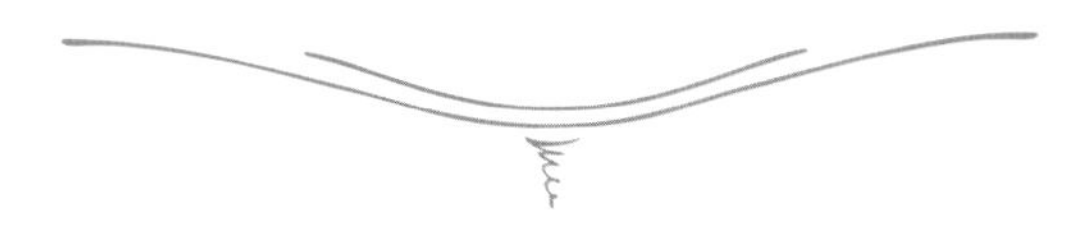

虎哥的暖心小贴士

锅贴两边敞开口，这样比较容易熟。因为肉馅儿里有肥肉，我们又加了油，最后会出来很多多余的油，如果你是用盘子扣在上面翻面的话，一定注意锅里的油不要烫到自己。

如果怕掌握不好火候的话，就全程中小火，这样只是时间加长，但是比较容易一次成功。

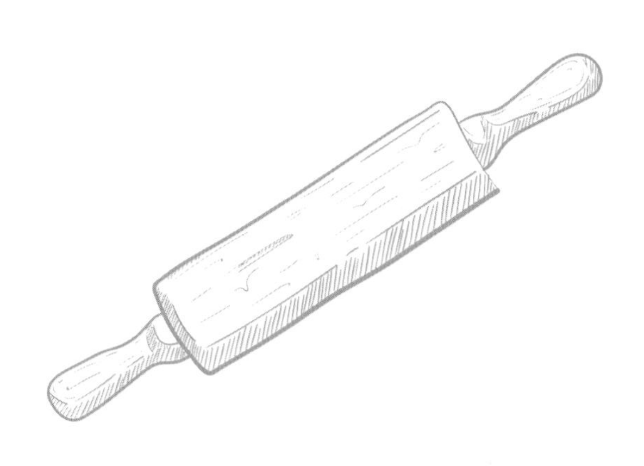

虎式炒萝卜丝

● **烹饪工具：**

平底锅

打蛋盆

炒勺

● **准备食材：**

萝卜…300 克

蒜…3 瓣

八角…2 个

盐…5 克

生抽…7 克

老抽…2.5 克

白砂糖…10 克

蚝油…10 克

食用油…适量

1. 把萝卜切成丝。

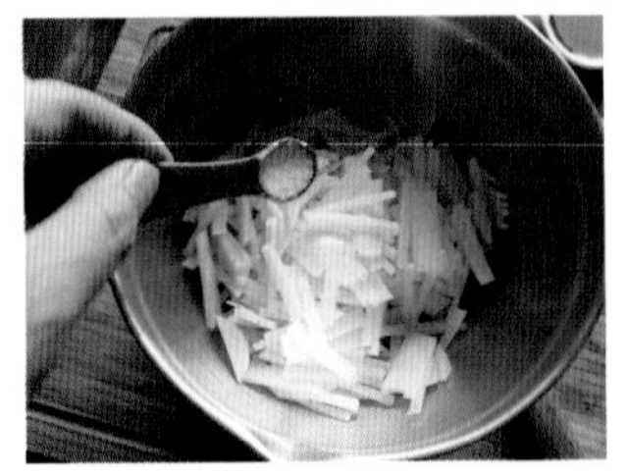

2. 萝卜丝里面加入 5 克的盐。

3. 在腌萝卜的时候，把蒜切成片。

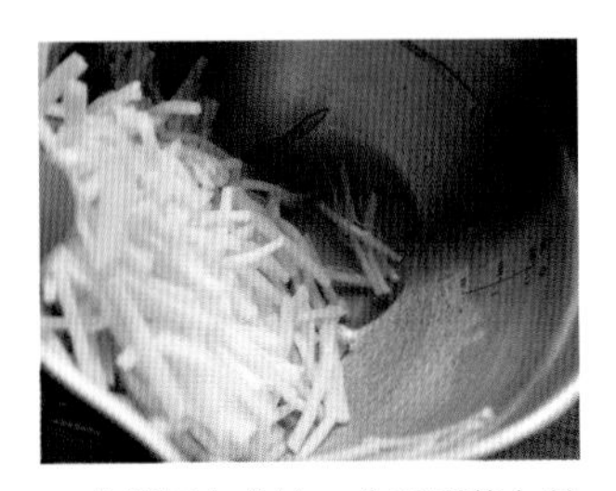

4. 大概五六分钟，会看到萝卜丝开始出水。

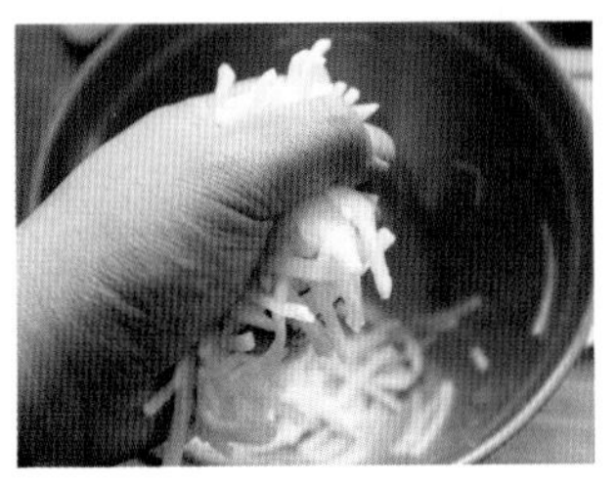

5. 用手把萝卜丝里面的水都挤出去。

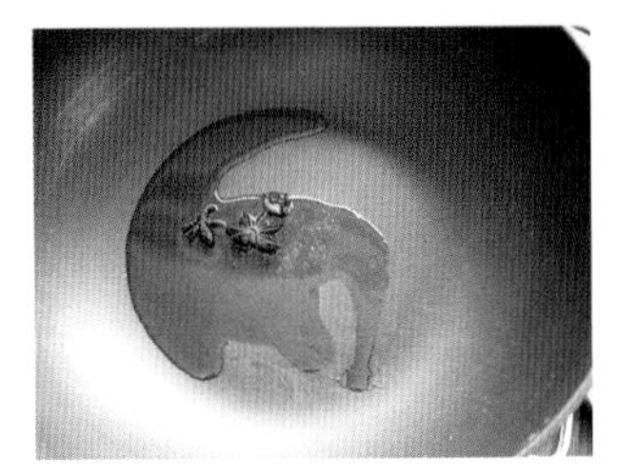

6. 锅里加入油，油热后，放入八角炒出香味儿。

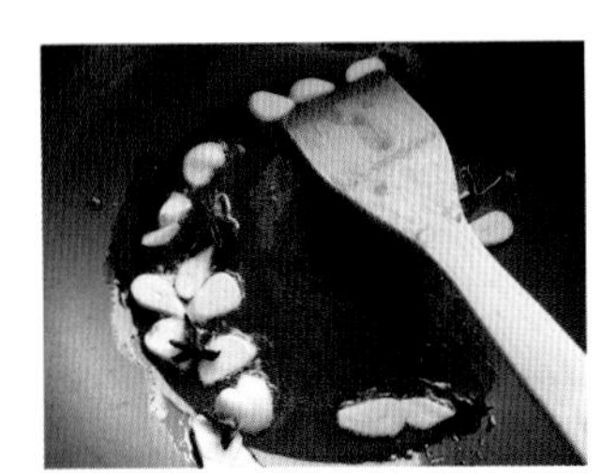

7. 再加入蒜瓣，炒香。

8. 放入萝卜丝后，加入调味料，翻炒 5 分钟出锅。

虎哥的暖心小贴士

把萝卜丝加入盐，泡出水以后，再把多余的水挤出去，这样炒出来的萝卜丝很脆哦！这道菜虽然简单，但是味道很香，搭配粥或者米饭都好吃。

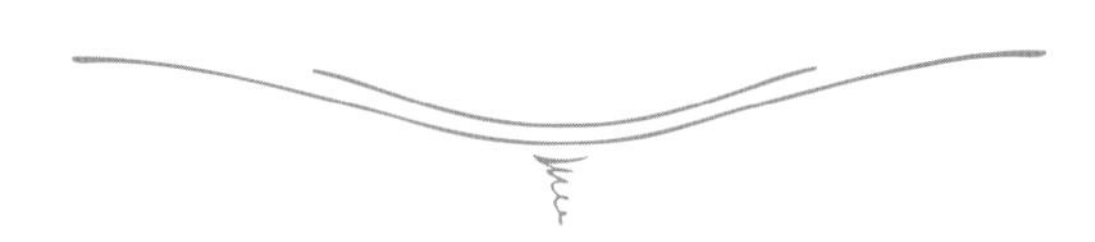

炸咸食

洛阳当地菜

- **烹饪工具：**

打蛋盆

手动打蛋器

炒锅

筛网

- **准备食材：**

白萝卜…200 克

胡萝卜…100 克

紫薯…50 克

白胡椒粉…2.5 克

五香粉…2.5 克

低筋面粉…70 克

鸡蛋…1 个

水…150 克

盐…5 克

油…900 毫升

葱…少许

姜…少许

1. 低筋面粉里加入盐。

2. 加入白胡椒粉和五香粉，混合均匀。

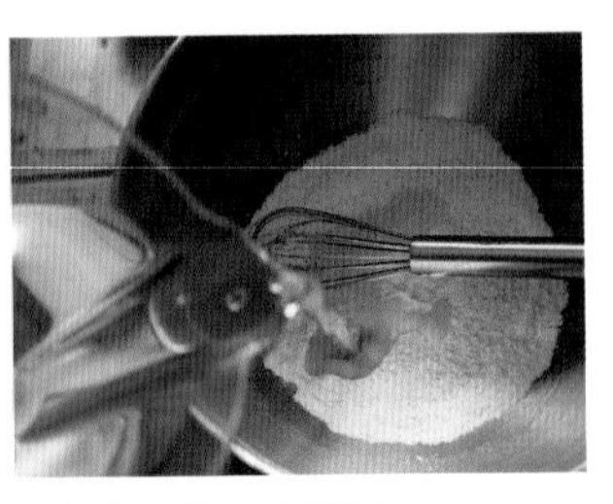

3. 加入水和一个鸡蛋。

4. 搅拌成糊状后，加入少许姜末和葱末。

5. 把白萝卜、胡萝卜、紫薯切成丝，不用太细，直接加入面糊里。

6. 先把油热到五成热。

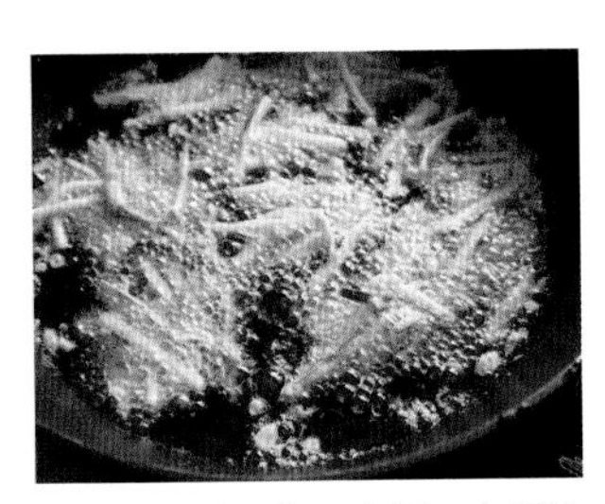

7. 用筷子从面糊里夹起一小撮依次放入油锅里。

8. 稍微上色，就捞出来控下油。

9. 油开后，放入炸过一遍的萝卜和紫薯再复炸一次，炸至金黄色即可。

虎哥的暖心小贴士

这道菜算是洛阳人逢年过节必吃的一道菜了。当然，传统的炸咸食是没有紫薯的，加了紫薯条的香甜，会中和掉炸食的油腻感。油五分热的时候，基本就是冒泡后，插入一个木头筷子，筷子周围开始冒泡。十分热的时候，就是油已经没有泡泡了，表面看着很平静。

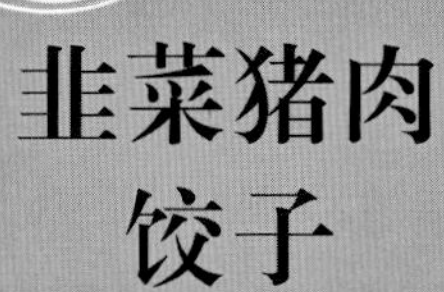

韭菜猪肉饺子

烹饪工具：

深锅
打蛋盆
筛网
擀面杖
铲子
筷子
漏勺

准备食材：

高筋面粉…400克
温水…200克
猪肉馅儿…400克
姜…3片
生抽…30克
蚝油…15克
盐…10克
油…50克
花椒…5克
水…150克
韭菜…150克

1. 先来和面，把温水加入高筋面粉里。

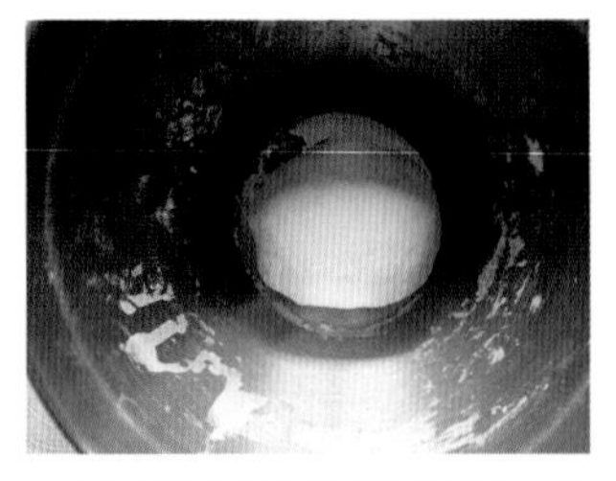

2. 揉成较为光滑的面团以后，静置在一边，开始和馅儿。

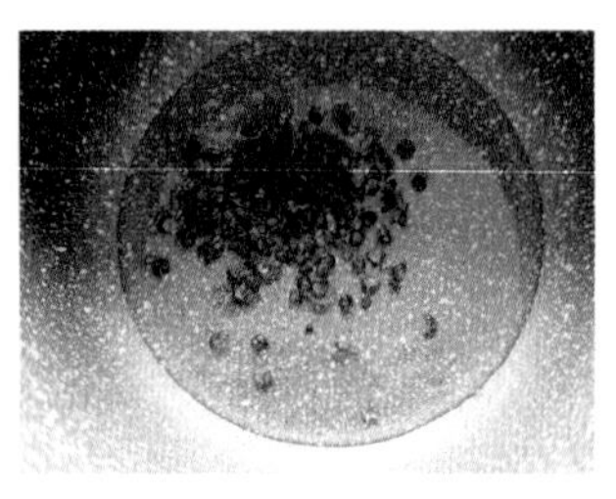

3. 先把油放入锅里，加入花椒煸出香味儿。

4. 用筛网过滤掉花椒，然后油放凉待用。

5. 肉馅儿里加入切好的姜末，一边搅拌，一边加入水，向一个方向搅拌上劲儿。

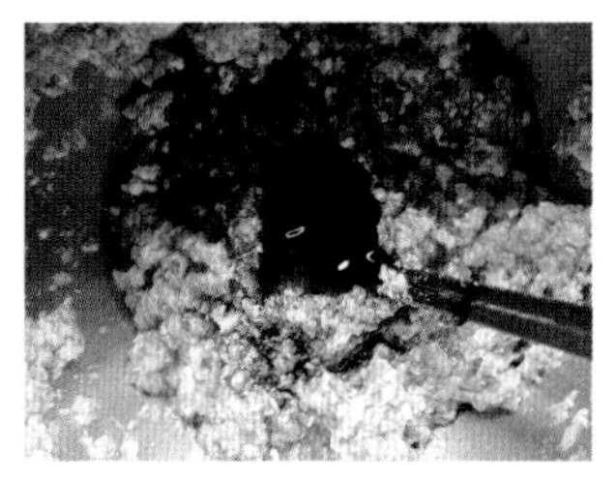

6. 然后加入生抽、蚝油，继续搅拌。

7. 加入放凉的花椒油，继续搅拌。

8. 放入切好的韭菜。

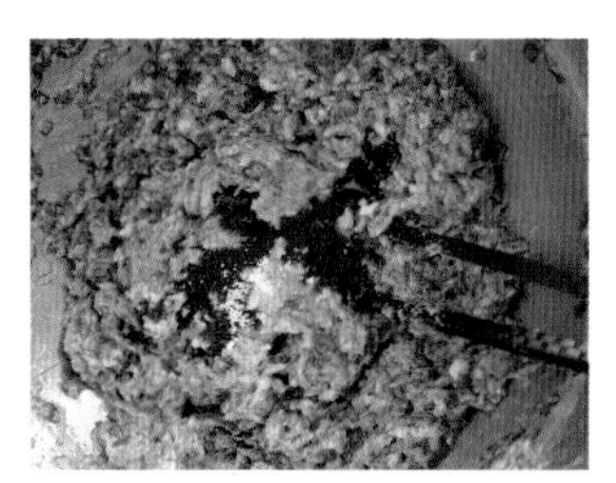

9. 搅拌好以后，加入盐，喜欢颜色重一点儿，可以加入一点点老抽。

10. 先拿出一半的面团，滚成长条后，横着从中间切开成两个长条。

11. 再用刀切成 3~4 厘米的小段儿，用面粉滚一滚。

12. 用手掌压成小剂子，也就是小饼状。

13. 一只手抓着边，用擀面杖擀，面皮中间要厚一点点。

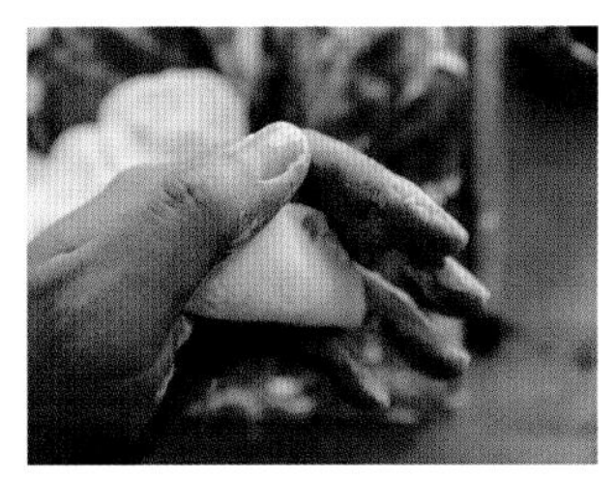

14. 放入馅儿，然后用两只手的虎口贴着饺子，往中间挤压。

15. 包好的饺子放在撒好面粉的案板或者盘子上。

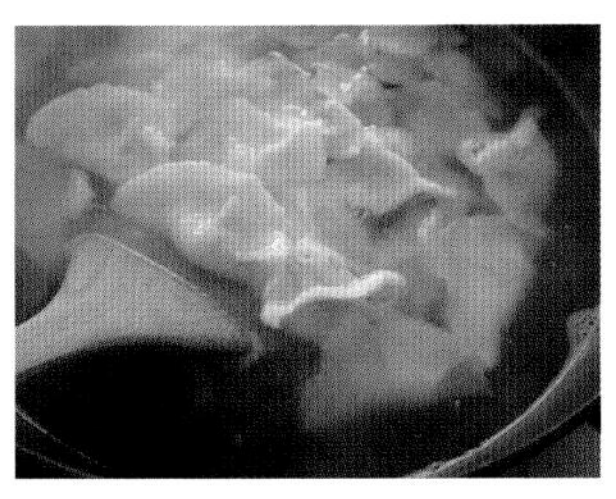

16. 水烧开以后，放入饺子，用铲子背部推一推，以免粘锅底。水滚了以后，加入冷水，这样重复3次，饺子飘起来以后，捞出来即可。

虎哥的暖心小贴士

一次吃不完的饺子，先放在撒好面粉的案板或者盘子上，放入冰箱冷冻，大概半小时定型后，从盘子上取下来，放入保鲜袋里，吃的时候，直接加入烧开的锅里，继续“三起三落”的顺序就可以了。

如果是煮熟的饺子，可以用我们冰花锅贴的最后一步，做成冰花饺子。这道菜是虎爸教我的，让我在国外也能吃上中国的饺子，当然我觉得虎爸比我做的还是好吃很多，哈哈，就当我是学艺不精，虎爸还是更专业的。

大盘鸡

家庭版

- **烹饪工具：**

深一点儿的锅

炒勺

- **准备食材：**

鸡腿…600 克

豆瓣酱…60 克

冰糖…20 克

生抽…20 克

老抽…10 克

盐…2 克

啤酒…1 大瓶

八角…3 个

葱白…3~4 段

土豆…1 个

西红柿…1 个

彩椒…少许

香菜…少许

姜片…少许

食用油…10 克

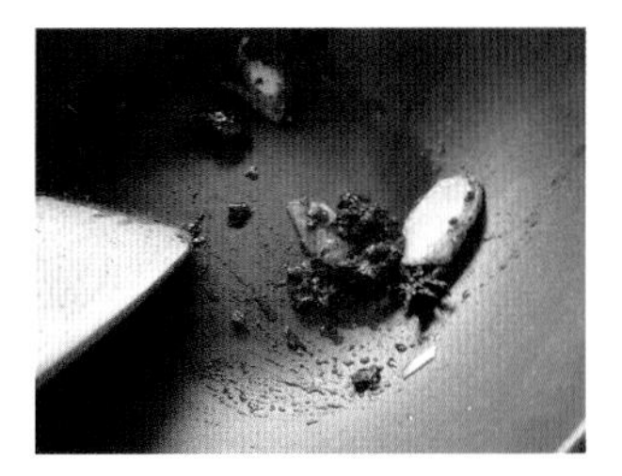

1. 中火，锅里加入油，放入姜片、八角、豆瓣酱翻炒出香味儿。

2. 加入鸡腿肉继续翻炒。

3. 倒入一大瓶的啤酒。

4. 加入生抽、老抽、冰糖、西红柿、土豆、葱白，开大火炖 20 分钟。然后放入彩椒块儿，再炖 5 分钟，最后加入少许盐调味，出锅后放上香菜即可。

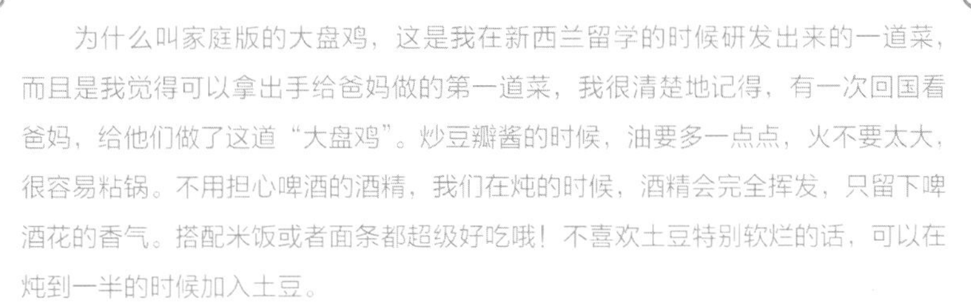

虎哥的暖心小贴士

为什么叫家庭版的大盘鸡，这是我在新西兰留学的时候研发出来的一道菜，而且是我觉得可以拿出手给爸妈做的第一道菜，我很清楚地记得，有一次回国看爸妈，给他们做了这道“大盘鸡”。炒豆瓣酱的时候，油要多一点点，火不要太大，很容易粘锅。不用担心啤酒的酒精，我们在炖的时候，酒精会完全挥发，只留下啤酒花的香气。搭配米饭或者面条都超级好吃哦！不喜欢土豆特别软烂的话，可以在炖到一半的时候加入土豆。

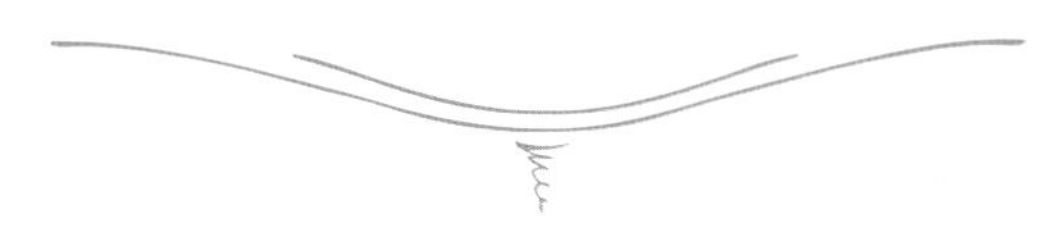

南瓜汤
搭配
蒜香面包

- **烹饪工具：**

蒸锅
奶锅
料理机
烤箱
牙签
裱花袋
深盘
面包刀

- **准备食材：**

南瓜汤：
南瓜…600 克
盐和黑胡椒…各 2.5 克
帕玛森奶酪粉…5 克
牛奶…100 克
淡奶油…50 克

蒜香面包：
吐司…2 片
黄油…20 克
盐…1 克
蒜…1 瓣
法香…少许（可选）

1. 南瓜切小块儿，大火蒸 15 分钟变软。

2. 用料理机打成南瓜泥。

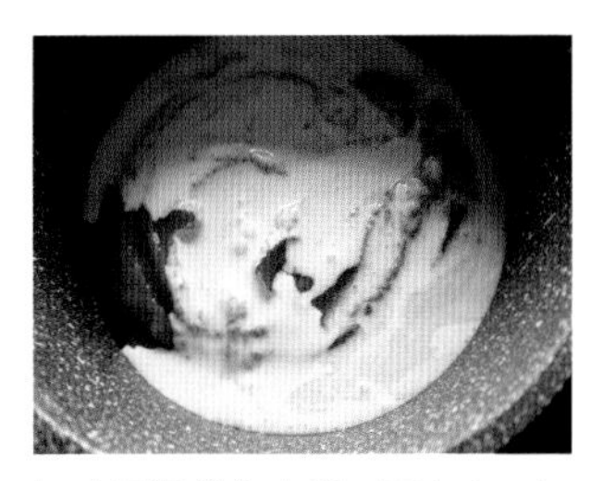

3. 南瓜泥放入小锅，开小火，加入淡奶油和牛奶。

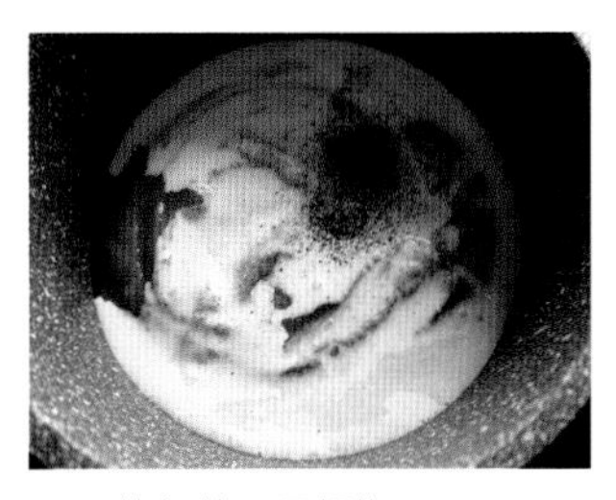

4. 再放入盐和黑胡椒。

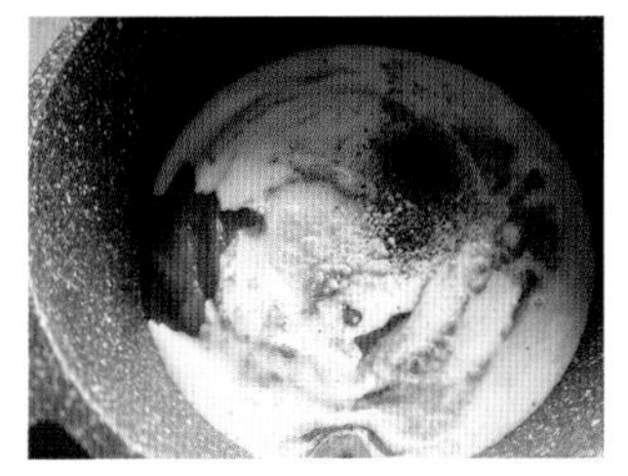

5. 加入帕玛森奶酪粉，小火一边煮，一边搅拌，大概 5 分钟即可。

6. 现在开始制作蒜香面包，把黄油熔化一下，放入盐、蒜粒，可以切少许法香增加颜色。

7. 把混合好的蒜蓉黄油酱涂抹在吐司的两面。

8. 把吐司放入预热好的烤箱。上下火 160 摄氏度，烤 10 分钟。

9. 煮好的南瓜汤放入深盘中，在裱花袋里装入少许的淡奶油，剪一个非常小的口子，在南瓜汤表面挤出紧密的波浪形。

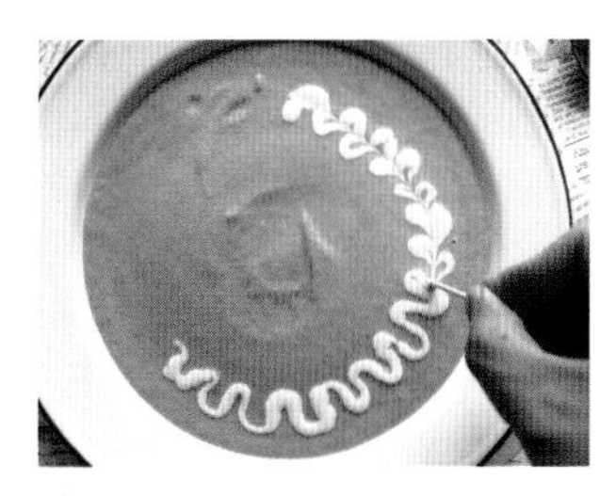

10. 用牙签从波浪形中间穿过。

虎哥的暖心小贴士

配方里面的量，其实够两个人喝，如果一次喝不完这么多，一定记得把南瓜泥冷冻，想吃的时候，拿出来解冻，再进行加淡奶油和牛奶之后的步骤。加完淡奶油、牛奶的南瓜泥就不太容易保存了。

意式海鲜汤

● **烹饪工具：**

奶锅

筛网

● **准备食材：**

青口贝…2个

大虾…3只

扇贝柱…8个

鱿鱼圈…8个

土豆…200克

水…400毫升

蒜…1瓣

洋葱…1/4个

淡奶油…50克

黑胡椒…2克

盐…5克

低筋面粉…20克

食用油…少许

1. 小奶锅里，加入少许油，放入蒜瓣和洋葱丝炒出香味儿。

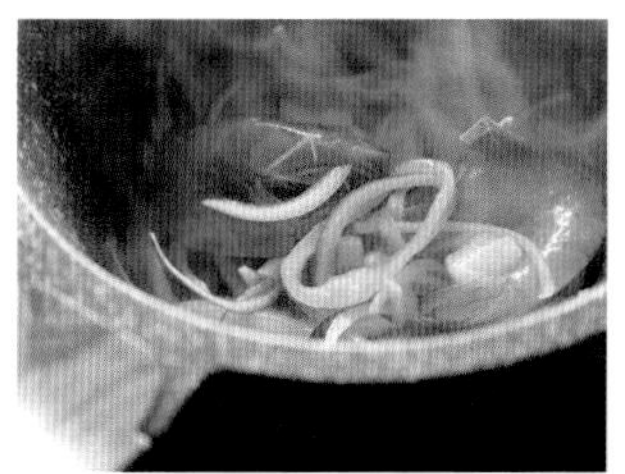

2. 再放入海鲜，翻炒 1 分钟。

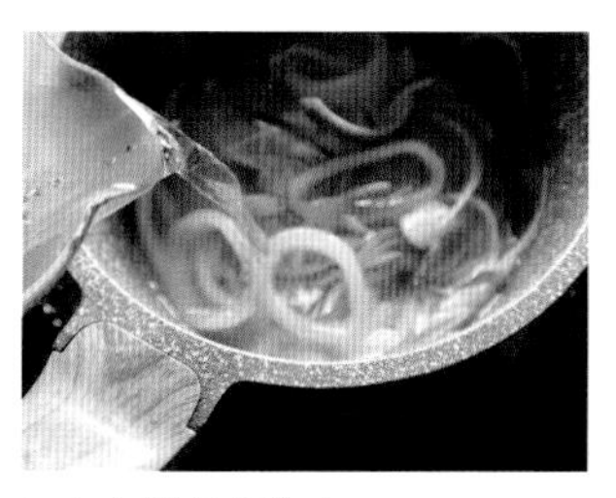

3. 加入准备好的水。

4. 加入切滚刀小块儿的土豆，大火煮 20 分钟，土豆开始软烂。

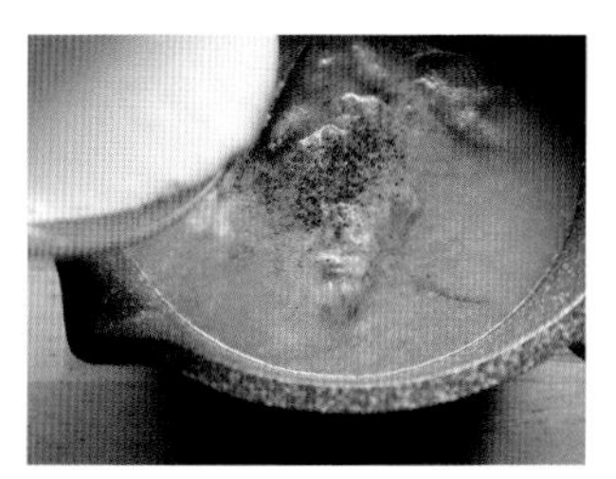

5. 再加入盐、黑胡椒、淡奶油。

6. 筛入低筋面粉，在火上再加热 3~4 分钟，不停搅拌，让面粉没有颗粒状。

虎哥的暖心小贴士

海鲜汤里面放入了土豆，土豆里面的淀粉会让汤变得更浓郁，加入少许面粉，可以让汤的口感变得更醇厚。当然，这个海鲜汤因为有了淡奶油而变得更香甜，如果怕淡奶油味道太重，可以换成牛奶，但是它的风味会丧失很多。

红酱意面

- **烹饪工具：**

深一点儿的炒锅

平底锅

炒勺

- **准备食材：**

牛肉碎…250 克

蒜…6 瓣

西红柿…500 克

番茄膏…100 克

洋葱粒…100 克

盐…20 克

黑胡椒…7.5 克

干罗勒叶碎…5 克

帕玛森奶酪粉…15 克

长条意面…100 克

食用油…少许

水…80 毫升

1. 平底锅里加入少许油，放入 3 瓣大蒜剁成的蒜蓉，炒出香味儿后，再放入洋葱粒爆香。

2. 把去皮西红柿（去皮方法可参考 P.021“英式大早餐”）切小块儿放入。

3. 加入盐、黑胡椒以及干的罗勒叶碎。

4. 锅中加入番茄膏。

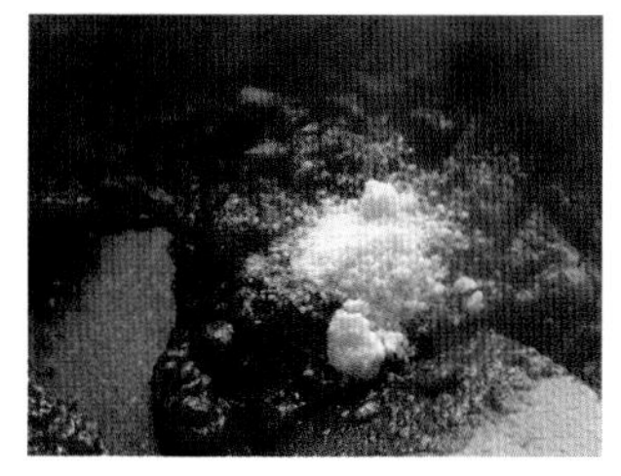

5. 锅中加入少许水（约 30 毫升），熬成糊状后，放入帕玛森奶酪粉，拌匀出锅。

6. 准备好煮好的意面（煮法可参考 P.142“中式炒意面”），把剩下的 3 瓣蒜切片。

7. 平底锅里放入油、蒜炒出香味后，放入牛肉碎翻炒上色。

8. 加入熬好的番茄酱。

9. 小火熬 7~8 分钟，太稠的话，可以加一点点水（约 50 毫升）。

10. 熬好的酱先盛出来，在平底锅里留下自己想吃的量，再放入 100 克的面，一边加热，一边拌匀即可。

虎哥的暖心小贴士

这个番茄酱煮好以后，我们可以用到很多地方，比如说跟玉米饼搭配的番茄酱，也是这么做的。加入牛肉的红酱，可以放入保鲜盒里密封冷藏，两三天吃完就好。如果要保存很长时间的话，可以先冷冻，吃的时候先解冻，再煮面，重新在锅里加热就可以。

白酱鸡肉蘑菇意面

● **烹饪工具：**

深一点儿的炒锅
平底锅
炒勺

● **准备食材：**

淡奶油…100 克
笔管意面…100 克
口蘑…5 个
培根…2 条
洋葱…少许
鸡胸肉…50 克
盐…4.5 克（2 克煮面，2.5 克调味）
黑胡椒…2.5 克
蒜…2 瓣
帕玛森奶酪粉…10 克（5 克调味，5 克最后撒在成品上）
水…适量
食用油…少许

1. 锅中注水，水开后，加入少许盐和油，下入意面，大火，开盖煮 10 分钟。

2. 在煮的过程中，切好口蘑、蒜、培根、鸡胸肉。

3. 关火，盖盖子闷 1 分钟后，捞出意面沥干水分待用。

4. 锅里放入少许油，炒香蒜和洋葱粒。

5. 加入鸡肉粒和培根碎继续翻炒。

6. 鸡肉变色后，转中火加入淡奶油。

7. 放入口蘑、盐、黑胡椒、帕玛森奶酪粉。

8. 煮 2~3 分钟后，淡奶油变稠，放入煮好的意面，翻煮 1 分钟后出锅。

虎哥的暖心小贴士

意面如果煮得太多吃不完的话，可将煮好的意面过凉水，沥干水分以后，放入少许橄榄油拌匀。这样的意面可以在密封的保鲜盒里保存 4 天左右，吃之前可以直接熬咱们的奶油蘑菇酱，把意面取出，放进去加热即可。

白酱意面非常香，但是吃多了会腻，所以不喜欢奶味重的朋友，可以把淡奶油换成 50 克，再加 50 克牛奶中和即可。

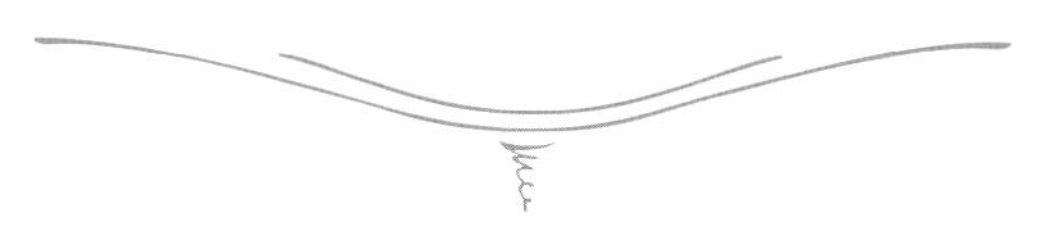

中式炒意面

● **烹饪工具：**

深一点儿的炒锅

平底锅

● **准备食材：**

长条意面…100 克

洋葱…1/4 个

蒜…2 瓣

彩椒丝…少许

盐…4.5 克（2 克煮面用，2.5 克炒面用）

黑胡椒…2.5 克

孜然粒…5 克

辣椒粉…1 克（可选）

生抽…7.5 克

老抽…2.5 克

鸡蛋…1 个

水…少许

油…少许

虎哥的暖心小贴士

意面煮完以后，过凉水，可以增加其韧性，这样炒出来的意面口感更好，注意一定不要煮或者焖的时间过长，那样再炒的话，意面很容易断，也容易粘到一起。

1. 先煮意面，水开了以后，加入少许油和盐。

2. 放入意面。

3. 开大火不盖锅盖煮 9 分钟。

4.9 分钟后关火，盖上盖子闷 1 分钟。

5. 捞出意面后，过凉水，沥干水分待用。

6. 切好蒜、洋葱，彩椒切丝。

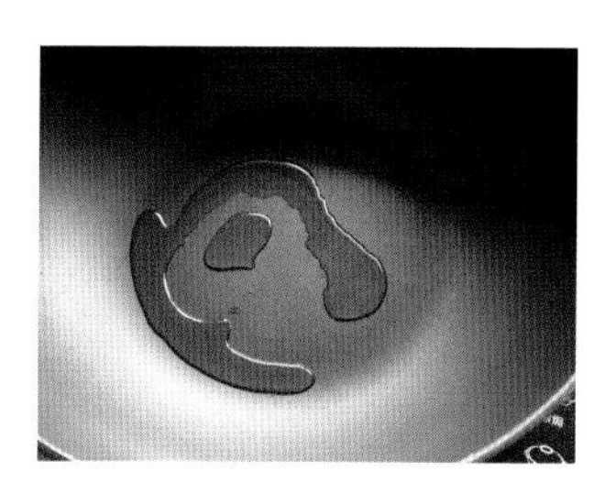

7. 锅里放入油。

8. 放入蒜、洋葱、彩椒丝炒出香味儿。

9. 加入生抽、老抽。

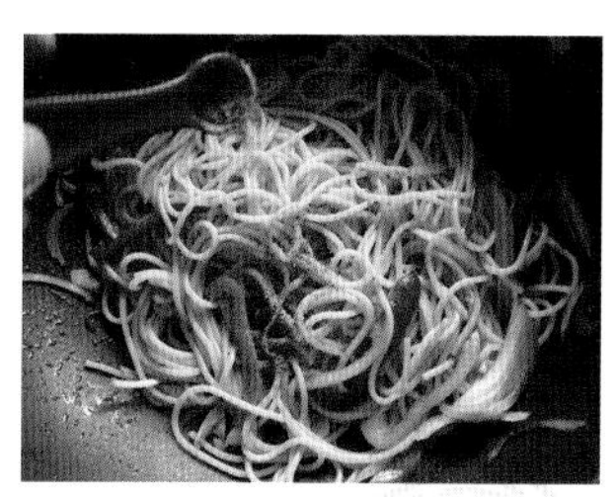

10. 放入煮好的意面，加入盐和黑胡椒。

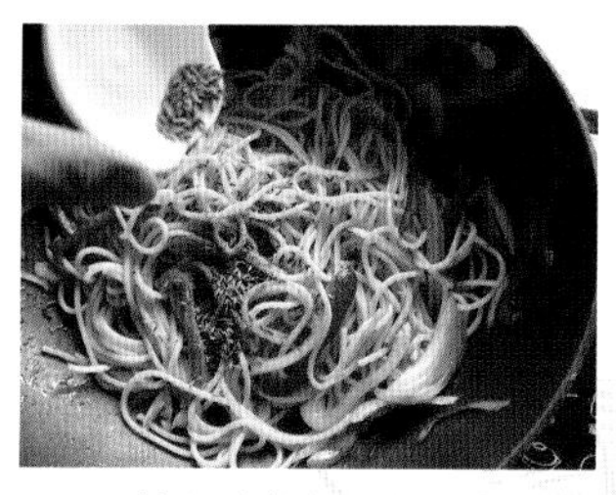

11. 再放入孜然粒，能吃辣的可以放入少许辣椒粉。

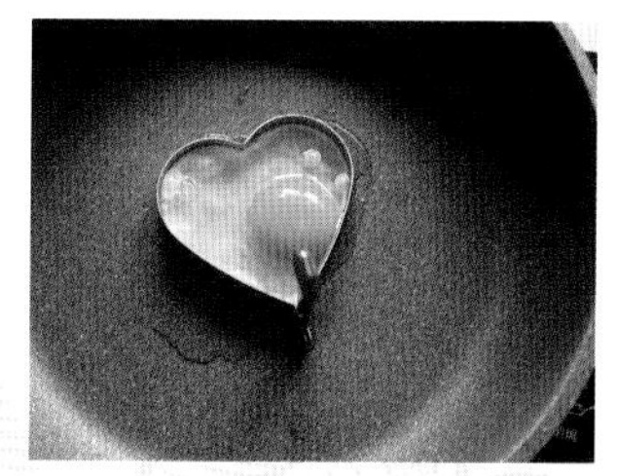

12. 平底锅里放入少许油，煎一个太阳蛋加在拌好的意面上就可以吃了。

秘制小羊排搭配土豆泥

● **烹饪工具：**

奶锅
平底锅
打蛋盆
叉子
毛刷

● **准备食材：**

小羊排… 160 克
土豆…300 克
盐…5 克
黑胡椒…5 克
淡奶油…15 克
黄油…20 克
蒜…3 瓣
蜂蜜…少许
生抽…10 克
迷迭香…少许（可选）

1. 小羊排用蒜、盐、黑胡椒、生抽、迷迭香腌制 15~20 分钟。

2. 土豆去皮，切滚刀块儿，大火煮 15 分钟，直到筷子可以插入土豆即可。

3. 捞出煮好的土豆，加入 2.5 克的盐、2.5 克的黑胡椒和淡奶油。

4. 趁热用叉子搅拌均匀，压成泥。

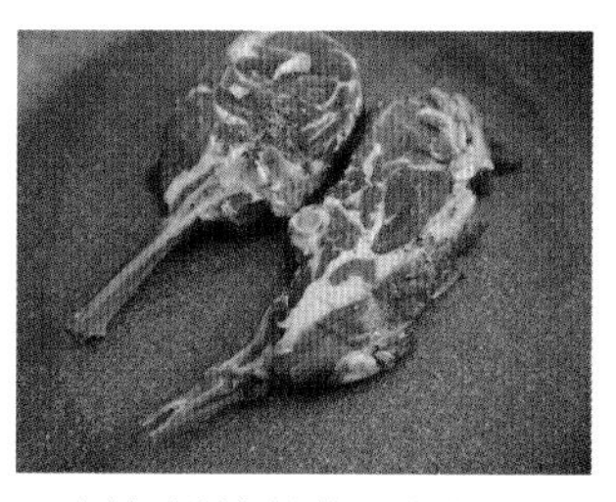

5. 去掉腌制中的蒜、迷迭香。平底锅放黄油，熔化后中火开始煎羊排。

6. 两面各煎 2 分钟以后，开始在羊排表面刷蜂蜜。

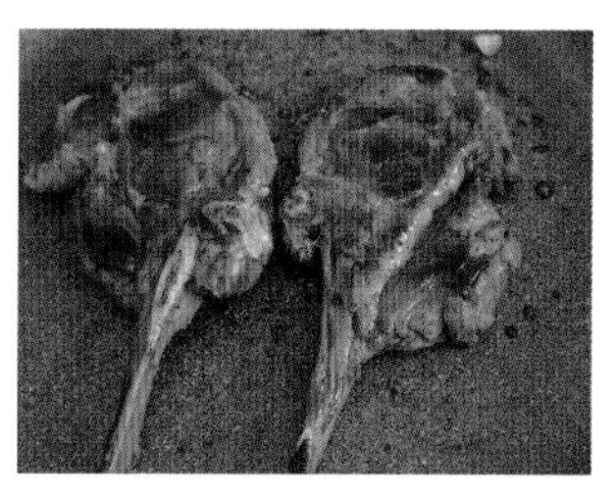

7. 继续煎到上色，一定注意是中火或者小火，涂了蜂蜜的羊排很容易煎煳。盘子里放上土豆泥，把煎好的羊排放在旁边即可。

虎哥的暖心小贴士

注意生抽一定不能放太多，要不然就成中餐了。在煎之前要去掉蒜，蒜只是为了入味，如果放入锅里，蒜会变得很黑。

土豆泥大虾球

- **烹饪工具：**

打蛋盆
叉子
奶锅
烤箱
筷子

- **准备食材：**

土豆…300克
盐…2.5克
黑胡椒…2.5克
淡奶油…15克
黄油…15克
蛋黄酱…40克
马苏里拉奶酪…40克
大虾肉…60克
面包糠…20克
芥末酱…少许

1. 土豆切滚刀块儿，大火煮 15 分钟，筷子能轻松插入即可。

2. 加入淡奶油、黄油、盐和黑胡椒。

3. 用叉子用力压，变成泥状。

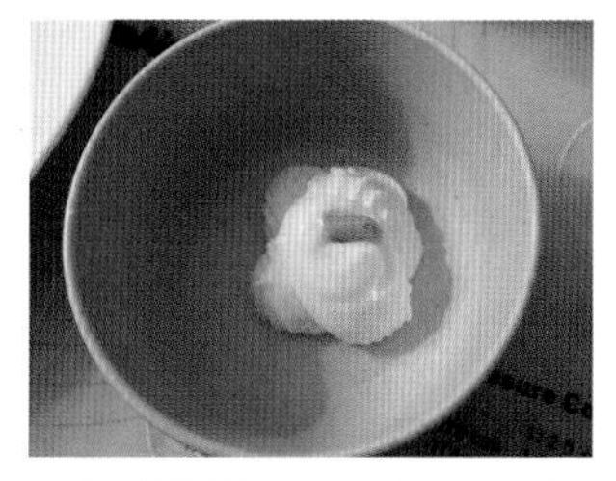

4. 在素蛋黄酱（制作方法见P.002“豆皮杂粮卷”）中加入少许芥末酱。

5. 放入一半的马苏里拉奶酪和切好的大虾肉拌匀。

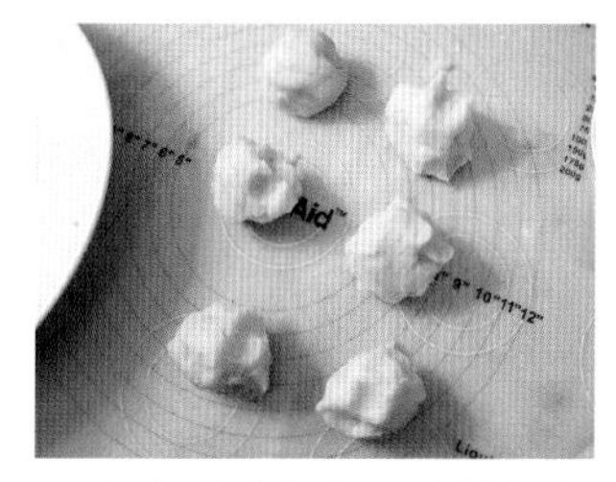

6. 土豆泥分成每个 50 克的小球。

7. 把球压成饼状，中间先放上一点奶酪条，再放上大虾糊。

8. 包成球以后，在面包糠里滚，沾满面包糠。

9. 烤箱上下火 180 摄氏度，中层，烤 20 分钟。

虎哥的暖心小贴士

这个土豆泥的做法，与小羊排里面的土豆泥做法完全一样，只是我们在用叉子压的时候，要压得更细腻，不要有太多的土豆块儿，那样不好包成一个球。在烤盘上，要涂一点点油或者铺张油纸，要不然烤完的土豆泥球，不容易拿下来。趁热吃，熔化的奶酪、大虾和土豆一起吃的口感更丰富。

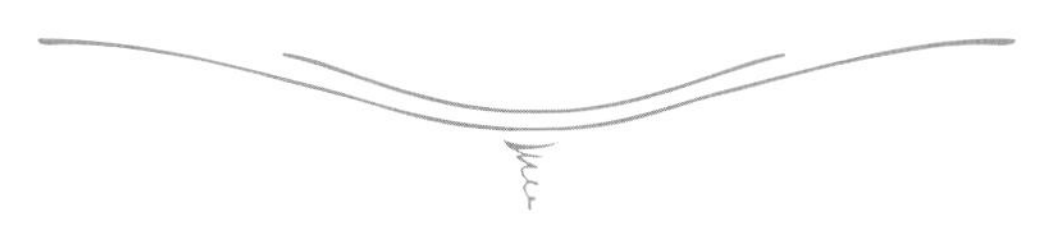

花边火腿比萨

● **烹饪工具：**

打蛋盆
搅拌勺
擀面杖
毛刷
剪刀
叉子
烤箱
平底锅

● **准备食材：**

比萨饼（2张9英寸饼底的量）：
高筋面粉…225克
白砂糖…1克
盐…1克
橄榄油… 25克
快速酵母…5克
温水…90克

番茄酱：
西红柿…1个
洋葱…80克
盐和黑胡椒…各1克
比萨草…1克（可选）

馅料：
培根…2条
口蘑…3个
彩椒（红、黄）…各20克
火腿香肠（或者火腿肠）…6根
马苏里拉奶酪碎 …135克

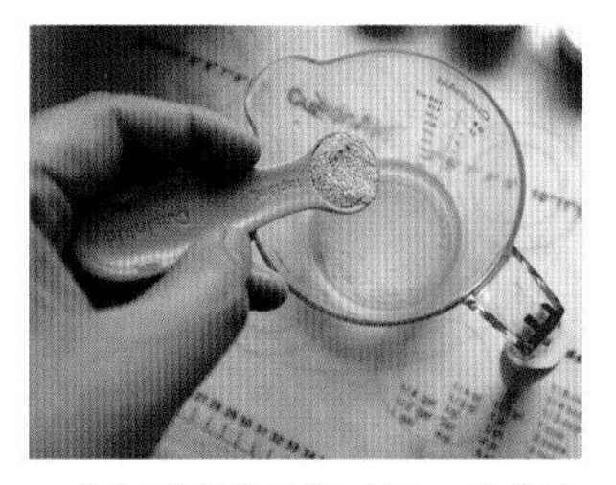

1. 先把酵母放在温水里，充分溶解。

2. 在高筋面粉里面，加入白砂糖和盐。

3. 加入橄榄油和酵母水。

4. 揉成面团（像中式面团一样，手光、面光、盆光）。

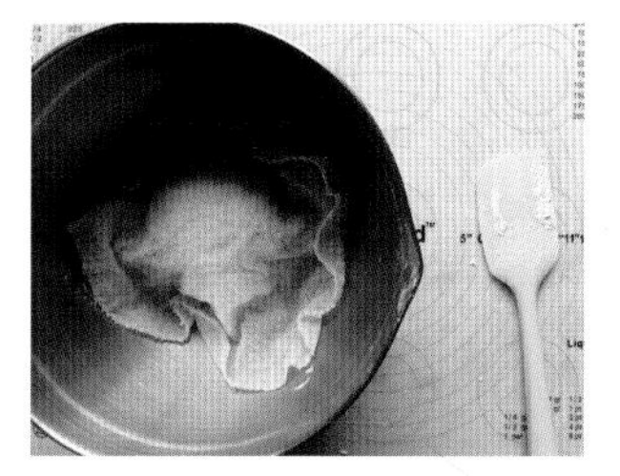

5. 盖上湿布，在温暖的地方发酵至两倍大，大约 1 小时。

6. 在等面团发酵的时候，我们开始制作饼底的番茄酱，西红柿顶部划十字刀，洋葱切成丁。

7. 水烧热后，放入番茄，烫 30 秒左右捞出。

8. 把西红柿皮去掉，切丁待用。

9. 锅里加入少许油，油热后，放入洋葱粒翻炒出香味儿。

10. 加入去皮西红柿丁、盐和黑胡椒（如果有比萨草，可以加入少许提味）。

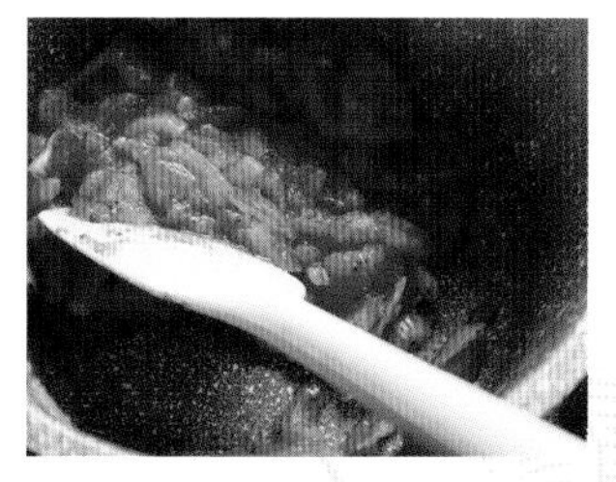

11. 中火，不停翻炒，大约 6~7 分钟，西红柿成糊状即可。

12. 这时候面团差不多已经发酵好了。

13. 取出一半的面团，揉一揉排气后，再醒发 10 分钟。

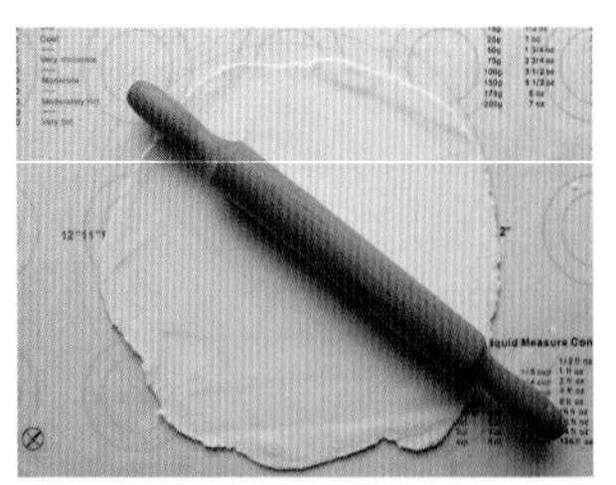

14. 用擀面杖把面团擀成大概 10 英寸的圆饼（我们要留出一些位置在边缘，卷火腿用）

15. 没有比萨烤盘的朋友也不用担心，我们直接可以用烤箱的烤盘，刷上少许油。

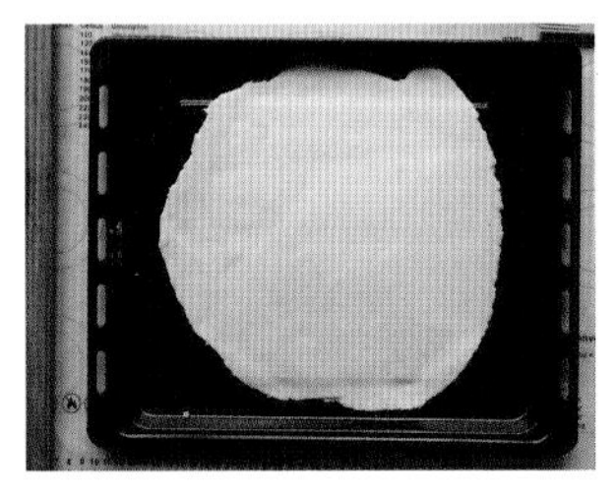

16. 把比萨饼底放在烤盘上。

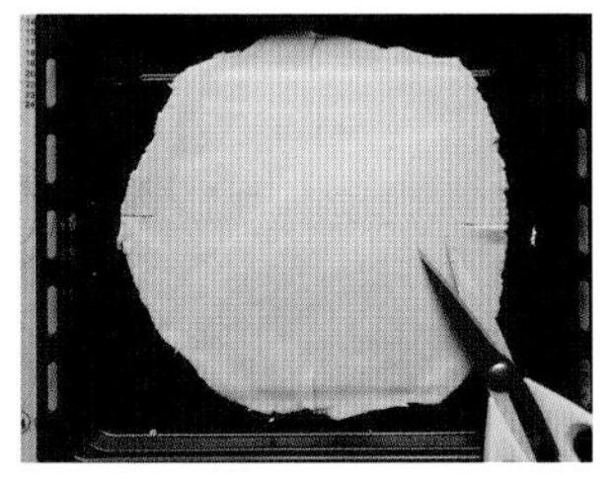

17. 用剪刀，在上、下、左、右，各剪出 4 个大约 3 厘米长的口子。

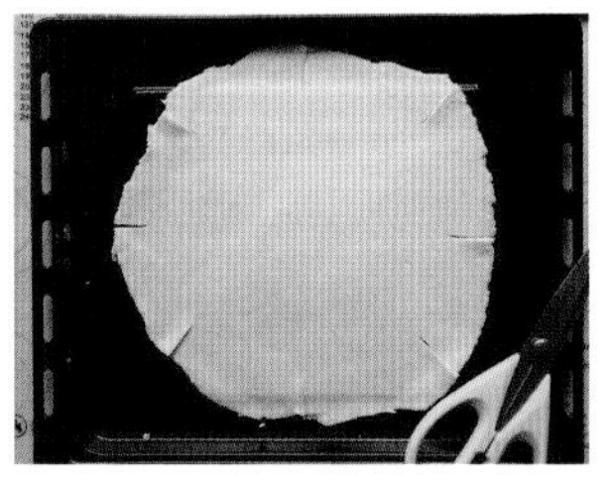

18. 再在两个缺口之间找中心点，再剪出同样的口子。

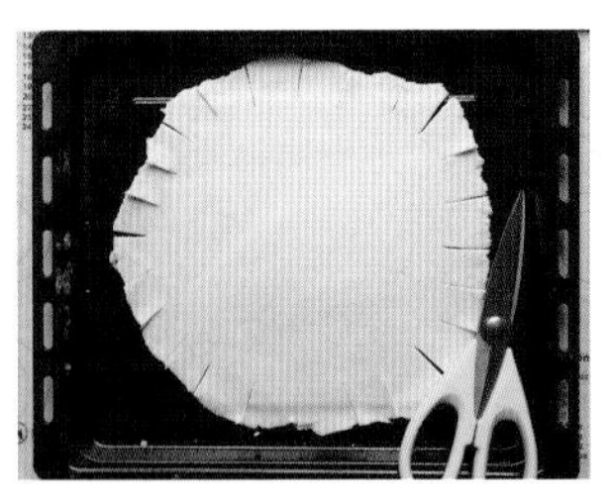

19. 然后再在两个缺口中间平均剪两刀成 3 条面皮。

20. 先把一片饼皮向外扯出一点点，放上切好的火腿肠，往饼底中心方向卷。

21. 卷到面接触到一起，如图所示。

22. 然后把卷好香肠的边向上立起。

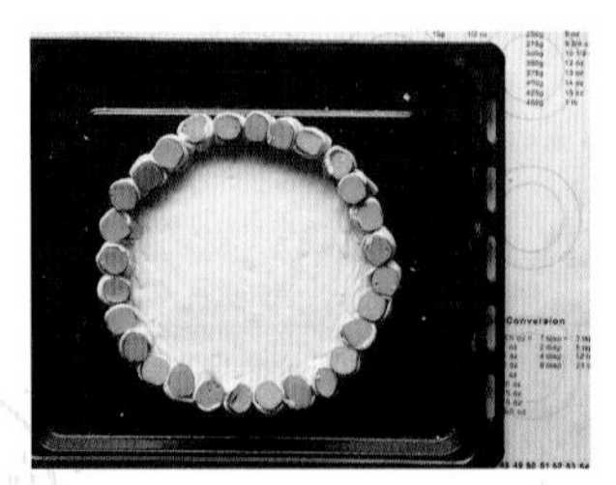

23. 依次完成所有的饼皮。

24. 用叉子或者牙签在饼底上扎出小洞。

25. 在饼底均匀涂上熬好的番茄酱。

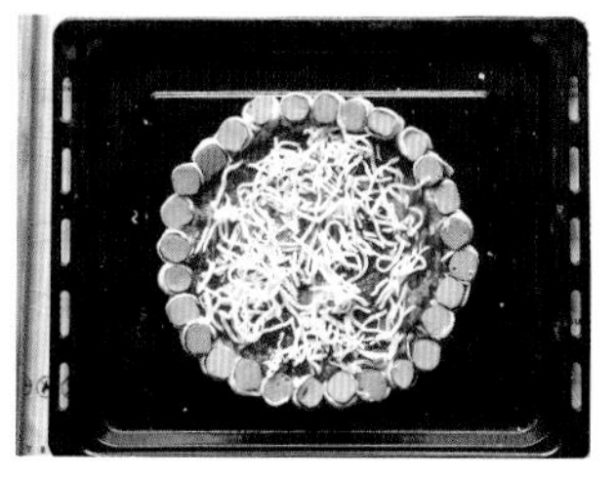

26. 均匀撒上少许奶酪碎。

27. 再放上培根碎、口蘑片。

28. 再铺上一层奶酪碎和彩椒。

29. 放入上下火预热 220 摄氏度的烤箱，烤 18 分钟，奶酪微微焦黄即可。

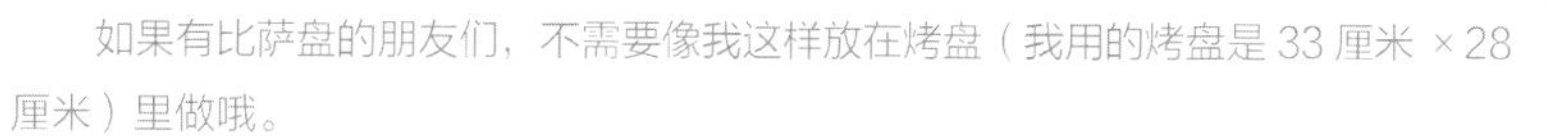

虎哥的暖心小贴士

如果有比萨盘的朋友们，不需要像我这样放在烤盘（我用的烤盘是 33 厘米 ×28 厘米）里做哦。

饼底扎出洞，是为了烤的时候，空气流通，要不然饼底不干，会有很多蔬菜的水分积在饼底。铺完番茄酱，先撒上一层奶酪碎，是为了让我们放的食材和饼底黏结在一起，让饼和馅不会分开。

食谱里，我写了 6 根火腿，是因为我用的是在超市买的脆皮早餐肠，比较短，如果用火腿肠的话，能切出来 24 个 1 厘米宽的火腿块儿最好了。要注意，最好用粗点儿的火腿，这个早餐肠比较细，所以我用了不止 24 个，而且一定要注意，有的香肠在加热的时候会炸开，会把面皮撑破。

无油炸版猪扒焗饭

剩米饭的升级版

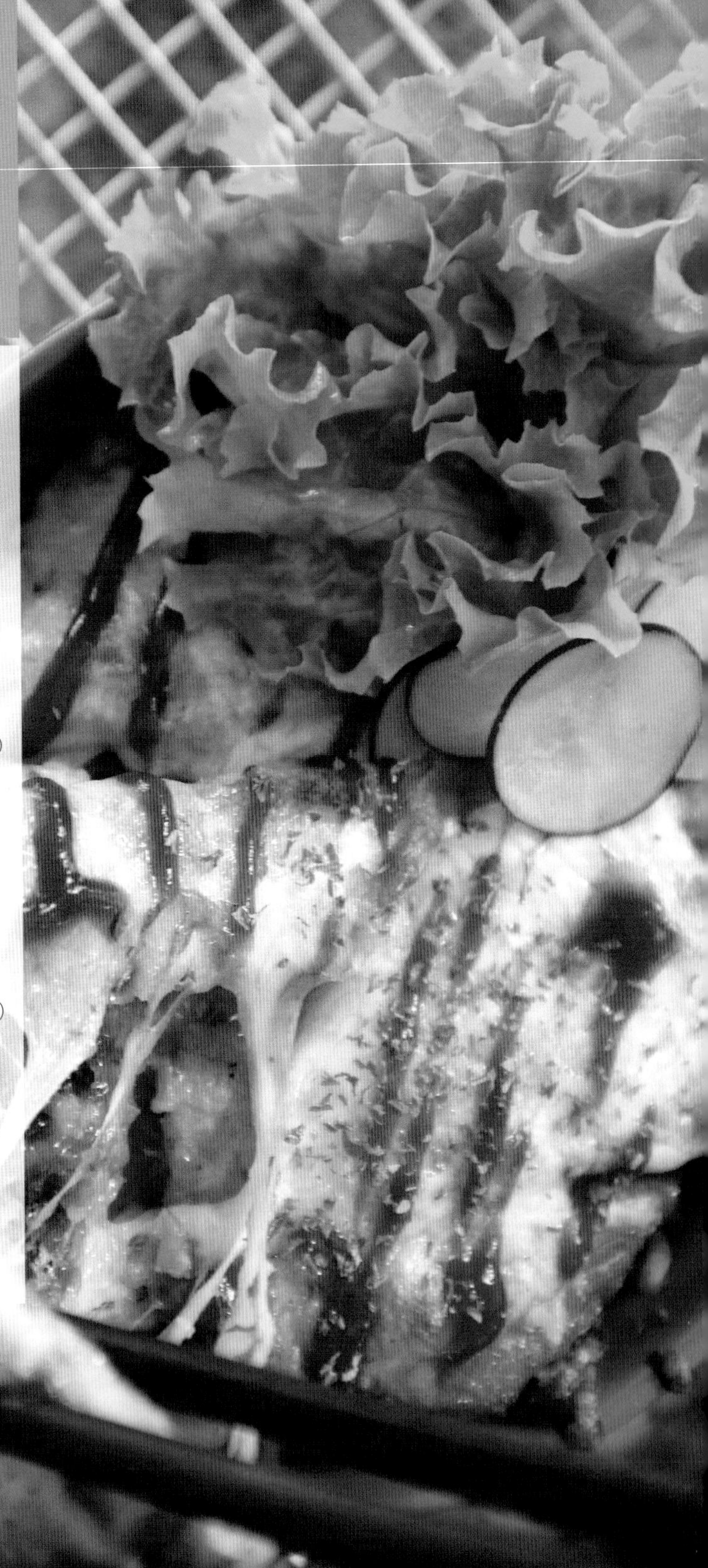

● **烹饪工具：**

平底锅

烤箱

盛饭容器

打蛋盆

刀

● **准备食材：**

3片猪扒…140克（每片1厘米厚）

盐…2克

黑胡椒…2克

料酒…7.5克

生抽…7.5克

面包糠…25克

鸡蛋…2个（1个猪扒的，1个炒饭用）

蒜…2瓣

剩米饭…1碗

食用油…15克

马苏里拉奶酪碎…35克

番茄酱…20克

1. 在猪扒两面都划几刀。

2. 用刀背敲打猪扒。

3. 两面都要敲。

4. 然后在两面放上盐、黑胡椒、生抽、料酒以及切碎的蒜末腌制。

5. 平底锅里加入一点点的油，放入面包糠翻炒，10 分钟左右上色即可。

6. 盛出来放凉待用。

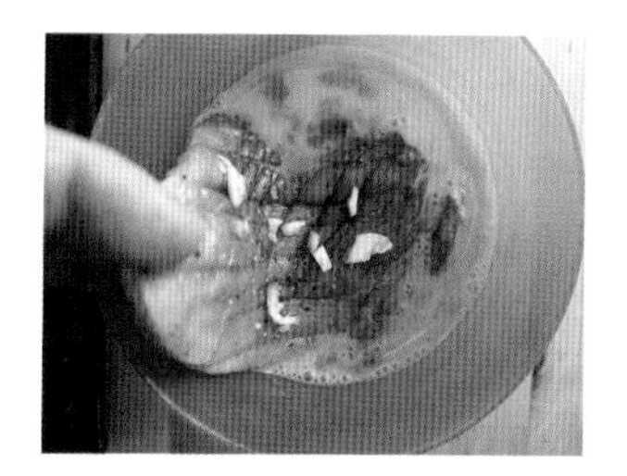

7. 腌好的猪扒蘸上鸡蛋液。

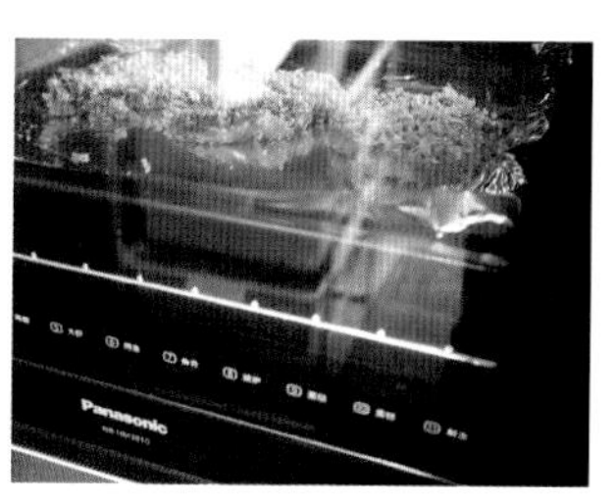

8. 两面都沾上面包糠，烤箱上下火 180 摄氏度，烤 15 分钟。

9. 剩米饭里加入少许油，用手揉开米粒。

10. 平底锅里加入少许油，放入鸡蛋后，迅速放入米饭，翻炒。

11. 把炒好的饭放在容器底部，再放上烤好切块儿的猪扒。

12. 上面再放上马苏里拉奶酪碎。

13. 盛满的容器再放入烤箱，上下火 180 摄氏度，烤 5 分钟即可。

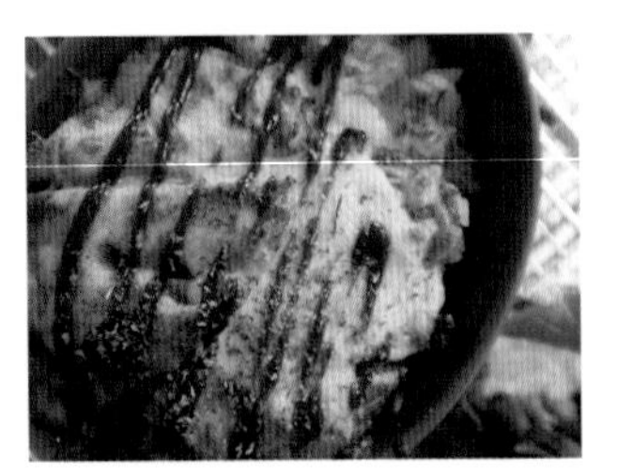

14. 拿出后，挤上番茄酱，无油炸版本的猪扒饭就做好了。

虎哥的暖心小贴士

这个是烤箱版本的焗猪扒，不会像油炸那么脆，如果想更脆一点儿，烤猪扒的时候，温度调到 200 摄氏度，烤 20 分钟。

将剩米饭揉开是我们能把它炒到粒粒分明的重要步骤。炒饭的时候不要再加调味料，因为我们的猪扒腌制得非常够味，所以搭配米饭一起吃，口感刚刚好。

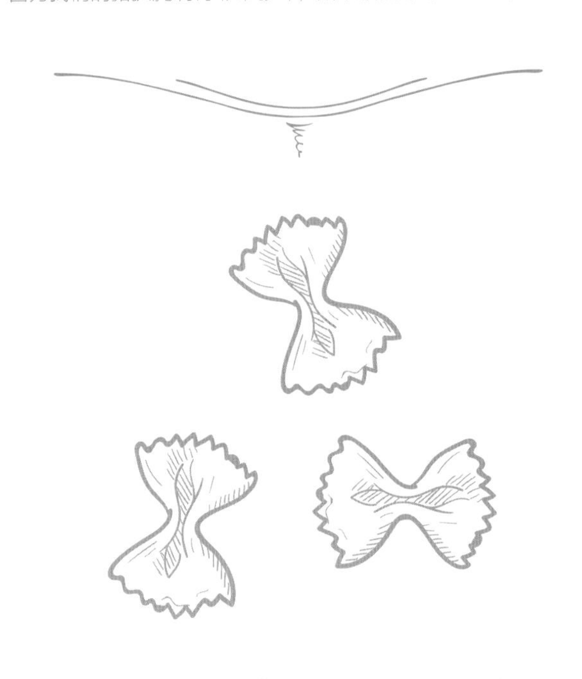

意大利海鲜烩饭

- **烹饪工具：**

平底锅

炒勺

- **准备食材：**

剩米饭…200 克

蒜…2 瓣

洋葱…1/4 个

盐…5 克

黑胡椒…2.5 克

牛奶…100 克

淡奶油…30 克

帕玛森奶酪粉…5 克

柠檬…1/4 个

青口贝…2 个

扇贝柱…7 个

大虾…5 只

鱿鱼圈…5 个

食用油…适量

1. 蒜切片，洋葱切粒，平底锅里加入少许油，炒香蒜片和洋葱粒。

2. 放入海鲜，挤入柠檬汁翻炒。

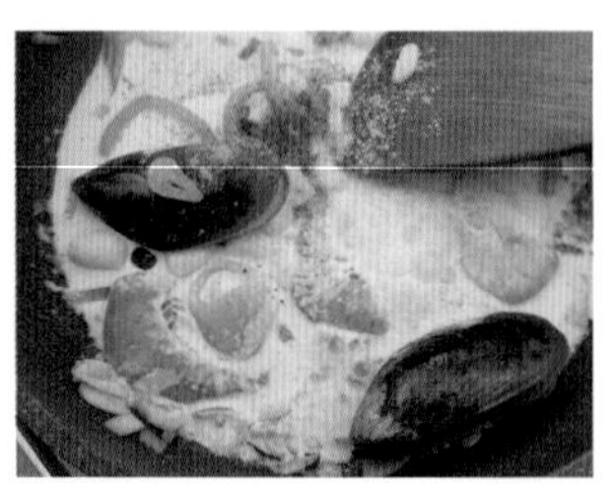

3. 加入牛奶、淡奶油、盐、黑胡椒和帕玛森奶酪粉，再放入剩米饭，一边搅拌，一边小火加热 5 分钟，所有汤汁都收干为止。

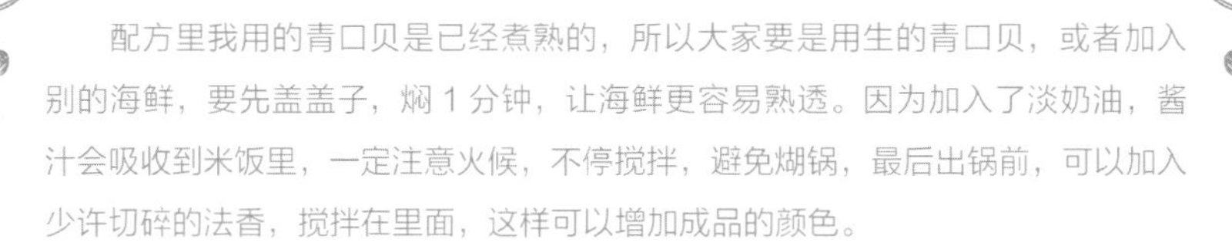

虎哥的暖心小贴士

配方里我用的青口贝是已经煮熟的，所以大家要是用生的青口贝，或者加入别的海鲜，要先盖盖子，焖 1 分钟，让海鲜更容易熟透。因为加入了淡奶油，酱汁会吸收到米饭里，一定注意火候，不停搅拌，避免煳锅，最后出锅前，可以加入少许切碎的法香，搅拌在里面，这样可以增加成品的颜色。

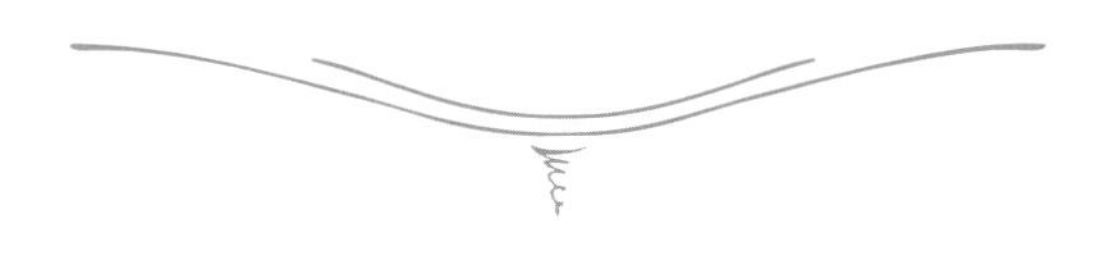

惠灵顿牛扒

家庭版

- **烹饪工具：**

叉子

烤箱

毛刷

擀面杖

- **准备食材（2人份）：**

酥皮…200克

牛扒（我用的是西冷）…120克

盐…3克

黑胡椒…3克

罗勒叶酱…20克

土豆泥…200克

培根…3条

鸡蛋液…适量

1. 牛扒上撒上 1 克的盐和 1 克的黑胡椒腌制。

2. 煮好的土豆里加入 2 克的盐和黑胡椒，用叉子压成泥。

3. 用 3 条培根包上牛扒。

4. 先取出 90 克的酥皮（酥皮做法参考 P.100“牛肉咸派”），擀成正方形，在中间涂上 10 克罗勒叶酱。

5. 放上卷好的牛扒，再放上 10 克罗勒叶酱。

6. 把弄好的土豆泥放在最上面，用手整形成半圆。

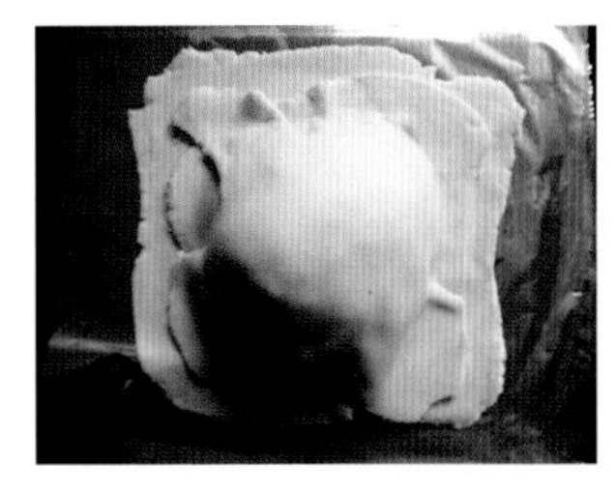

7. 剩下 110 克的酥皮尽量擀大，铺在土豆泥上，用手压好。

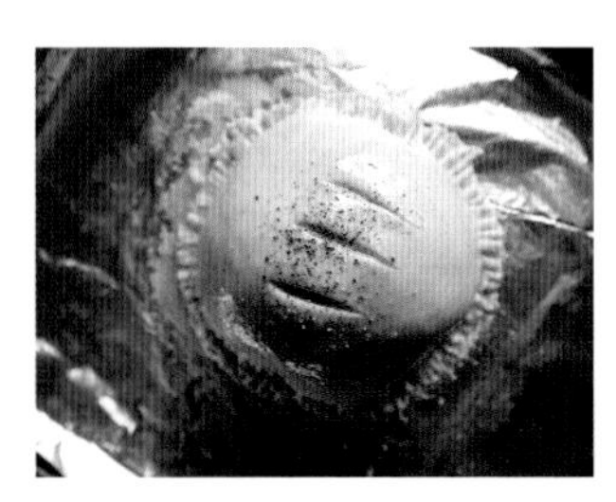

8. 用叉子把底部封口后，小刀切掉多余的酥皮，最顶端划开三道口，刷蛋液，撒上一点点黑胡椒。烤箱上下火 200 摄氏度，放入中层烤 30 分钟，牛扒七分熟即可。

虎哥的暖心小贴士

如果不能吃太生的牛扒，可以先把牛扒放在平底锅上，两面各煎半分钟后，再进行我们的步骤。

自制罗勒叶酱的话，就是用 1:1:1 的新鲜罗勒叶、橄榄油、松子及一点点盐，用料理机打碎即可。外面有些罗勒叶酱的颜色非常绿，是因为在里面加入了法香。如果自己在家吃的话，不要加入法香，不好保存。打好的罗勒叶酱，橄榄油应该没过酱，这样可以防止罗勒叶酱氧化。

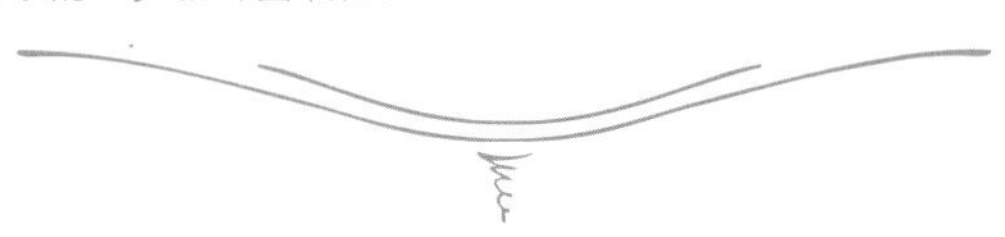

葱姜手撕鸡

烹饪工具：

高压锅

打蛋盆

小奶锅

准备食材：

嫩鸡…1只（约1000克）

姜…60克（15克腌制鸡，30克烹饪鸡，15克做葱姜料）

葱…50克（30克烹饪鸡，20克葱姜料）

生抽…30克

老抽…15克

料酒…15克

盐…20克（15克腌制鸡，5克烹饪鸡）

蜂蜜…15克

色拉油…40克（20克烹饪鸡，20克做葱姜料）

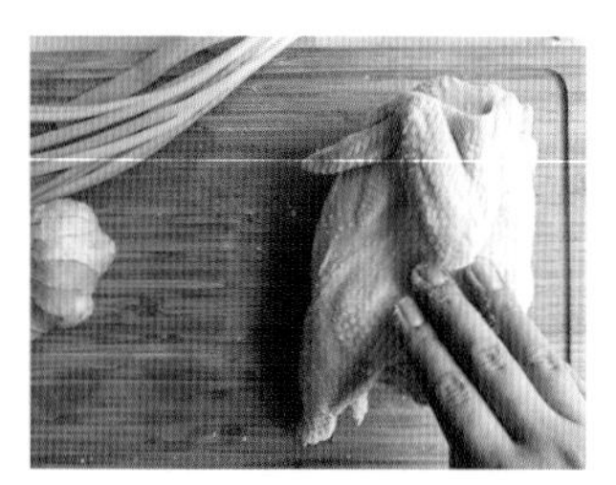

1. 先用 15 克的盐，在鸡身上抹匀。

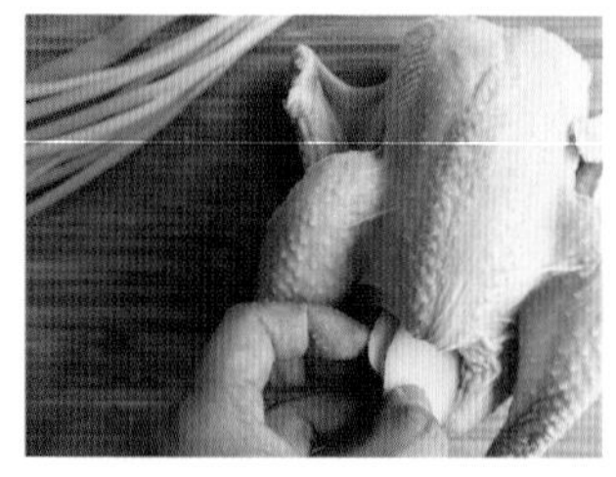

2. 在鸡肚子里放入两片姜，静置 15 分钟。

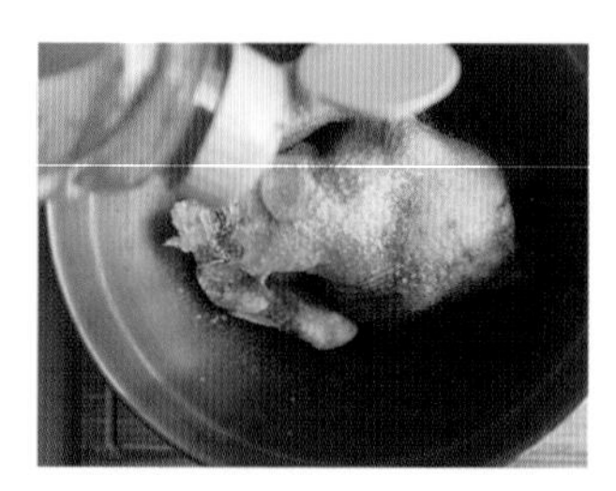

3. 放入所有调味料，除了色拉油以外。

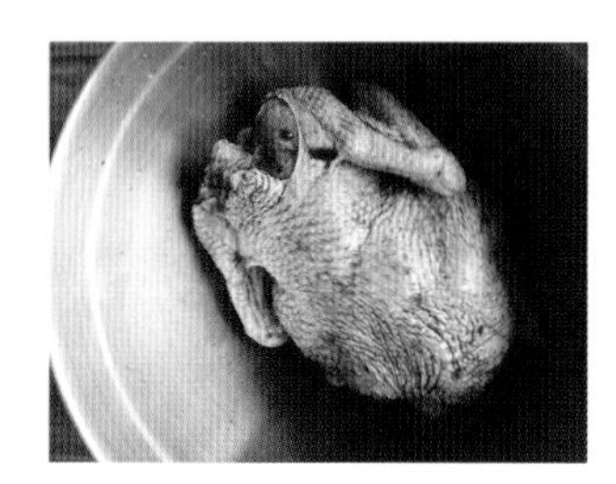

4. 用手把酱料和鸡拌匀，腌制 30 分钟。

5. 在高压锅内胆底部放上姜片、葱段。

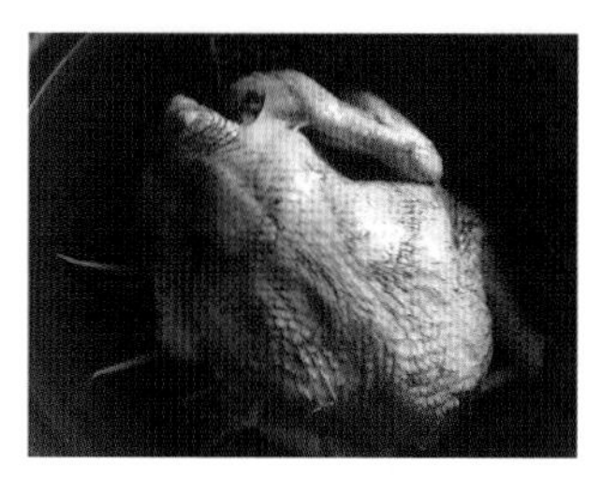

6. 鸡肚子向下，放在内胆中，淋上色拉油。

7. 选择“高压”功能。

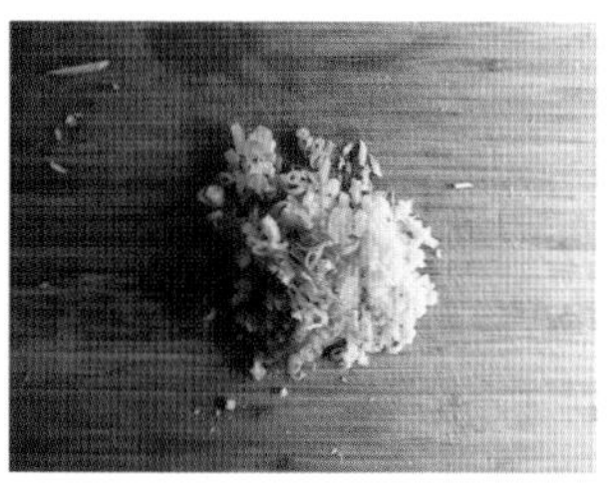

8. 再把剩下的姜切末，葱切成小葱花。

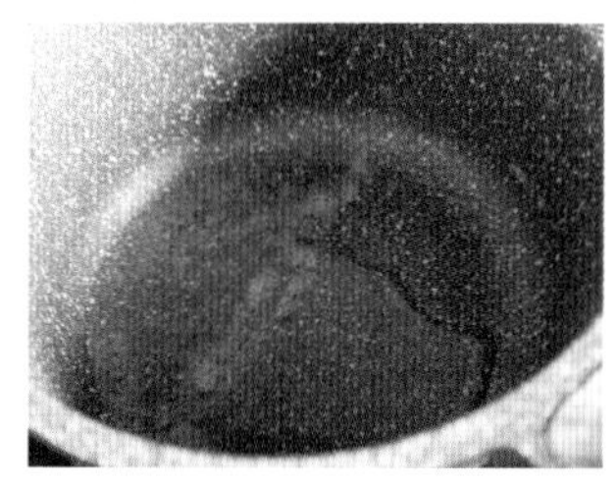

9. 烧热 10 克的色拉油。

10. 色拉油倒入姜末葱花里，搅拌均匀。鸡肉好了以后，取出放凉，撕成丝，放上葱姜末，再淋上几勺锅里的酱汁即可。

虎哥的暖心小贴士

我用的是松下的 SR-PE401-K 电磁加热电压力饭煲。如果是电子高压锅的话，我们就选择标准的炖肉功能，一般的电压力锅，可在上气 15 分钟后关火，闷一个小时后，再取出鸡，放凉撕成丝即可。

香菇 滑鸡焖饭

烹饪工具：

高压锅

打蛋盆

筷子

准备食材（4人份）：

鸡翅中…500克

香菇…100克

小葱…10克

姜…10克

食用油 …20克

生抽…35克

蚝油…35克

老抽…10克

米酒…20克

玉米淀粉…5克

大米…450克

水…450克

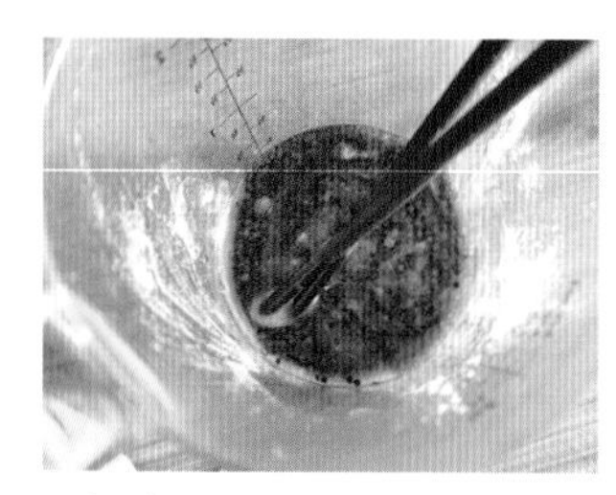

1. 把生抽、蚝油、老抽、米酒和玉米淀粉放入容器中，搅拌均匀。

2. 倒入切小块儿的鸡翅中里，再放入切好的姜丝和葱花。

3. 放入切小丁的香菇，混合均匀以后，腌制 20 分钟。

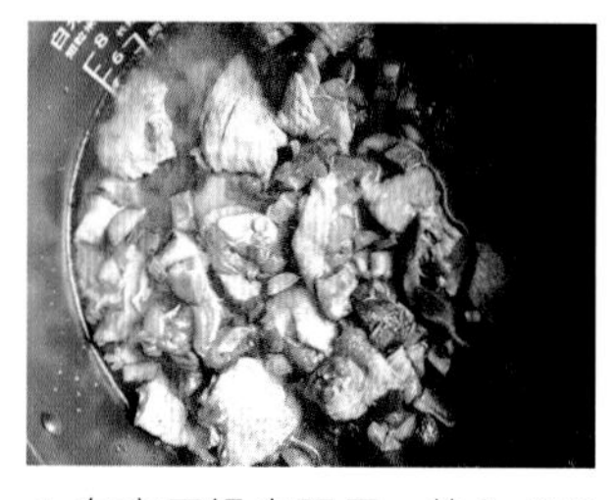

4. 在高压锅内胆里，放入 450 克大米、腌好的鸡翅中，再加入 450 克的水。

5. 启动电压力饭煲的标准蒸饭功能。

6. 时间到了以后，等锅内蒸汽彻底降低后，打开锅盖，搅拌均匀即可。

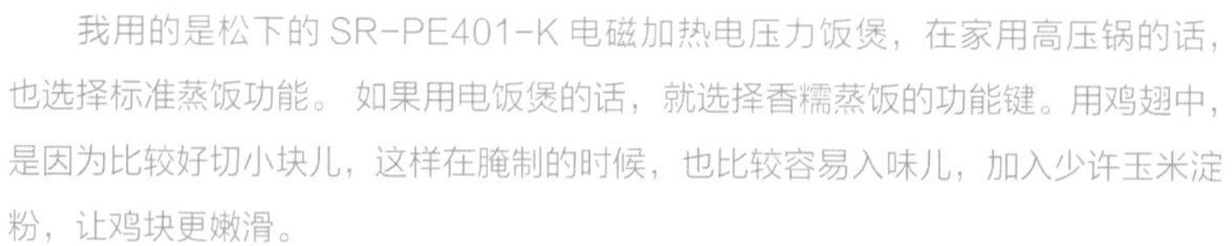

虎哥的暖心小贴士

我用的是松下的 SR-PE401-K 电磁加热电压力饭煲，在家用高压锅的话，也选择标准蒸饭功能。 如果用电饭煲的话，就选择香糯蒸饭的功能键。用鸡翅中，是因为比较好切小块儿，这样在腌制的时候，也比较容易入味儿，加入少许玉米淀粉，让鸡块更嫩滑。

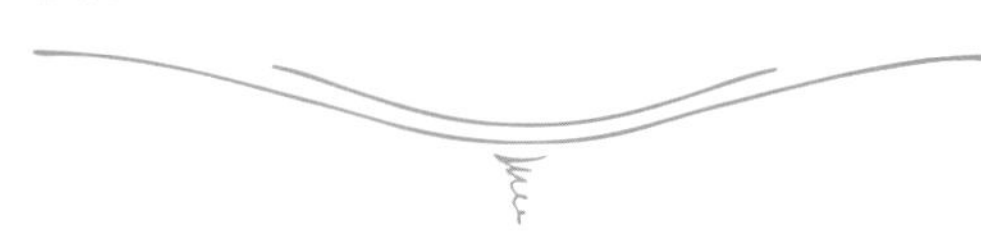

下午茶

AFTERNOON TEA

苹果派

两吃

烹饪工具：

平底锅

烤箱

叉子

毛刷

12 连模

刀

准备食材：

苹果…2 个

白砂糖…45 克

酥皮…200 克

黄油…20 克

肉桂粉…5 克

水…适量

蛋液…适量

1. 第一种做法：把一个苹果切成薄片，如图所示。

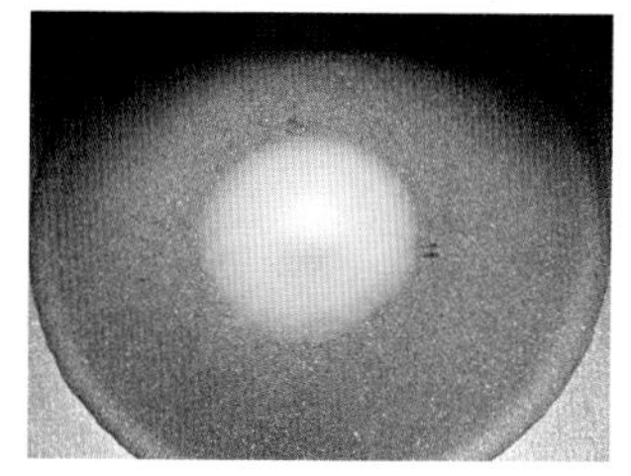

2. 平底锅里加入 100 毫升的水和 30 克的白砂糖，煮开。

3. 放入切好的苹果片煮 1~2 分钟即可。

4. 取出 100 克的酥皮，擀成长条状，切出来 3 条长 18 厘米、宽 4 厘米的长条。

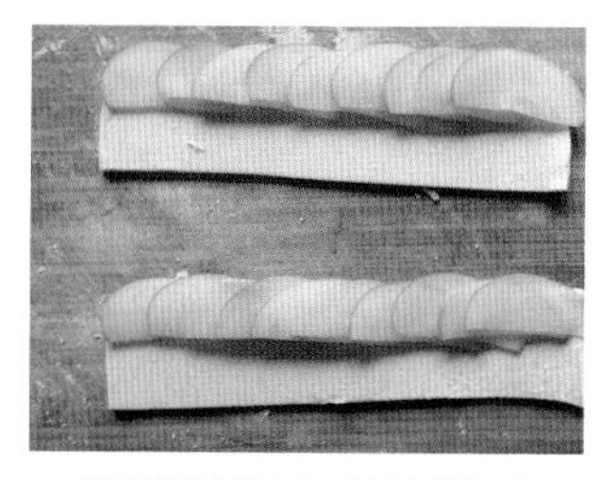

5. 把煮好的苹果一片片叠加在酥皮的上半部分。

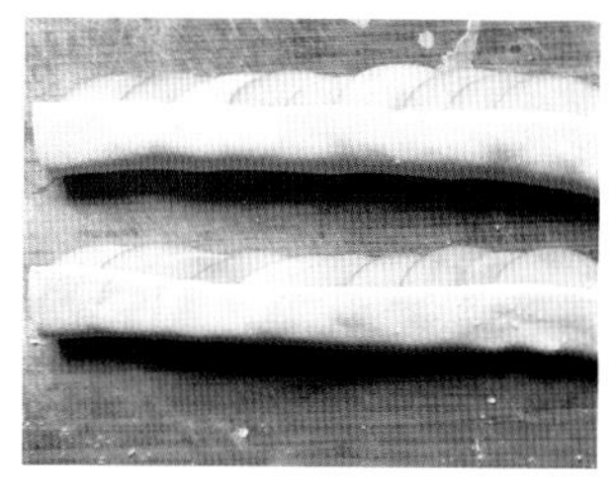

6. 再把下半部分卷起来包上苹果片。

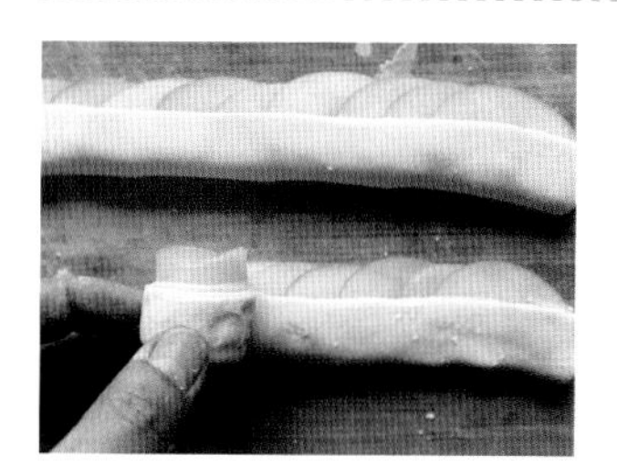

7. 从一端卷起来到最末尾。

8. 卷成玫瑰花状，放入十二连模中。

9. 放入预热好的烤箱里，上下火 180 摄氏度，烤 20 分钟后，取出，在上面撒上一点儿白砂糖，用锡纸盖上，温度调到上下火 200 摄氏度，再烤 10 分钟使其变酥。

10. 第二种做法：把第二个苹果切成丁。

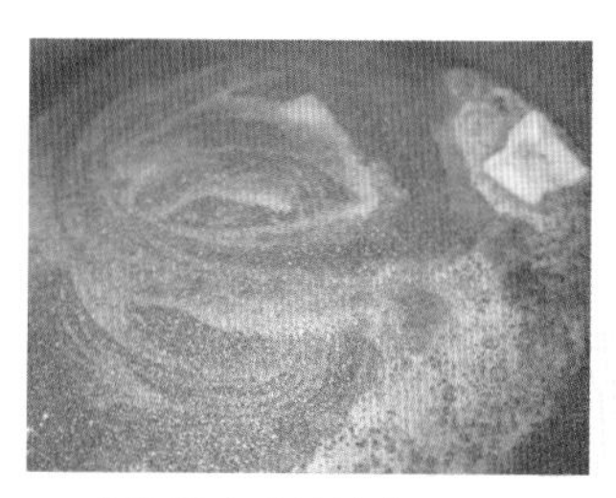

11. 锅里放入黄油熔化。

12. 放入苹果、白砂糖、肉桂粉，翻炒均匀。

13. 加入少许的水，中火煮 5 分钟，汁收干即可，放凉待用。

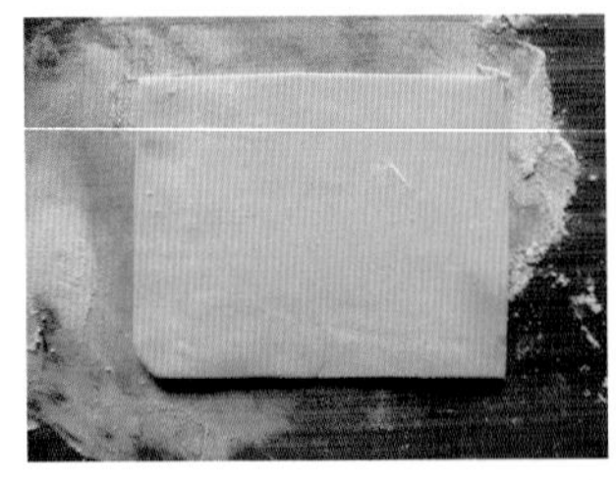

14. 取出 100 克的酥皮，擀成 15 厘米长、10 厘米宽的长方形。

15. 把煮好的苹果丁，放在一侧。

16. 另外一侧对折过来。

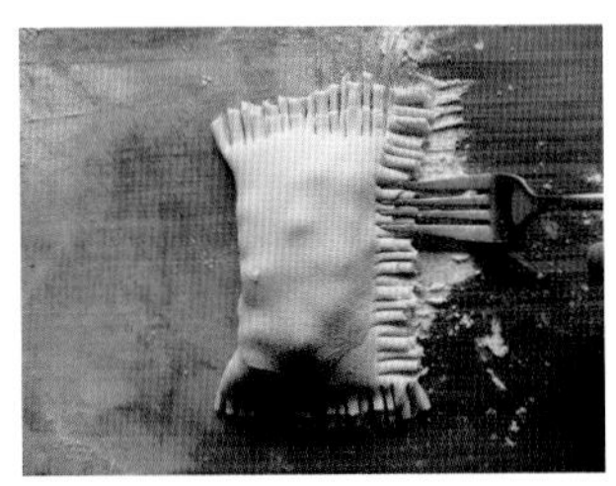

17. 用叉子封口。

18. 用刀在最上面划开三道小口。

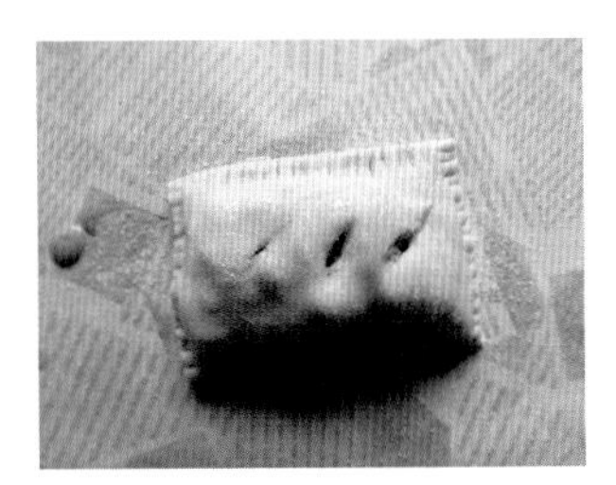

19. 涂上蛋液，撒上白砂糖。放入预热好的烤箱中层，上下火 200 摄氏度，烤 20 分钟。

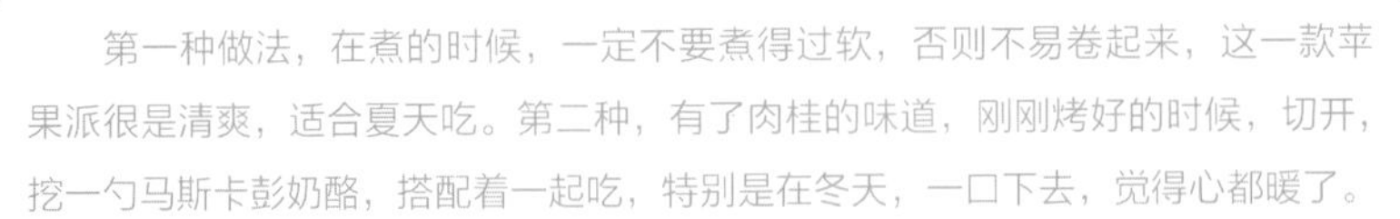

虎哥的暖心小贴士

第一种做法，在煮的时候，一定不要煮得过软，否则不易卷起来，这一款苹果派很是清爽，适合夏天吃。第二种，有了肉桂的味道，刚刚烤好的时候，切开，挖一勺马斯卡彭奶酪，搭配着一起吃，特别是在冬天，一口下去，觉得心都暖了。

之所以介绍了两种做法，是因为很多朋友不喜欢肉桂粉的味道，所以大家喜欢哪种就做哪种。

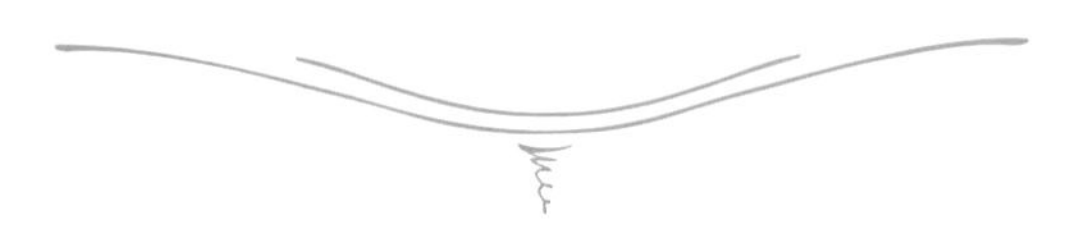

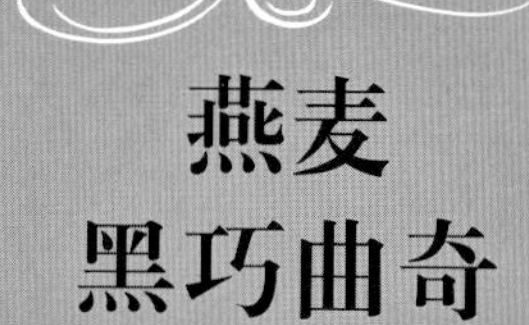

燕麦黑巧曲奇

● **烹饪工具：**

打蛋盆

电动打蛋器

刮刀

烤箱

烤盘

硅油纸

● **准备食材：**

A 组：

黄油…65 克

红糖…15 克

细白砂糖…15 克

香草精…1 克

蛋液…25 克（约半个全蛋液）

B 组：

燕麦…45 克

低筋面粉…110 克

肉桂粉…2.5 克

小苏打…2.5 克

盐…1 克

C 组：

核桃仁…50 克

黑巧克力块…60 克

1. 在室温软化的黄油中加入红糖、细白砂糖打发均匀。

2. 加入蛋液，继续打发。

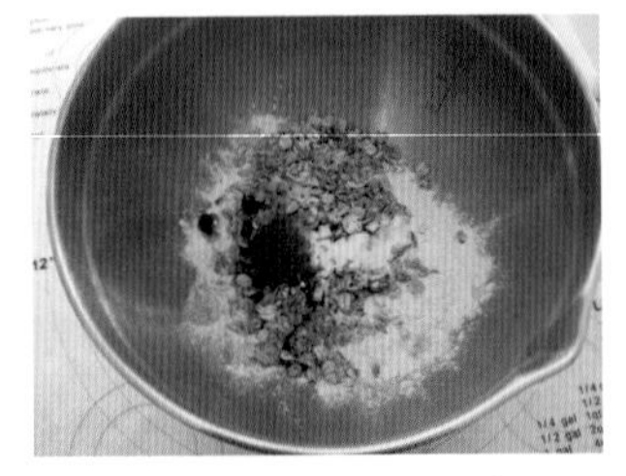

3. 把 B 组所有食材放在一起。

4. 将混合好的 B 组材料加入 A 组里。

5. 在搅拌好的 A 组和 B 组混合面团里，加入切碎的核桃仁和黑巧克力块，拌匀。

6. 烤盘上放上硅油纸，每个面团 40 克，压平整形。

7. 可以在每个曲奇上，再放上一小块黑巧克力做装饰。

8. 放入预热好的烤箱中层，上下火 160 摄氏度，烤 18 分钟。

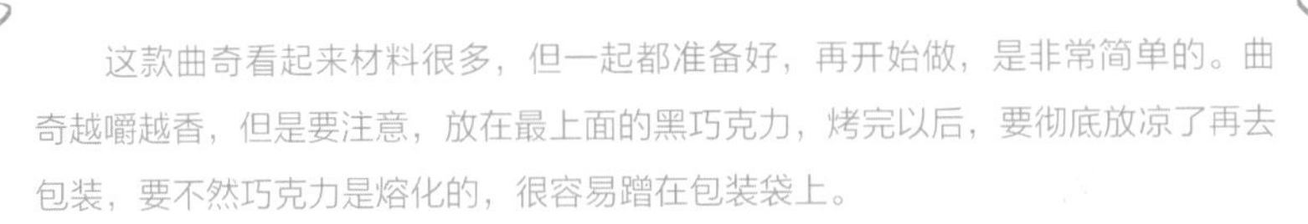

虎哥的暖心小贴士

这款曲奇看起来材料很多，但一起都准备好，再开始做，是非常简单的。曲奇越嚼越香，但是要注意，放在最上面的黑巧克力，烤完以后，要彻底放凉了再去包装，要不然巧克力是熔化的，很容易蹭在包装袋上。

自制
港式热奶茶
热鸳鸯

- **烹饪工具：**

小奶锅

刮刀或者搅拌勺

- **准备食材：**

水…150 克

红茶包…3 包

三花淡奶…300 克

糖…根据自己口味添加

速溶黑咖啡粉…1 小茶匙

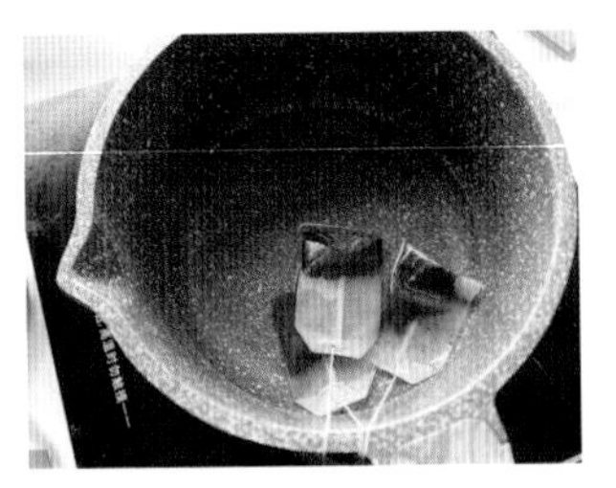

1. 水里放入红茶茶包。

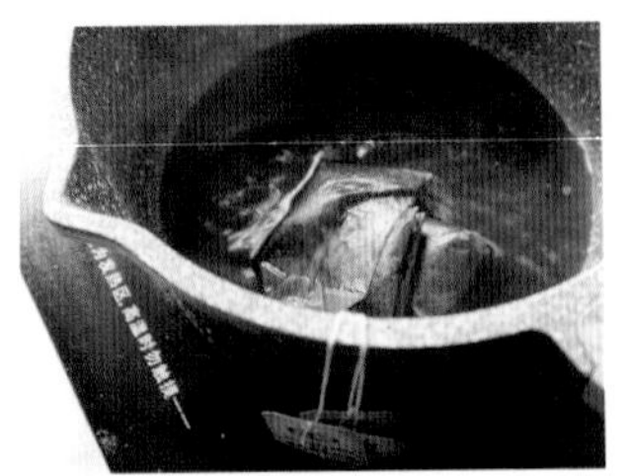

2. 中火煮 5 分钟。

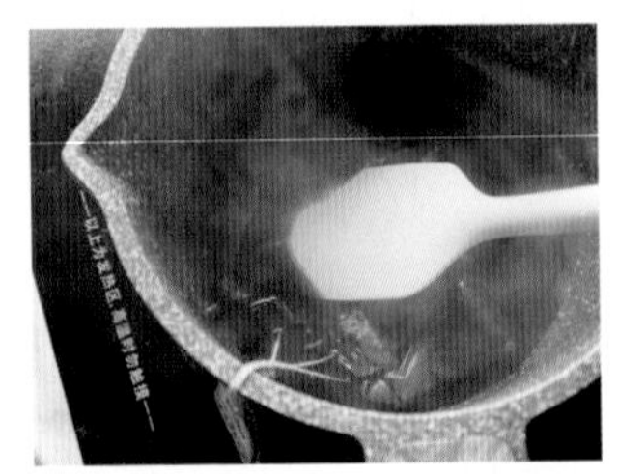

3. 煮茶包的时候，用搅拌勺或者刮刀压一压茶包，让茶包充分释放出茶的香味儿。

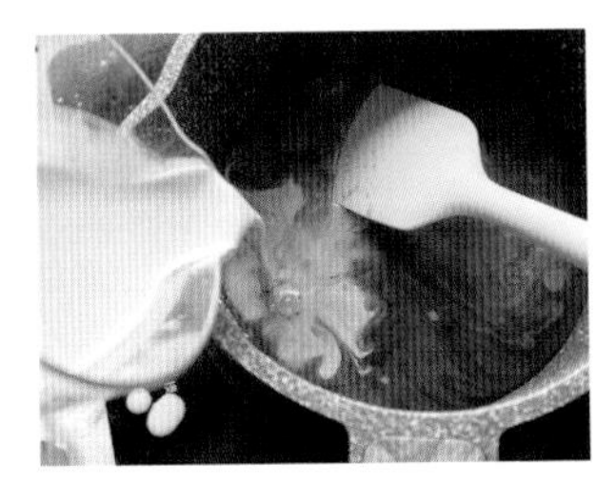

4. 倒入三花淡奶，继续加热 5 分钟。

5. 根据自己的口味，放入糖调味。这就是港式热奶茶。

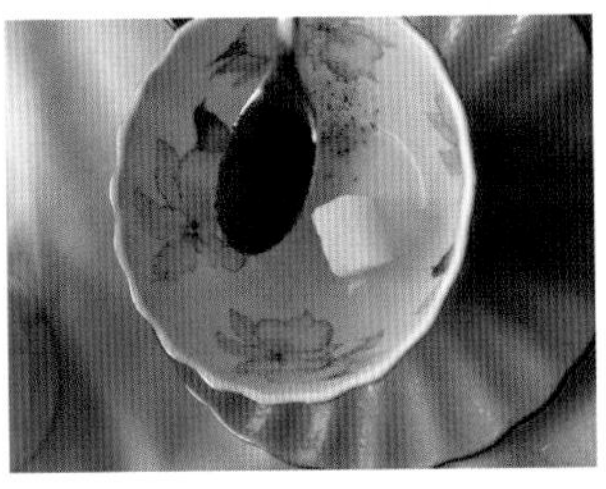

6. 想喝鸳鸯的，根据自己口味放入糖，加入一小茶匙的速溶黑咖啡粉。

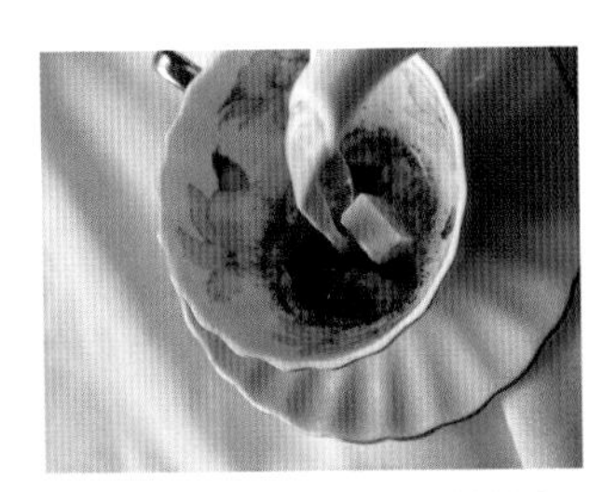

7. 再加入煮好的奶茶，搅拌均匀，热鸳鸯就做好了。

8. 小窍门，我们要想三花淡奶容易倒出来的话，在前面扎一个大口，后面再来个小口。

虎哥的暖心小贴士

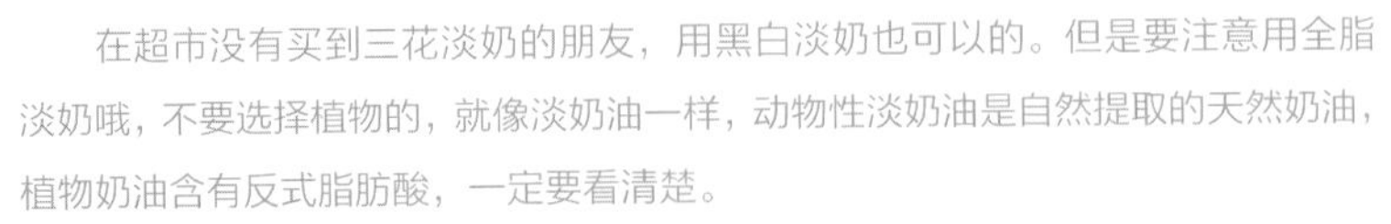

在超市没有买到三花淡奶的朋友，用黑白淡奶也可以的。但是要注意用全脂淡奶哦，不要选择植物的，就像淡奶油一样，动物性淡奶油是自然提取的天然奶油，植物奶油含有反式脂肪酸，一定要看清楚。

热鸳鸯就是咖啡和奶茶的混合体，是香港茶餐厅非常流行的一款饮品。大家也可以根据配方，放入冰块，变成冻奶茶或者冻鸳鸯。

蜜枣司康和苹果司康

烹饪工具：

奶锅

微波炉

烤箱

叉子

打蛋盆

刮刀

毛刷

擀面杖

碗

准备食材：

牛奶…75克

淡奶油…115克

蜜枣（阿胶枣）…220克

自发粉…75克

低筋面粉…180克

白砂糖…35克

泡打粉…7.5克

橙汁…150克

黄油…25克

苹果…1个

肉桂粉…少许

鸡蛋…1个

1. 在装蜜枣的碗中倒入橙汁，放入微波炉里，高温加热 5 分钟。

2. 拿出从微波炉里加热过的蜜枣和橙汁，趁热用叉子背部把红枣压成泥，放凉待用。

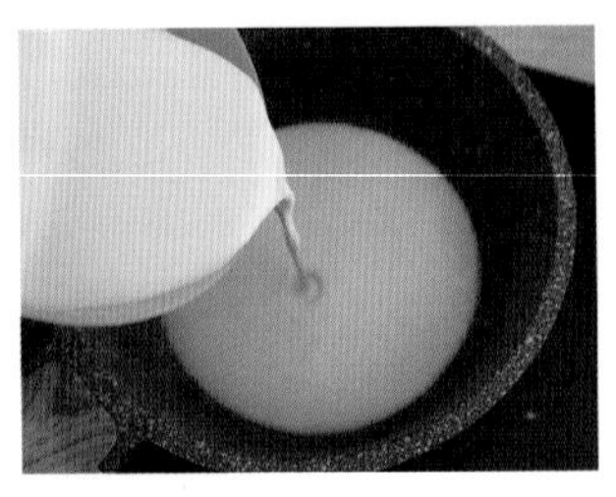

3. 奶锅里加入牛奶、100 克淡奶油。

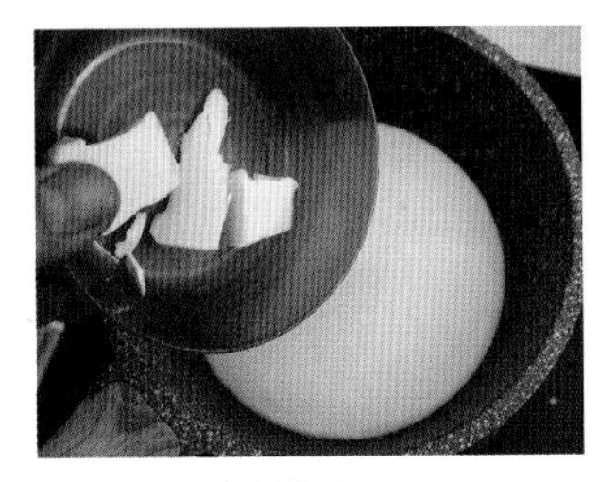

4. 锅中再放入黄油。

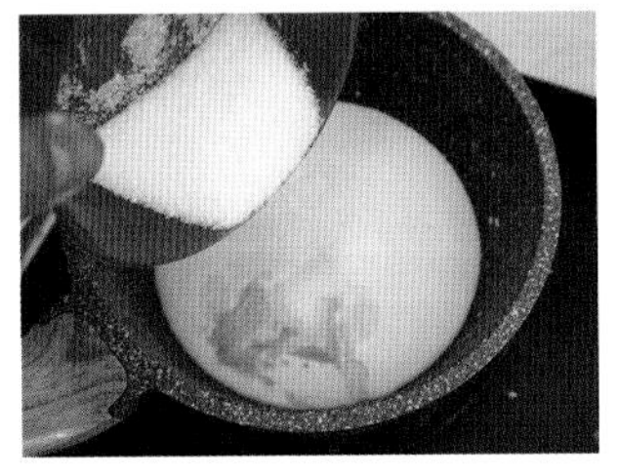

5. 加入白砂糖。

6. 煮沸，至黄油全部熔化，离火。

7. 静置 1 小时，彻底放凉。

8. 把低筋面粉、自发粉、泡打粉混合均匀。

9. 把熔化好的黄油、牛奶、淡奶油液加入面粉里。

10. 揉成面团后，把大面团分成每个 60 克的小面团。

11. 撒少许面粉在小面团上，用擀面杖把每个小面团擀成椭圆形，不用特别规整，在椭圆形面皮下面一半的位置，放上打好的蜜枣橙汁泥或者苹果切片。

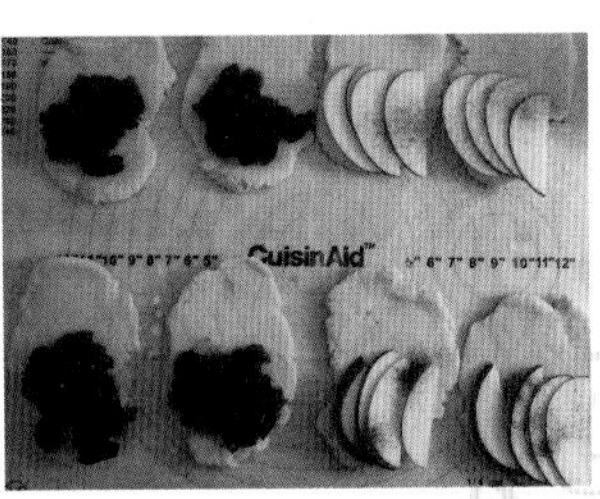

12. 苹果司康，需要在苹果切片上撒上少许白砂糖和肉桂粉。

13. 再把上面的半个部分盖起来，如图所示，用手把每个司康稍微整形下。

14. 一个鸡蛋里加入 15 克的淡奶油，充分搅打均匀。

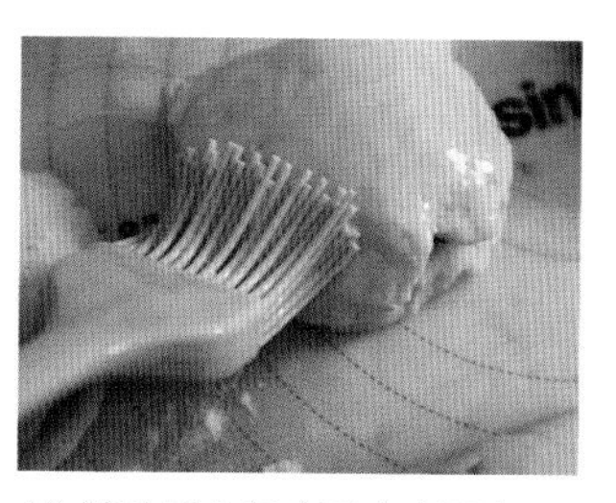

15. 液体刷在每个司康表面上。

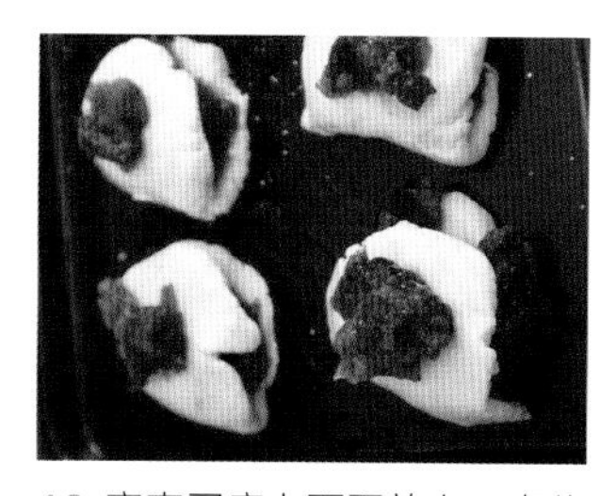

16. 蜜枣司康上面再放上一点儿打好的蜜枣泥。

17. 苹果司康上面，再放上 3 片苹果片，撒一点儿白砂糖。

18. 烤箱预热至 180 摄氏度，放入中层上下火烤 20 分钟。

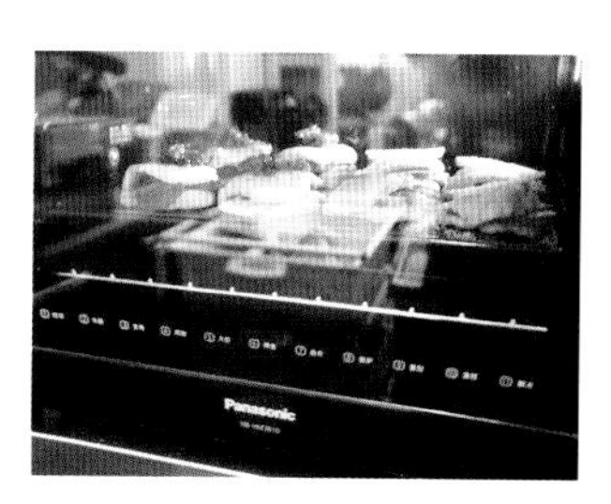

19. 烤 15 分钟的时候，再在每个司康表面刷一层蛋液，烤完最后 5 分钟，取出即可。

虎哥的暖心小贴士

这个配方其实是正好做 8 个蜜枣司康的量，我这样分开，是为了多分享一个苹果司康的做法。如果都是做蜜枣司康的话，可以把蜜枣橙汁泥直接全部加入面团混合。在加热蜜枣的时候，如果没有微波炉，可以直接用奶锅加热 5 分钟，效果是一样的。

司康冷了以后，会相对硬一些，可以在微波炉里加热 10 秒，涂上一点点黄油，配咖啡或者茶是非常棒的下午茶。

南瓜蔓越莓曲奇

虎哥的暖心小贴士

南瓜泥蒸好后，要先压一压，挤出多余的水分，但是不要压得太使劲儿，待南瓜泥冷却了，再加入面团里。这款曲奇是一款软曲奇，吃起来我觉得有点儿像咱们的“窝窝头”，哈哈，还不试试看？做南瓜泥饼干的时候，面团会比较黏，所以用水把手打湿，再搓每个面团并压平，这样不容易粘手。

烹饪工具：

蒸锅
烤箱
打蛋盆
刮刀
电动打蛋器
筛网
硅油纸

准备食材：

低筋面粉…120克
泡打粉…2.5克
小苏打…1克
肉桂粉…7.5克
白砂糖…50克
蛋液…25克
香草精…1克
黄油…60克
南瓜泥…120克
蔓越莓干…50克

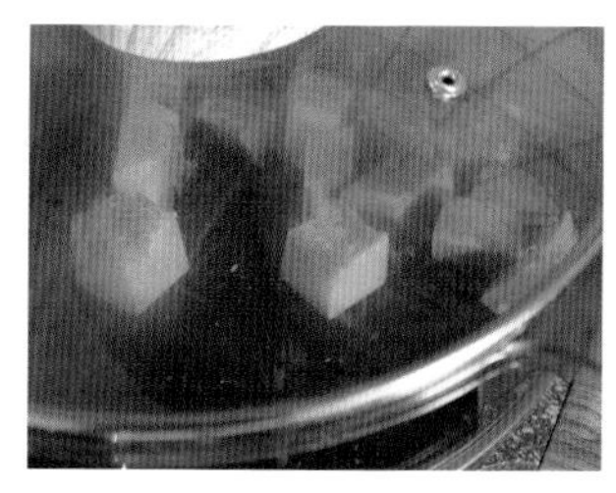

1. 把切好的南瓜块，上火蒸 15 分钟。

2. 先把低筋面粉、泡打粉、小苏打、肉桂粉混合均匀。

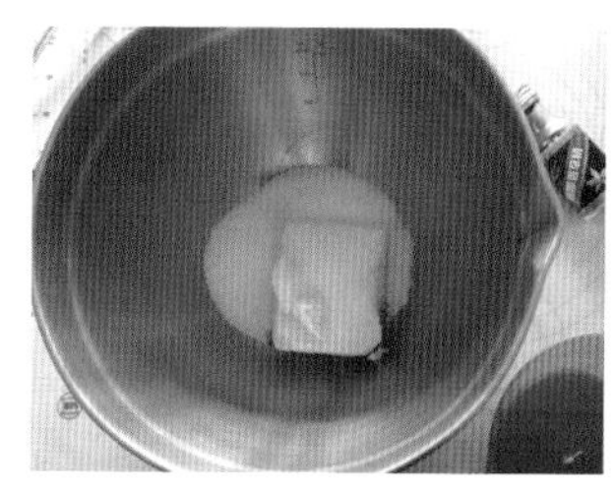

3. 室温软化的黄油里，加入白砂糖。

4. 用打蛋器打发均匀即可，不要过度打发。

5. 加入蛋液、香草精继续混合均匀。

6. 把 2 中混合的粉类倒进 5 里。

7. 蒸好的南瓜块，放在筛网里，用刮刀压出多余的水分。

8. 南瓜放入面糊。

9. 搅拌均匀后，再加入蔓越莓干，搅拌均匀。

10. 将 9 分成 40 克 1 个，揉成圆球状，放在烤盘上（烤盘上铺上硅油纸）用手压平。

11. 烤箱预热好后，上下火 150 摄氏度，烤盘放入中层烤 15 分钟。

水果茶

- **烹饪工具：**

热水杯

- **准备食材：**

绿茶茶包…4 个
开水…400 毫升
蜂蜜柚子酱…30 克
蜂蜜或者枫糖浆…10 克
柠檬…2 片
青柠…2 个
草莓…2 个
橙子…2 片
薄荷…少许（可选）

1. 切 2 片柠檬、2 片橙子，2 个草莓一分为二，2 个青柠一分为二。

2. 把茶包放入开水里浸泡。

3. 再在水中放入蜂蜜柚子酱。

4. 喜欢甜一点儿的口感，可以加入 10 克的枫糖浆或者蜂蜜调味。

5. 搅拌均匀。

6. 用一个小碟子盖住容器，室温放凉后，放入冰箱冷藏半小时。

7. 把柠檬、橙子还有草莓放入容器里，放入青柠前，先挤出青柠汁。

8. 拿出冷藏的茶水，取出茶包。

9. 倒入放入水果的容器，水果茶就做好了。饮用时可加薄荷点缀。

虎哥的暖心小贴士

蜂蜜柚子酱是在超市买的现成罐装的。这个茶最适合夏天喝，但是我用了 4 包茶包，所以茶味比较重，不喜欢茶味特别重的，可以把茶包变成 3 包，如果家里有冰块的话，可以直接加到水果茶里降温，不需要等到室温放凉后冷藏。

流心杯子蛋糕

烹饪工具：

奶锅
烤箱
打蛋盆
手动打蛋器
电动打蛋器
筛网
刮刀
剪刀
12 连模
杯子蛋糕纸托
裱花袋
凉网

准备食材：

可可戚风杯子蛋糕：
鸡蛋…3 个
玉米油…30 克
牛奶…45 克
白砂糖…45 克
低筋面粉…60 克
可可粉…10 克

可可卡仕达酱：
蛋黄…3 个
白砂糖…20 克
玉米淀粉…10 克
可可粉…10 克
牛奶…150 克
淡奶油…50 克

表面装饰：
淡奶油…180 克
白砂糖…20 克
巧克力碎…少许

1. 先做可可卡仕达酱的准备：蛋黄里加入白砂糖、可可粉、玉米淀粉。

2. 搅拌均匀至无颗粒。

3. 把牛奶倒入奶锅里加热，边缘稍微冒泡即可。

4. 将牛奶一边倒入可可糊，一边搅拌（这一步只需要放入一半的牛奶）。

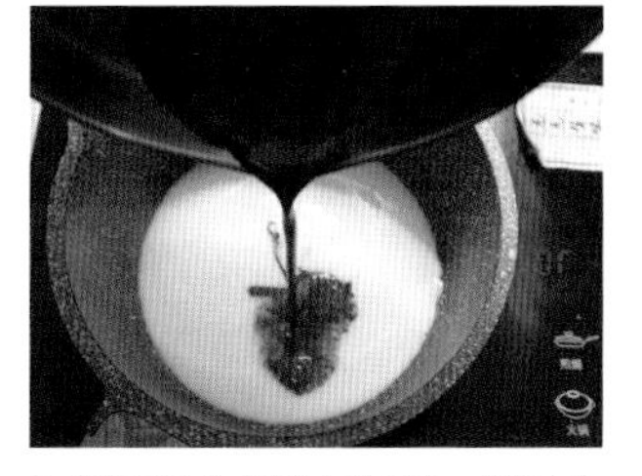

5. 剩下的牛奶放回加热，把混合了一半牛奶的可可糊迅速倒入另外一半的牛奶中。

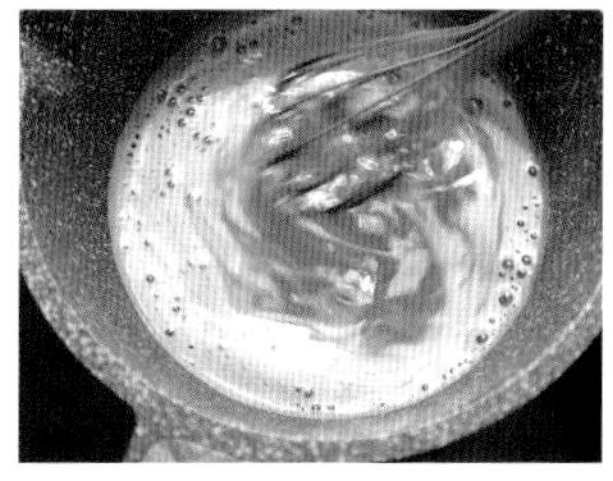

6. 用手动打蛋器不停搅拌。

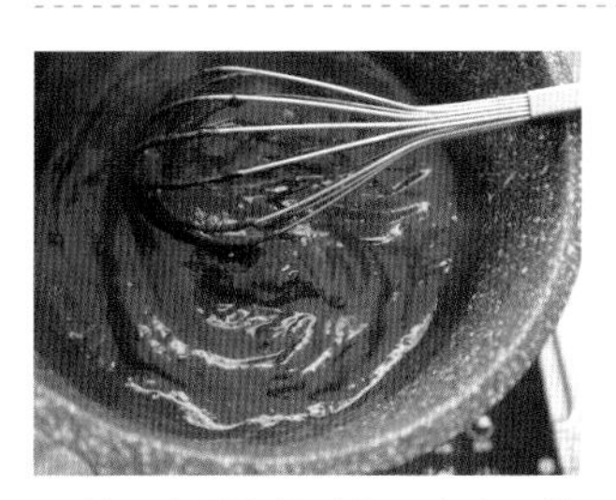

7. 差不多冒泡的时候，离火，继续快速搅拌，最后成糊状。

8. 放在一个容器里，包上保鲜膜，冷藏待用。

9. 可可戚风杯子蛋糕：蛋黄和蛋白分开，在蛋黄里加入玉米油、牛奶、15 克白砂糖，搅拌均匀。

10. 筛入低筋面粉和可可粉。

11. 划“一”字或“Z”字形拌成糊状。

12. 用电动打蛋器打发蛋白，分 3 次加入剩余的白砂糖（详细步骤参考 P.182“番薯蛋糕”）

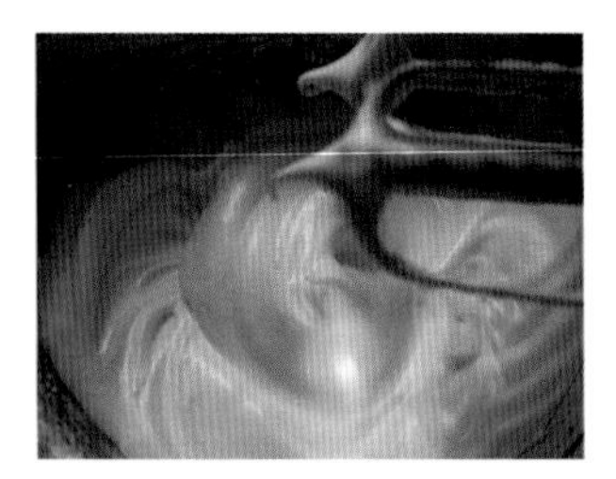

13. 打发到出现这种弯钩即可。

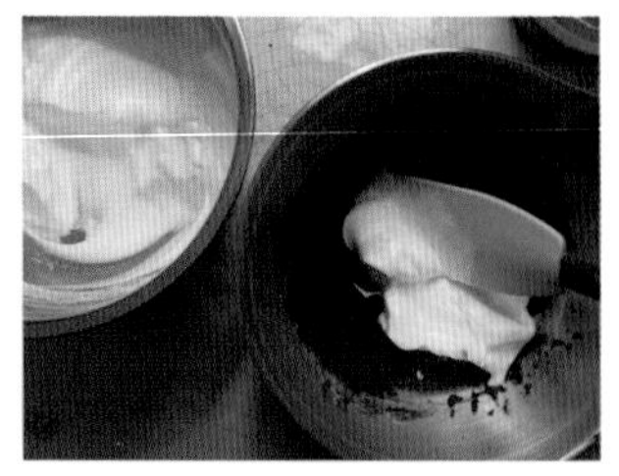

14. 先放入 1/3 的 12 到可可蛋黄糊里，切拌均匀。

15. 再放入剩下所有的 12，用同样的手法切拌混合好。

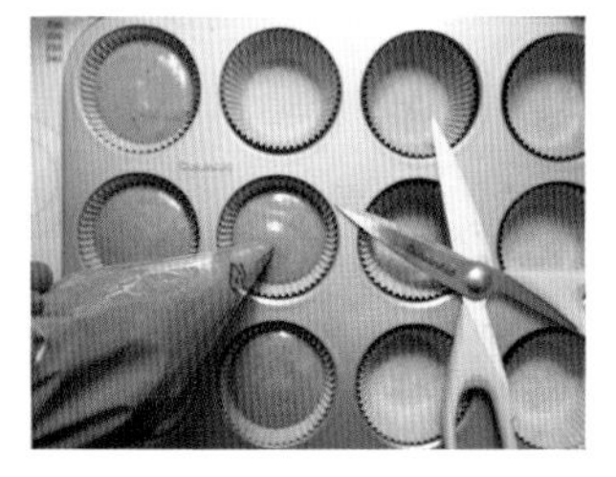

16. 把面糊放入裱花袋中，挤到放好杯子蛋糕纸托的 12 连模中，大概 3/4 满。

17. 入烤箱前，轻轻震两下模具。

18. 放入预热好的烤箱中层，上下火 150 摄氏度，烤 20 分钟。

19. 时间到了以后，从半米高处摔下模具，取出杯子蛋糕，倒扣在凉网上冷却。

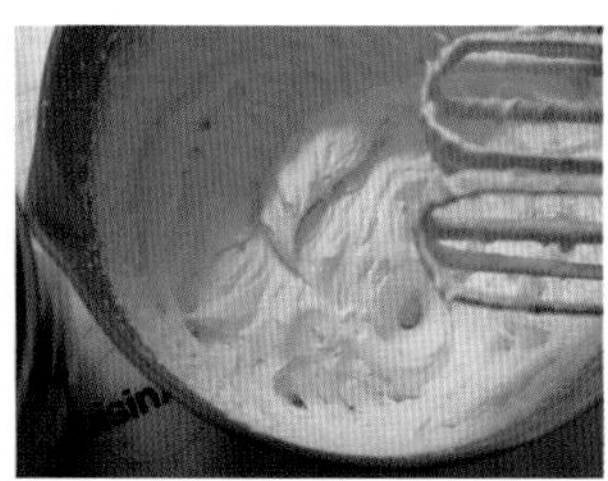

20. 把卡仕达酱用淡奶油和装饰用淡奶油都打发出明显纹路。

21. 把冷却好的卡仕达酱拿出来，先用手动打蛋器充分搅拌均匀，加入 50 克打发好的淡奶油，继续用手动打蛋器混合。

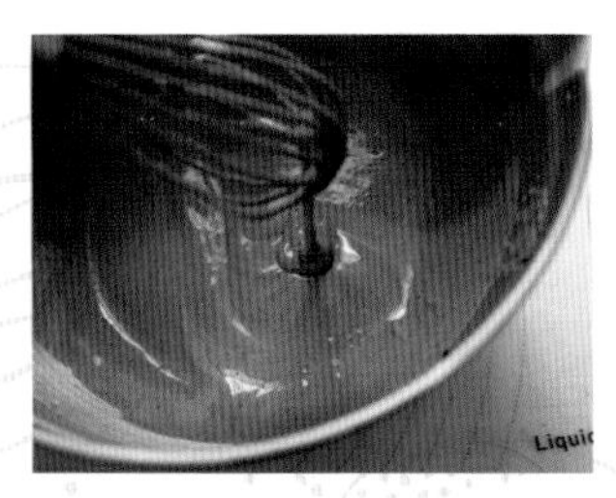

22. 搅成流动状的卡仕达糊，就做好了。

23. 用筷子或者一个尖头的东西，在每个杯子蛋糕中间扎出来一个小洞，不要把蛋糕给扎穿。

24. 把卡仕达酱放入裱花袋中，前面剪一个小口后插入每个蛋糕扎好的洞里，往里挤入卡仕达酱。

25. 有少许酱冒出来的状态即可。

26. 把装饰的奶油加上白砂糖打发好以后，挤在蛋糕上，再将巧克力碎撒在上面即可。

虎哥的暖心小贴士

卡仕达酱做好以后，在用之前搅拌均匀，再加入淡奶油混合。做好的卡仕达酱，在冷藏密封的状态下，3 天食用完。这个方子我们可以变通，把可可粉变成抹茶粉，或者不加任何粉做成原味的也很好吃。

番薯蛋糕

● **烹饪工具：**

蒸锅、烤箱

打蛋盆

手动打蛋器

电动打蛋器

刮刀、刮板

8 英寸活底戚风模具

料理机或破壁机

抹刀、裱花袋

裱花台、面包刀、厨师机

筛网

● **准备食材：**

8 英寸戚风：

鸡蛋…3 个

玉米油…45 克

牛奶…60 克

白砂糖…60 克

低筋面粉…90 克

内馅儿：

红薯…450 克

淡奶油…120 克

蜂蜜…40 克

表面装饰：

淡奶油…250 克

白砂糖…30 克

1/4 的 6 英寸戚风胚

草莓…少许

橙子…少许

虎哥的暖心小贴士

戚风出炉以后，摔一下，是为了让里面的热气全部震出，这样倒扣后的戚风才不会塌下去。戚风胚子彻底放凉以后，用保鲜膜包起来，放冷藏，第二天做蛋糕，口感更好。

打碎的戚风胚子，一定要注意是第二天的，这样里面才不会太湿润。而且要确保破壁机或者厨师机内部完全干燥。当然红薯泥也可以换成紫薯泥来做，味道也一样棒。

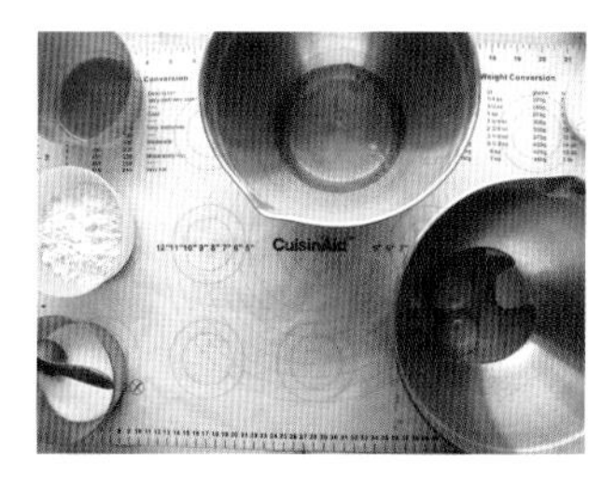

1. 蛋黄和蛋白分开放入两个无油无水的盆里。

2. 蛋黄里加入玉米油、15 克的白砂糖、牛奶。

3. 搅拌均匀。

4. 筛入低筋面粉。

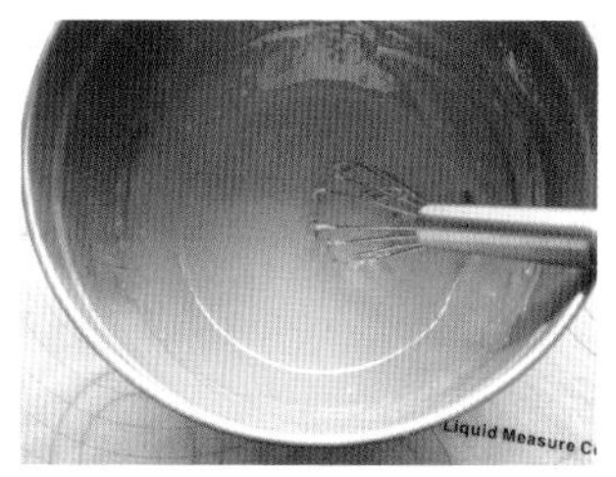

5. 划“一”字或者“Z”字形把面粉拌到无颗粒状态。

6. 开始打发蛋白，在起大泡泡的时候，加入 15 克白砂糖，继续打发。

7. 泡沫变多、变小，再加入 15 克的白砂糖，继续打发。

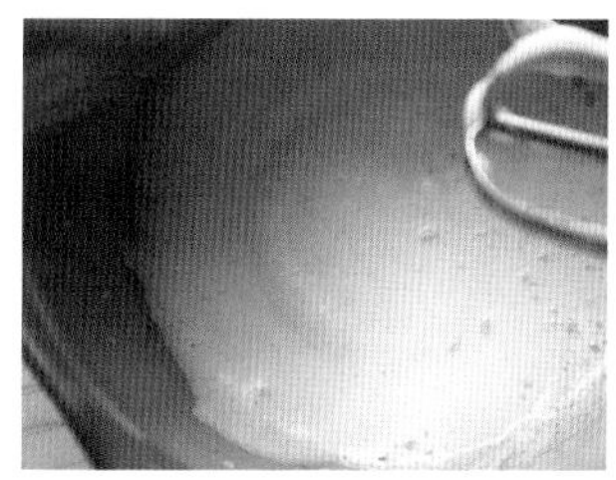

8. 泡泡再次变小后，加入最后一次 15 克的白砂糖。

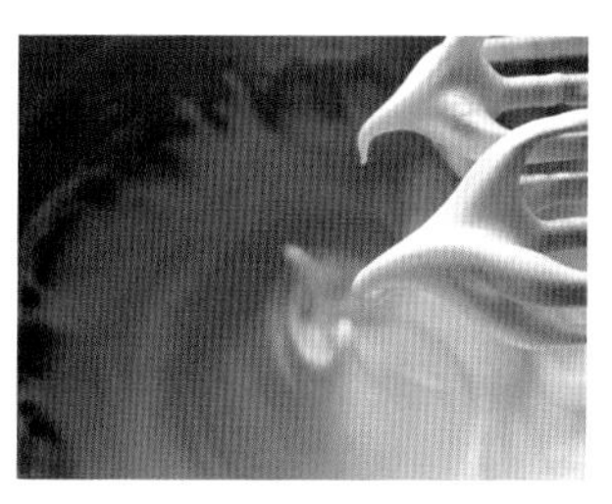

9. 打发到打蛋器提起后出现图中的弯钩即可。

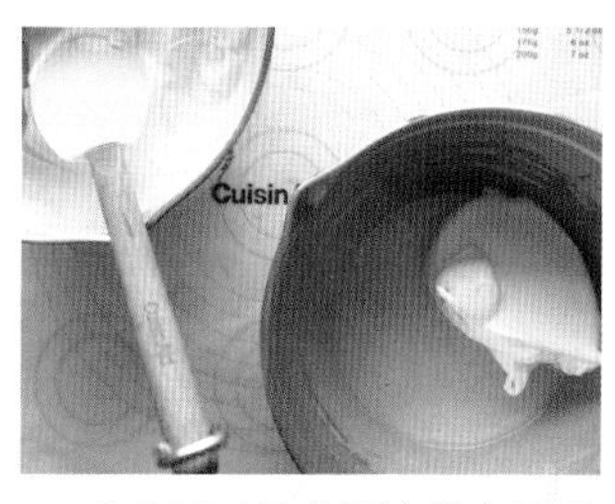

10. 先取出 1/3 的蛋白放入蛋黄糊里。

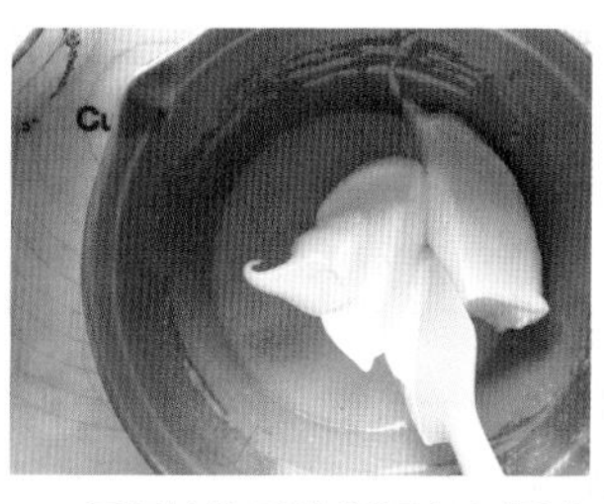

11. 用切拌的手法把蛋白和蛋黄糊搅拌均匀。

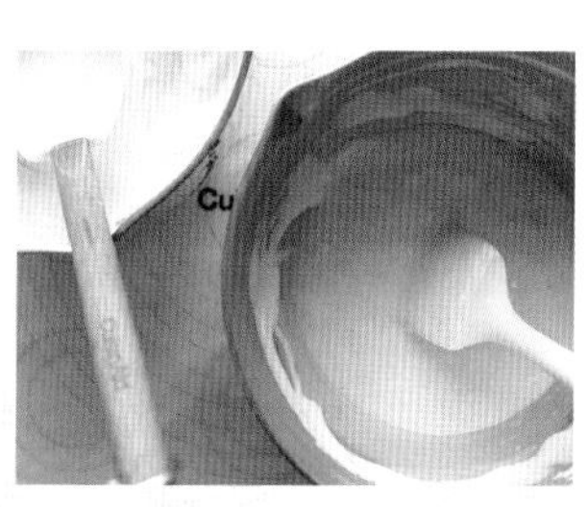

12. 搅拌成图中状态，切记不要过度搅拌面糊。

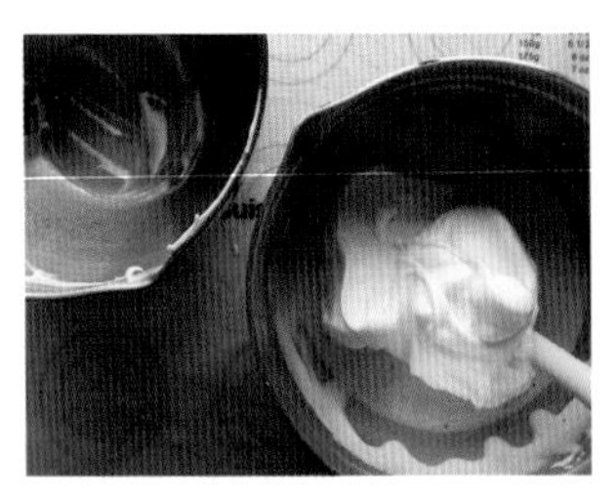

13. 再加入剩下所有的蛋白，继续用同样的切拌手法搅拌。

14. 拌匀的面糊，直接倒入活底的戚风模具里。

15. 轻轻地震两下，把大泡震出。

16. 放入预热好的烤箱中层，上下火 150 摄氏度，烤 40 分钟。

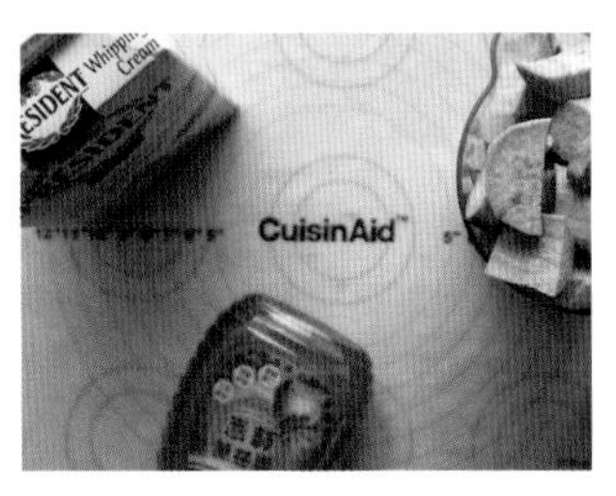

17. 在烤戚风胚的时候，我们开始准备内馅儿。

18. 把红薯切小块儿，大火蒸 25 分钟，红薯熟透即可，放凉待用。

19. 把红薯放入破壁机里，加入淡奶油。

20. 再加入蜂蜜。

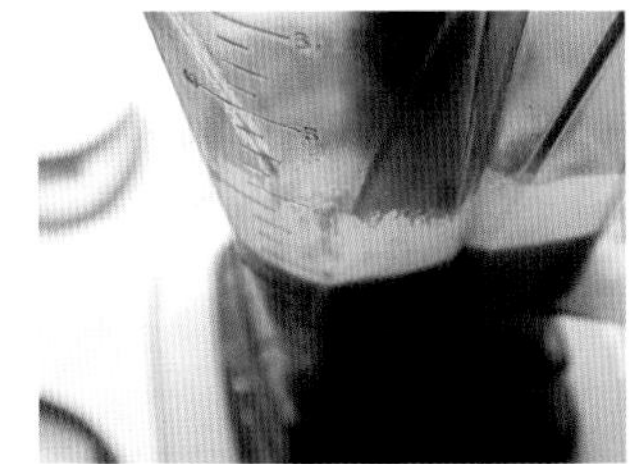

21. 充分搅拌成红薯泥。

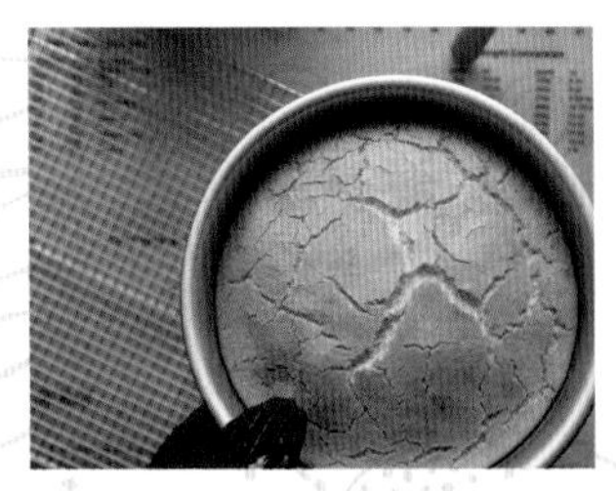

22. 拿出烤好的戚风，从半米处自由落体震出热气。

23. 然后迅速倒扣，放凉。

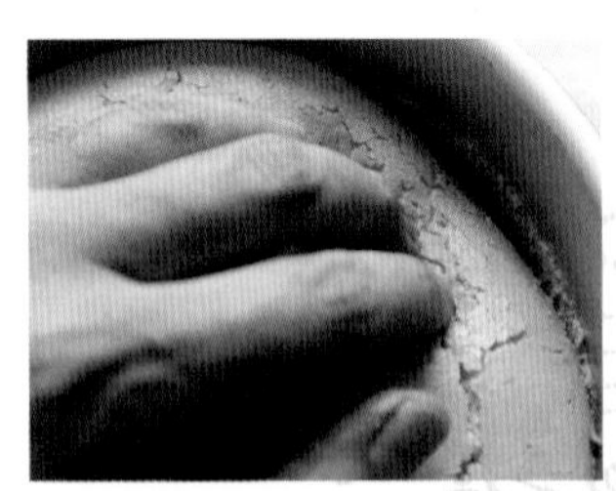

24. 将放凉后的戚风脱模，我们用手从边缘轻轻地扒开戚风，扒开一圈用同样的手法。

25. 然后用手从底部推出来。

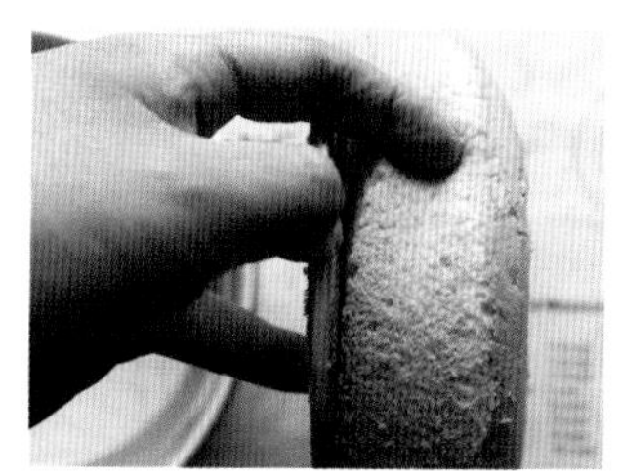

26. 再把戚风立起来，左手扶住底托，右手用大拇指轻轻拨开戚风和底托接触的地方，有开口即可，一圈做同样的动作，最后就去掉底托，成功脱模了。

27. 用面包刀把戚风胚平均切成3片。

28. 先放上底部的一片戚风胚。

29. 放上一半的红薯泥。

30. 一边转动裱花台，一边用抹刀抹平。

31. 放上中间的戚风胚，再放上剩下的红薯泥，用同样手法抹平。

32. 盖上最后一片戚风胚，用手轻轻压一压，整平。

33. 把250克的装饰用淡奶油放入打蛋盆里。

34. 加入白砂糖。

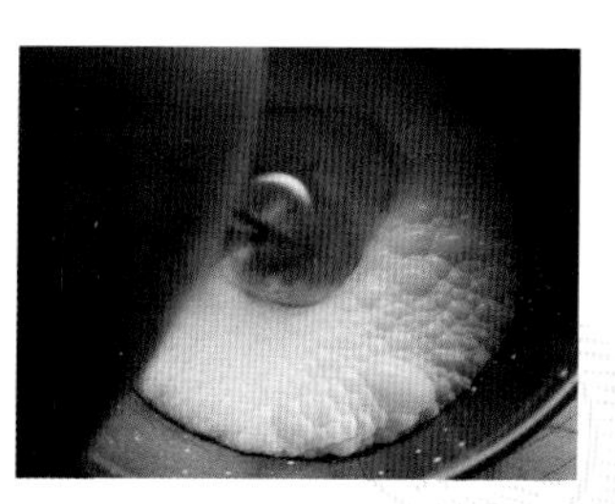

35. 高速打发。

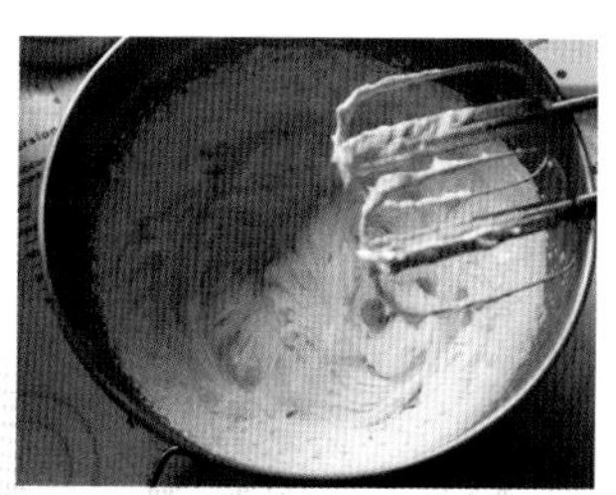

36. 出现明显纹路，且不自动消失时即可。

37. 把打发好的淡奶油，装入裱花袋里，剪一个口子。

38. 一边转动裱花台，一边匀速挤出淡奶油，把整个蛋糕胚覆盖起来。

39. 先从侧面，使抹刀垂直于蛋糕底托，刀不动，旋转裱花台。

40. 抹好边缘部分，再抹平蛋糕表面即可。

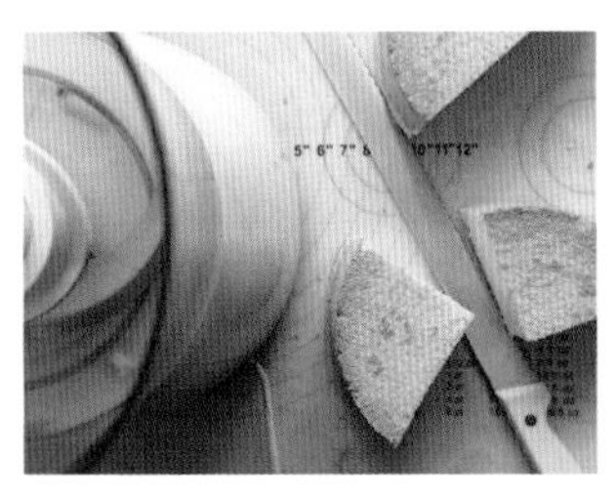

41. 拿出 1/4 烤好的 6 英寸戚风胚。

42. 放入厨师机或者料理机里，打成蛋糕绒。

43. 把打好的蛋糕绒，放在蛋糕表面上，用刮板轻轻铺满整个表面，多余的先推到蛋糕底托上。

44. 表面如图所示即可。

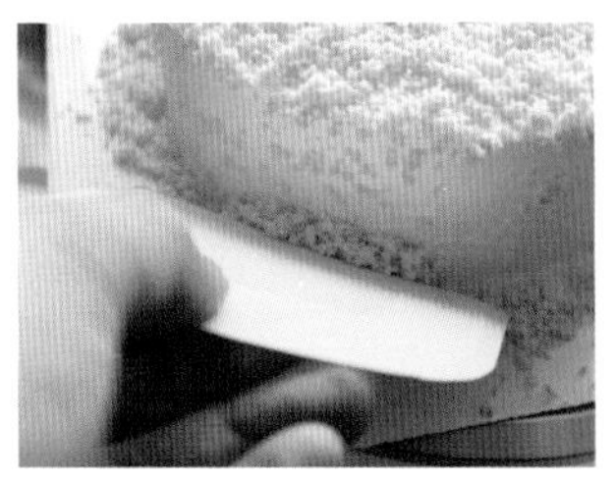

45. 再用刮板把刚刚推到底托的蛋糕绒从底部轻轻地往上推，贴在蛋糕侧面。

46. 全部铺好后，把底托多余的蛋糕绒清理掉。

47. 最后将剩下的奶油挤在表面，放上水果（草莓、橙子）装饰即可。

玉米碎片曲奇

● **烹饪工具：**

烤箱

打蛋盆

电动打蛋器

筛网

刮刀

叉子

油纸

● **准备食材：**

黄油…100 克

白砂糖…35 克

低筋面粉…90 克

玉米淀粉…10 克

玉米片…20 克

1. 室温软化的黄油加入白砂糖。

2. 打发均匀。

3. 低筋面粉过筛，加入黄油里。

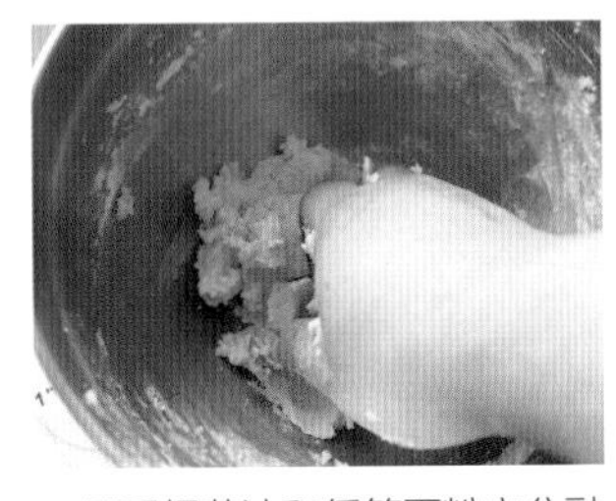

4. 用手把黄油和低筋面粉充分融合。

5. 加入部分玉米片拌匀。

6. 烤盘上铺上油纸。

7. 把面团分成每个 30 克的小曲奇球。

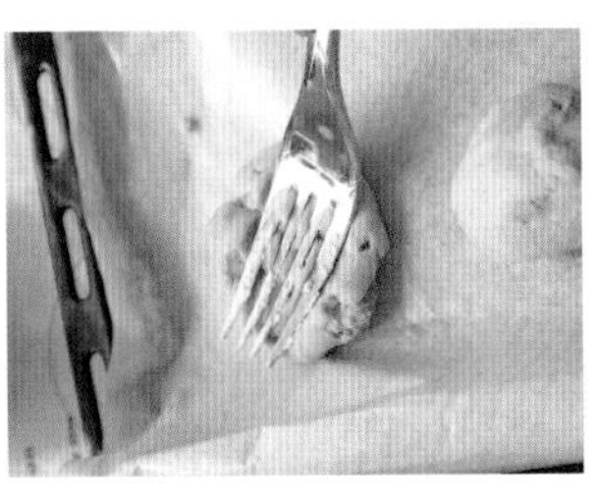

8. 用叉子沾上玉米淀粉压下去，整形。

9. 再放上两片玉米片做装饰。

10. 放入预热好的烤箱中层，160 摄氏度上下火，烤 15 分钟。

虎哥的暖心小贴士

最后整形的时候，叉子上要沾上玉米淀粉再去压曲奇球。曲奇烤完后，彻底放凉，吃起来口感酥脆，而且每一口感觉都有惊喜。

草莓白巧爆炸头麦芬

烹饪工具：

烤箱

打蛋盆

电动打蛋器

筛网

刮刀

12 连模

准备食材：

麦芬：

黄油…100 克

糖粉…75 克

鸡蛋…2 个

低筋面粉…125 克

泡打粉…3 克

草莓粒…80 克

白巧克力…60 克

爆炸头酥粒：

黄油…10 克

细白砂糖…20 克

低筋面粉…40 克

虎哥的暖心小贴士

面糊可以用蘸了水的勺子挖到模具里。用手在面糊上转圈，是为了让麦芬烤出来后，上面的蘑菇头更圆。

如果想酥粒更香，可以把低筋面粉一半的量换成杏仁粉，味道更浓郁。

放入面糊之前，要用一点点黄油涂抹一下模具，这样好脱模哦。

1. 室温软化的黄油里面加入糖粉。

2. 打发混合后，加入第一个鸡蛋。

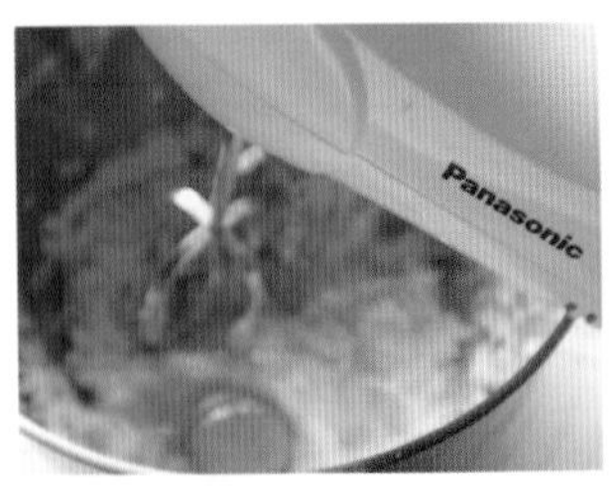

3. 混合好第一个鸡蛋后，再加入第二个，继续打匀。

4. 筛入低筋面粉和泡打粉。

5. 拌匀成面糊状。

6. 加入草莓粒和切小块儿的白巧克力。

7. 放入 12 连模中，用手指在顶部沾着面糊从外围画圈，到正中间停止。

8. 将爆炸头酥粒用的黄油、细白砂糖和低筋面粉放入容器中。

9. 用手彻底揉匀，搓成颗粒状。

10. 撒在麦芬糊上。

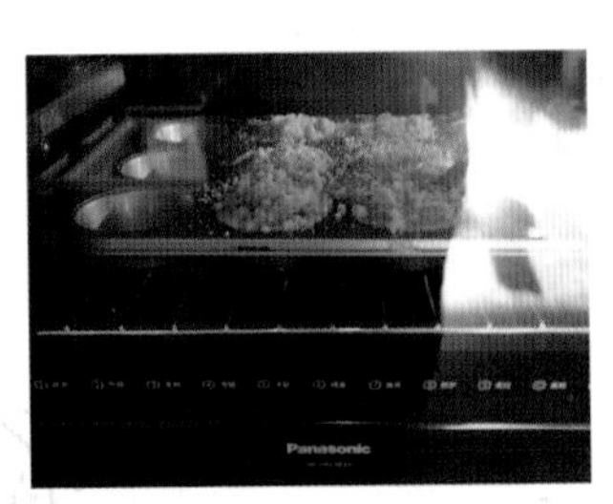

11. 烤箱预热好，上下火 160 摄氏度，放入中层，烤 35 分钟。

外国人的"五仁月饼"

胡萝卜蛋糕

● **烹饪工具：**

烤箱
打蛋盆、
刮刀、勺子、刀
手动打蛋器
12 连模
杯子蛋糕纸托
曲奇裱花嘴
裱花袋

● **准备食材：**

A 组（面粉类）：
低筋面粉…200 克
泡打粉…5 克
小苏打…5 克
盐…2.5 克
肉桂粉…15 克

B 组（液体类）：
鸡蛋…2 个
白砂糖…100 克
玉米油…180 克
糖水菠萝（带水）…220 克

C 组（内馅类）：
核桃仁…50 克
胡萝卜…1/2 根

装饰奶酪糖霜：
奶油奶酪…200 克
糖粉…40 克

1. 低筋面粉过筛后，加入小苏打、泡打粉、盐还有肉桂粉。

2. 充分混合均匀。

3. 在另外一个容器里，加入鸡蛋、白砂糖、玉米油，用手动打蛋器充分混合，变黏稠即可。

4. 状态如图所示。

5. 加入糖水菠萝，继续搅拌。

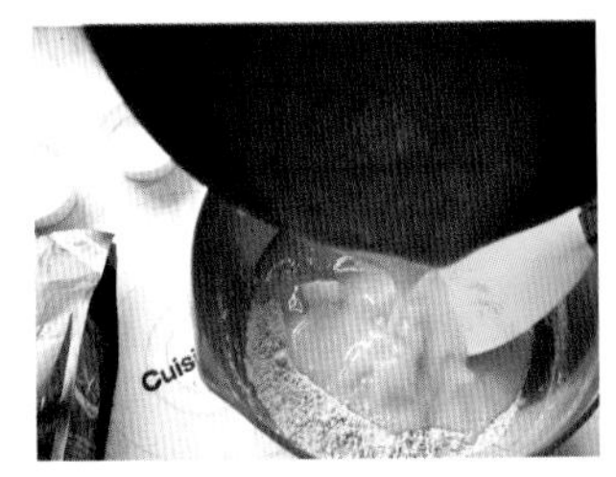

6. 把搅拌好的鸡蛋糊倒入面粉里。

7. 搅拌到无颗粒状态。

8. 把核桃稍微切碎，半根胡萝卜切成丝。

9. 全部搅拌在一起。

10. 用一个容器装上水，放入勺子，我们用沾水的勺子把面糊放入纸杯托里。

11. 面糊装八分满即可。

12. 烤箱上下火 170 摄氏度，烤 40 分钟。

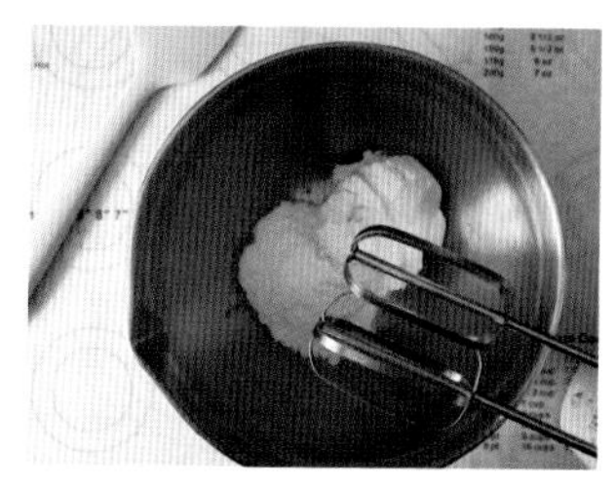

13. 蛋糕在放凉的过程中，我们用奶油奶酪加糖粉打发成奶酪糖霜，挤在蛋糕顶部，再放上半个核桃仁即可。

14. 撒上少许糖粉装饰。

虎哥的暖心小贴士

我为什么要说，这个是外国人的“五仁月饼”呢？没有吃过的朋友们，一定要试试看，味道是不是有点儿像，哈哈。

这个胡萝卜蛋糕，绝对是享誉英联邦国家的爆款蛋糕。独特的香气无论搭配咖啡还是茶，都是非常棒的下午茶选择。

在看熟没熟透的时候，可以用牙签从蛋糕中间插进去，拔出来没有粘上面糊，就是烤好啦。

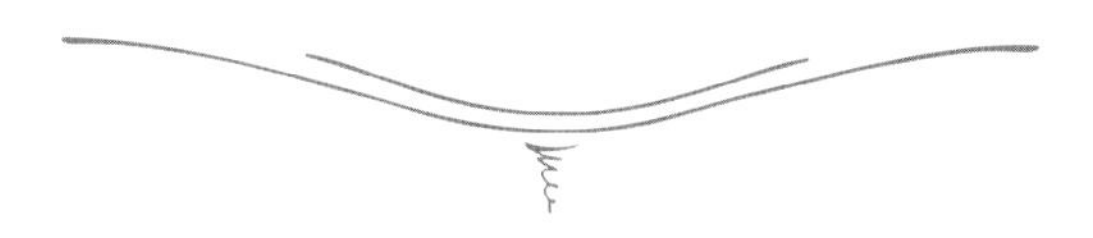

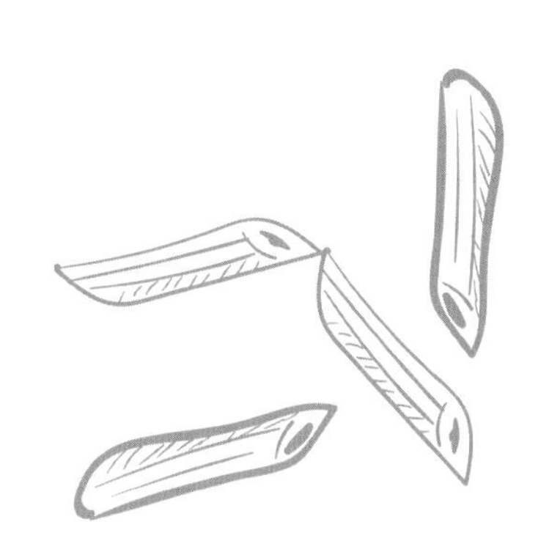

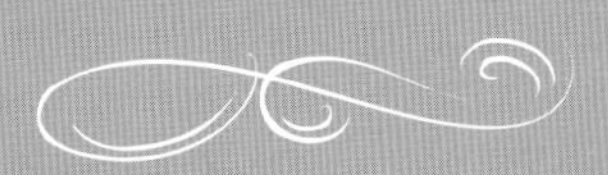

豆沙牡丹

● **裱花工具：**

裱花袋

筛网

裱花钉

裱花剪

厨房用纸

裱花嘴型号 352、123

● **准备食材：**

芸豆沙

食用色素（粉红、白、黑、绿、黄）

虎哥的暖心小贴士

牡丹裱花的豆沙在搅拌的时候，一定不要加水，因为需要很流畅的花瓣。我的豆沙在冰箱里的时间比较长，所以本身比较湿，还是有很多倒刺在花瓣上的。我用的是现成的芸豆沙成品，自己在家做豆沙的话，一定记得不要太湿，那样的豆沙不容易成形，不好裱花。特别是牡丹这种花朵很大的花形，用的裱花钉也要是大号的。

1. 用刮刀左右使劲儿搅拌豆沙，不要喷水，这个过程很辛苦，但是做牡丹的豆沙一定不要喷水。

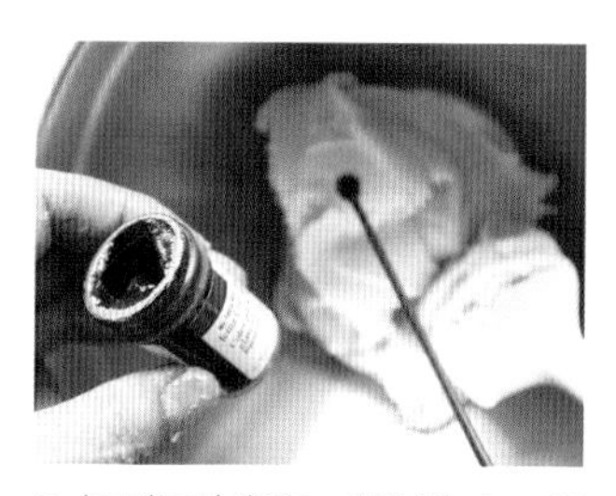

2. 打到豆沙发白、细腻为止。用牙签放入少许色素。

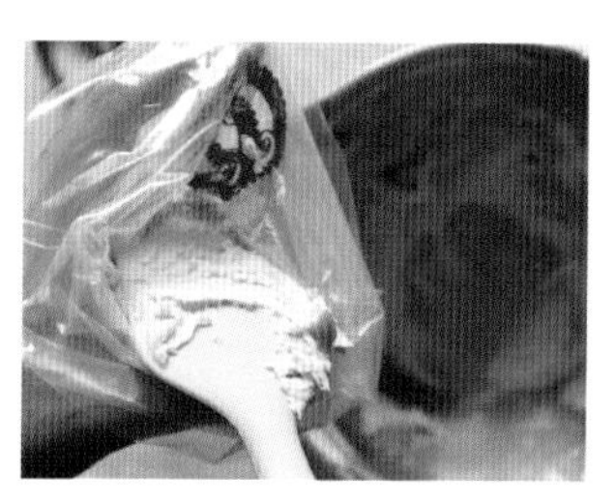

3. 把调好色的豆沙放入裱花袋。

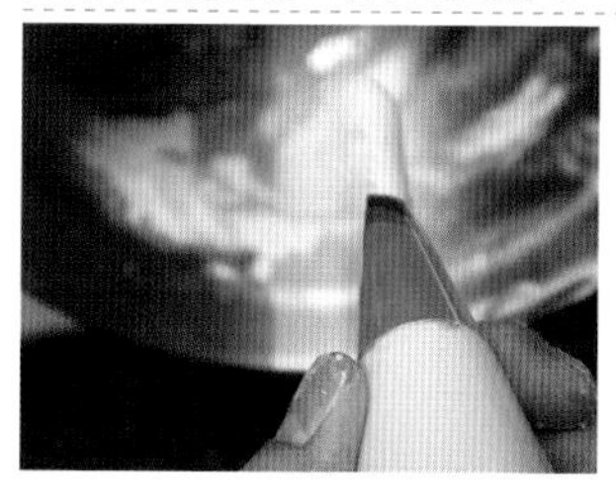

4. 先挤出开头的这些豆沙，是因为这部分豆沙不够细腻。

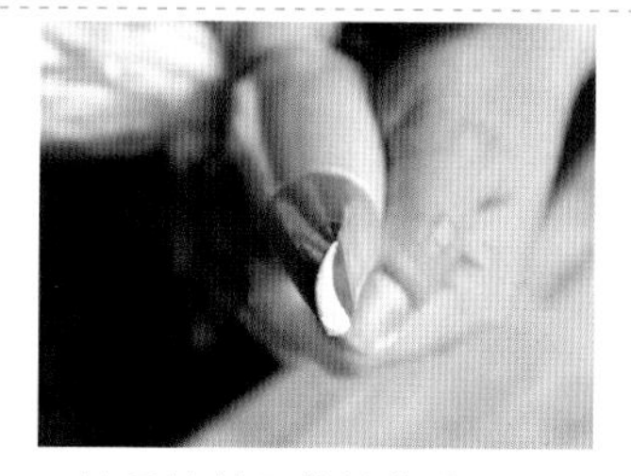

5. 这是裱牡丹花的花嘴 123 的形状（裱花时要宽的向下，尖头向上）。

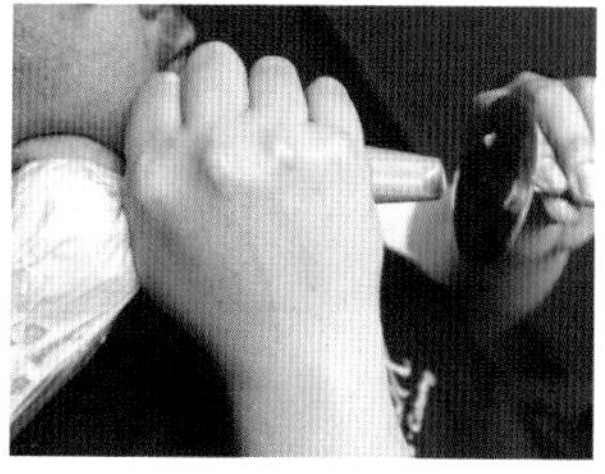

6. 豆沙裱花，一只手拿着裱花钉，一只手拿着裱花袋，拿裱花袋手的大拇指贴住自己的下巴，胳膊夹紧身体，这样可以固定位置。

7. 裱花嘴垂直裱花钉，一边挤，一边左右摆动，堆起来一个锥体。

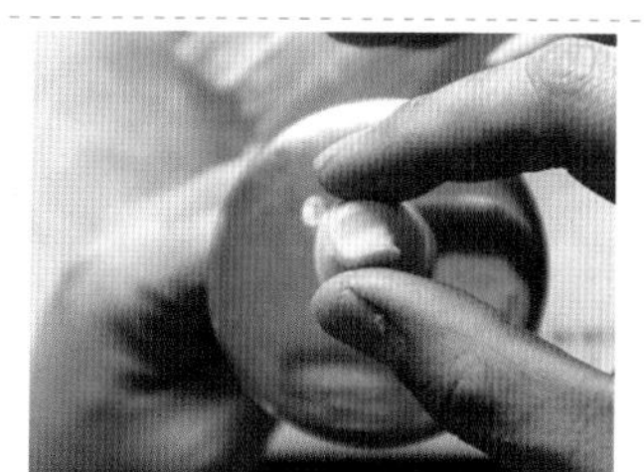

8. 用手把最顶端捏成一个小正方形。

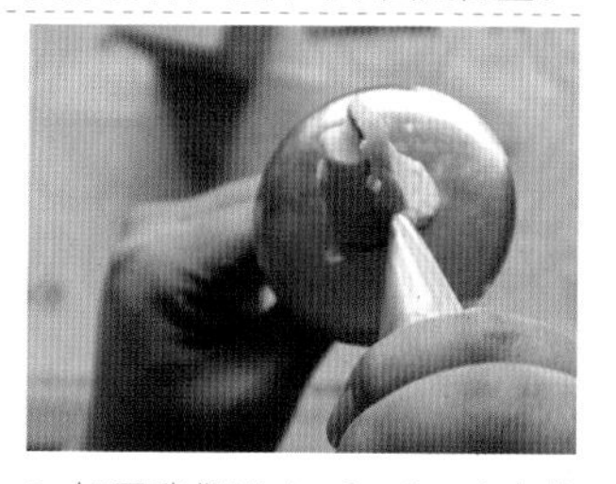

9. 如果我们用 1、2、3、4 来代表正方形的 4 个角，从 1 这个点开始挤（裱花嘴尖头向上）拉到点 2，一直拉到最底端的裱花钉。

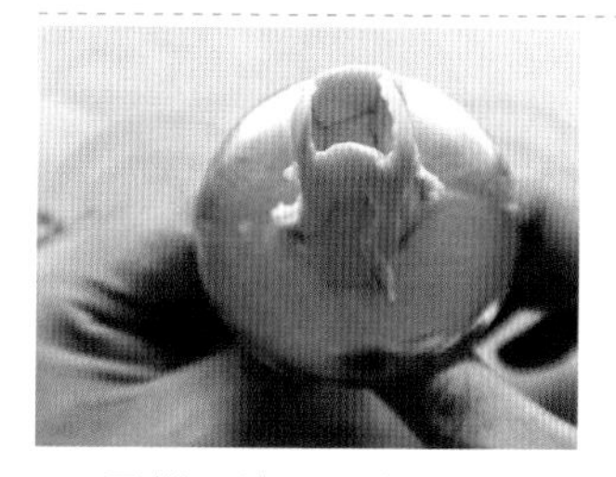

10. 同样手法，1 到 2,2 到 3,3 到 4,4 到 1，最后最顶端成一个小的正方形。

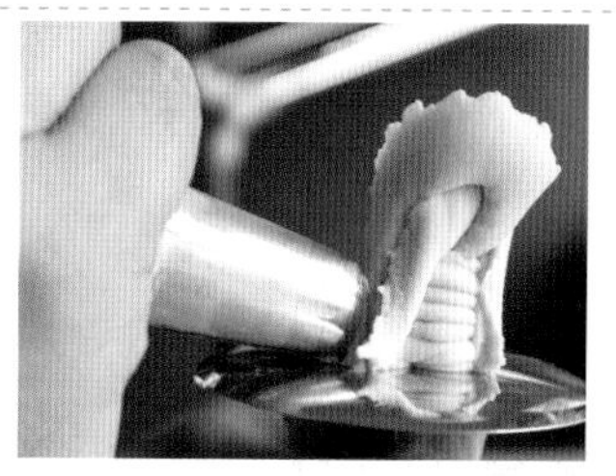

11. 第二圈的第一瓣从第一圈的一瓣中间开始挤出，同时匀速旋转裱花钉，压住第一圈花瓣的腿柱。依次类推，挤出 5 个花瓣。

12. 一层层地挤出来，到第五层围一圈花瓣结尾。

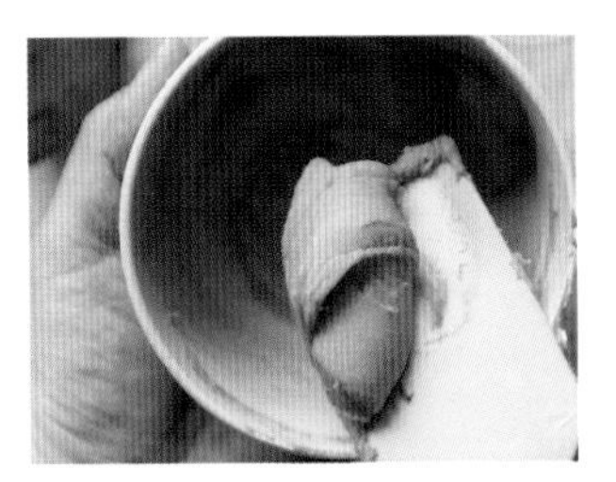

13. 用一点点的豆沙，加入黄色的色素，变成黄色的豆沙泥。

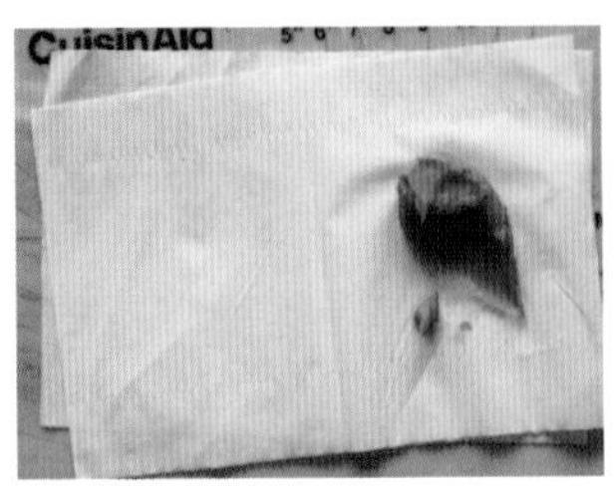

14. 把豆沙泥放在厨房用纸上。

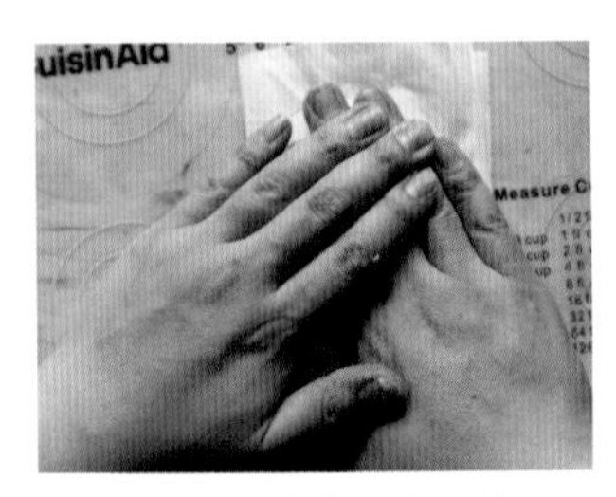

15. 反复不停地挤压出豆沙里面多余的水分。

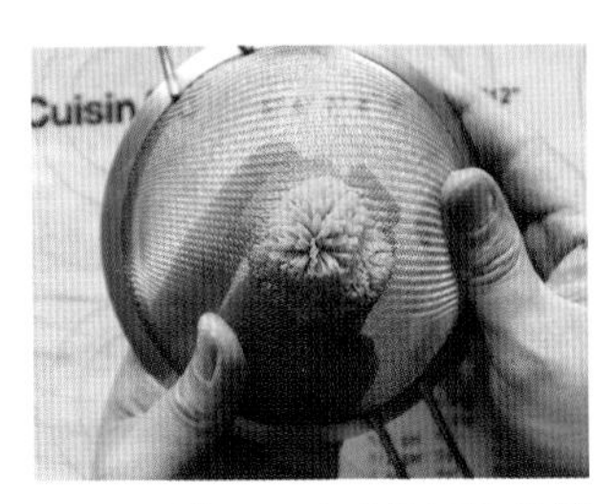

16. 最后将吸干水分的豆沙从筛网的一面用力推出来，做成花蕊，如图所示。

17. 用裱花剪剪出一些做好的花蕊。

18. 放入我们第一圈挤出来的小正方形口里面即可。

19. 用裱花剪插进牡丹花底端。

20. 贴在杯子蛋糕上，抽出剪刀。

21. 再用原色的豆沙，加入绿色和黑色调色。

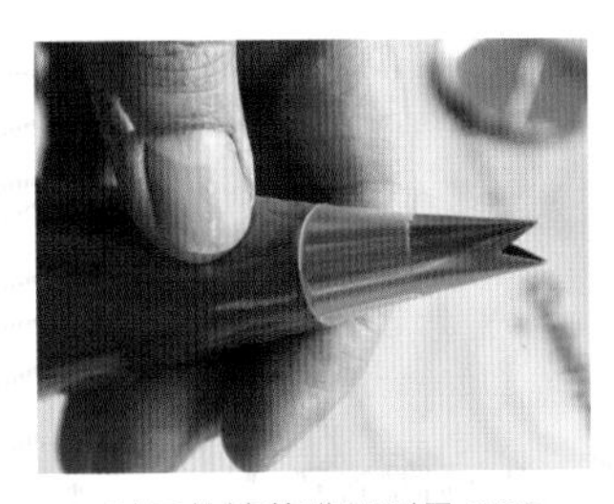

22. 叶子的裱花嘴用型号 352。

23. 挤的时候，用往前、往后的这种重复动作挤出豆沙，制作好叶片。

24. 手松开裱花袋，没有压力后，豆沙泥会自然断开。

豆沙复古玫瑰

● **烹饪工具：**

裱花嘴型号：102、104都可以（一个小，一个大的区别）

裱花钉

裱花袋

● **准备食材：**

芸豆沙

食用色素（粉红、白、黑、绿、黄）

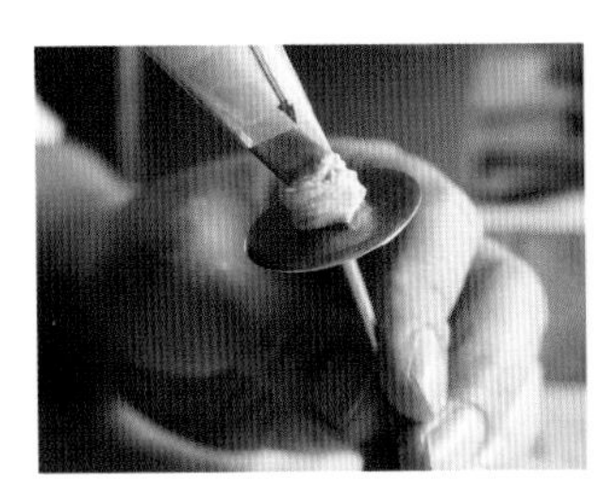

1. 豆沙准备见 P.195。裱花嘴宽头向下，尖头向上，垂直裱花钉，左右摇摆外加挤压，堆成一个小三角形。

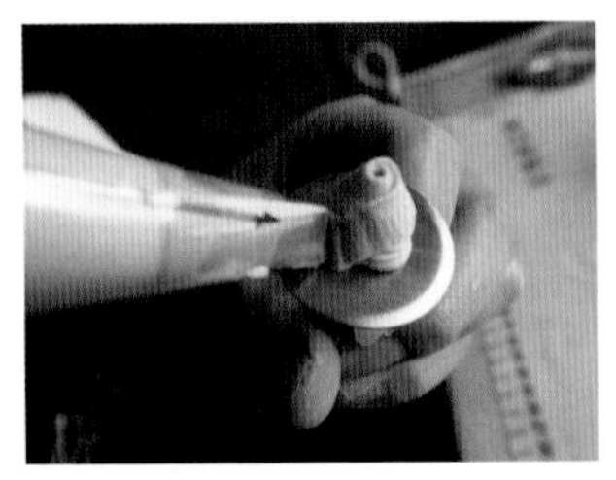

2. 再把尖头稍微向内倾斜，一边挤，一边转动裱花钉，把下面的三角形围起来，上面成一个锥形。

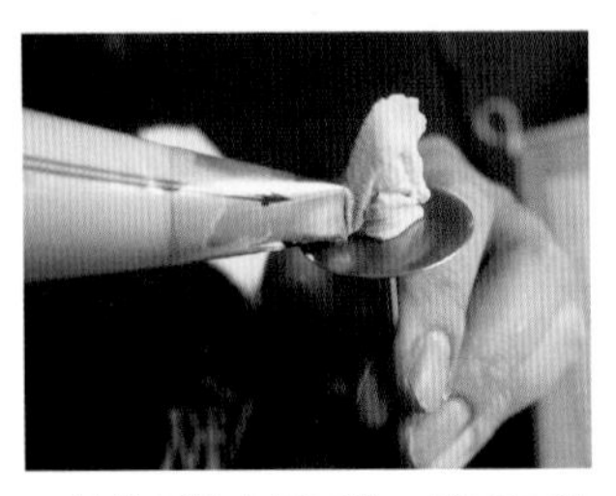

3. 从锥形的上端开始，挤出豆沙后，一边挤，一边向下拉，直到接触到裱花钉为止。

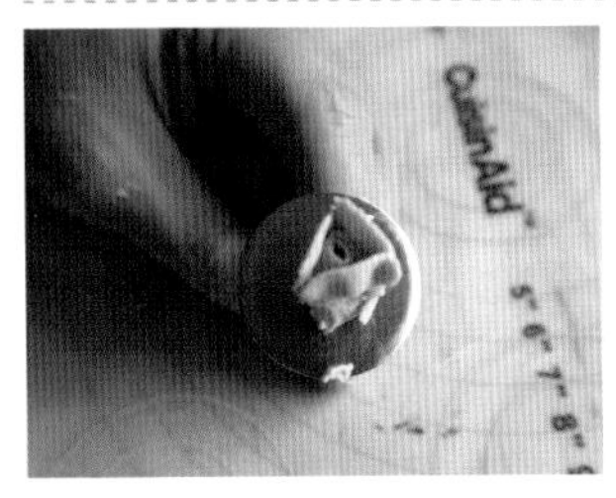

4. 挤完 3 瓣以后，从上面看，会是一个小三角形。

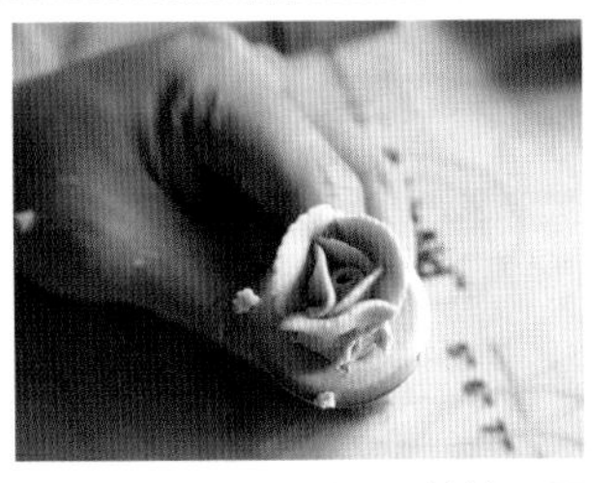

5. 第二圈的第一瓣，要从第一圈的其中一个花瓣的中间开始，不要从两瓣花瓣接触点开始，一边挤一边同步旋转裱花钉，也呈一个三角形，以此类推。

6. 大概 5~6 层的花瓣即可。

7. 先用手指从每个花瓣的中间轻轻地向上碰一下。

8. 碰出来一个小尖儿以后，用两个手指在小尖儿的两边，轻轻捏下去一下，变成复古玫瑰的花瓣。

虎哥的暖心小贴士

我们在用豆沙裱花的时候，第一步永远是先把豆沙用刮刀不停搅拌，直到颜色发白，豆沙变细腻，这个过程很辛苦，但却是做出好看的花朵的必要程序。

在打豆沙的时候，如果豆沙特别干，在裱玫瑰的豆沙时，可以用喷壶喷上水，继续搅拌。豆沙裱花，因为要非常用力，比较难挤，所以每次放少量豆沙在裱花袋里，挤的时候会比较轻松。

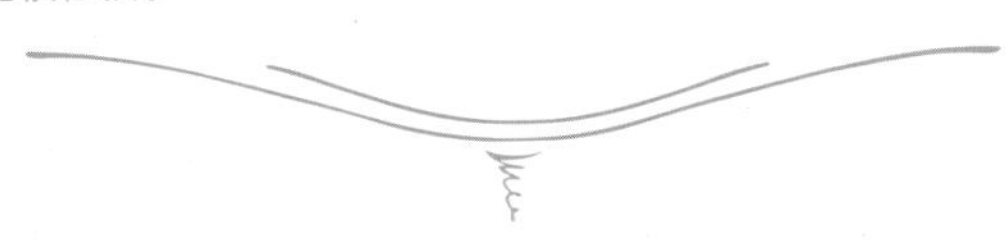

豆沙五瓣花

● **烹饪工具：**

需要的裱花嘴型号：104

裱花钉

裱花袋

● **准备食材：**

芸豆沙

食用色素（粉红、白、黑、绿、黄）

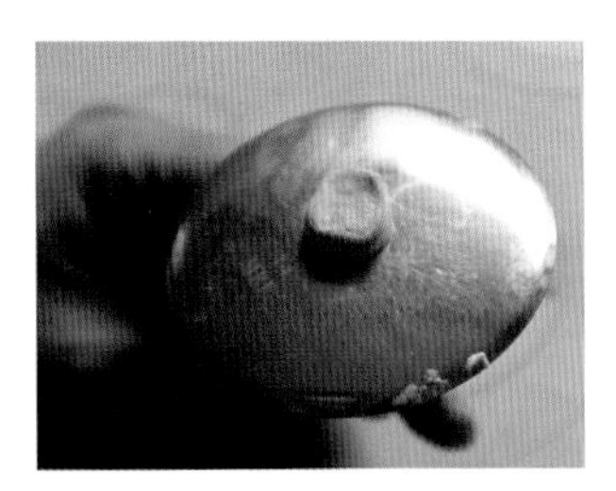

1. 先在裱花钉上挤出一点儿豆沙，用手压成一个底托。

2. 裱花嘴宽头向里，尖头向外，裱花袋倾斜向外 45° 角，从底托的中心开始，挤出的同时，旋转裱花钉，再一边挤，一边收回到底托中心点。

3. 挤出图中的图案，一共需要 5 瓣这样的花瓣。

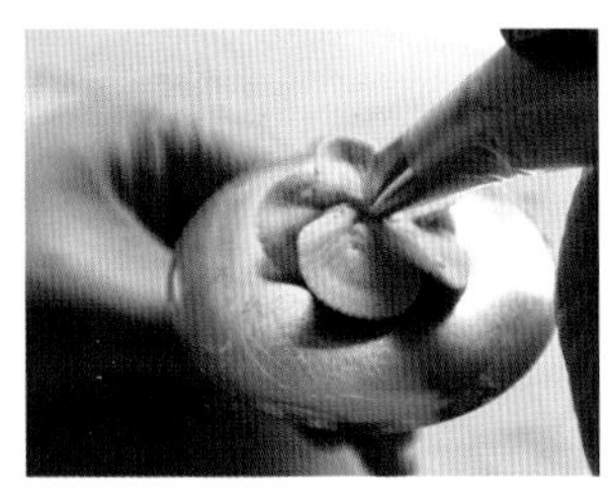

4. 挤好第一层的五瓣花瓣后，再从第一层的两个花瓣中间，开始挤第二层的第一瓣花瓣，一样的手法，但是花瓣变小，也是 5 瓣。

5. 全都挤好后放在蛋糕上，在空出的地方挤上叶片，然后用黄色的豆沙在第二层小花瓣的上面，点上 5 个小点，做花蕊的装饰。

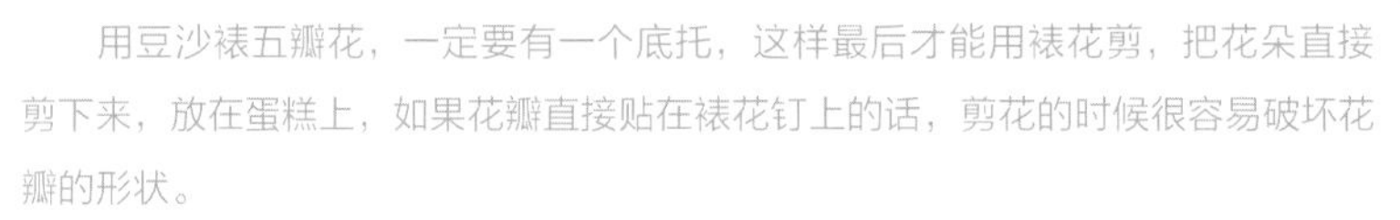

虎哥的暖心小贴士

用豆沙裱五瓣花，一定要有一个底托，这样最后才能用裱花剪，把花朵直接剪下来，放在蛋糕上，如果花瓣直接贴在裱花钉上的话，剪花的时候很容易破坏花瓣的形状。

裱五瓣花的时候，一定记住，一边挤出豆沙，一边旋转裱花钉，两只手要同时进行，而且要保持速度一致。

树莓提拉米苏

- **烹饪工具：**

奶锅

刮刀

电动打蛋器

裱花袋

打蛋盆

慕斯杯

- **准备食材：**

马斯卡彭奶酪…500克

鸡蛋…3个

白砂糖…75克

咖啡味百利甜酒…80克

咖啡液…40克

消化饼干…8块

可可粉…少许

树莓酱：

树莓…100克

白砂糖…36克

吉利丁片…1片（或吉利丁粉5克）

淡奶油…90克

1. 树莓加入白砂糖小火开始熬10分钟。

2. 熬出黏稠状，在煮的过程中，吉利丁片用冷水泡软。

3. 树莓成糊状后，关火，放入泡软的吉利丁片，搅拌均匀，放凉待用。

4. 把淡奶油打发至如图所示的状态，放入放凉的3。

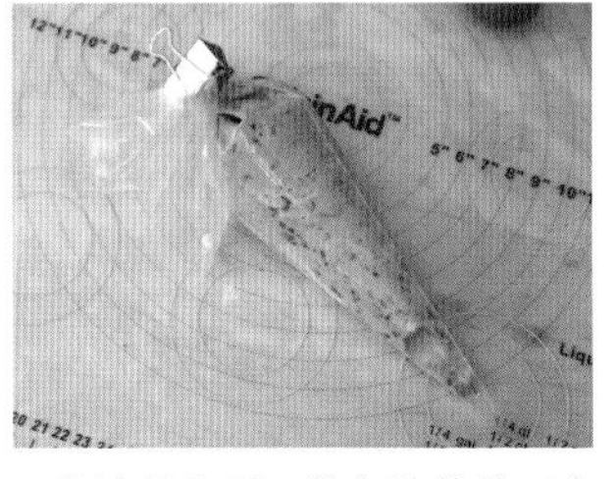

5. 混合均匀后，放入裱花袋，冷藏待用。

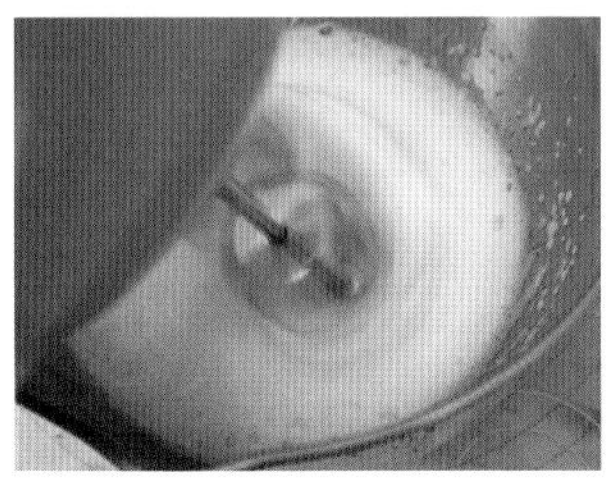

6. 蛋黄和蛋白分离，分别放入两个无水无油的容器里。蛋白中加入白砂糖，打发蛋白到干性发泡。

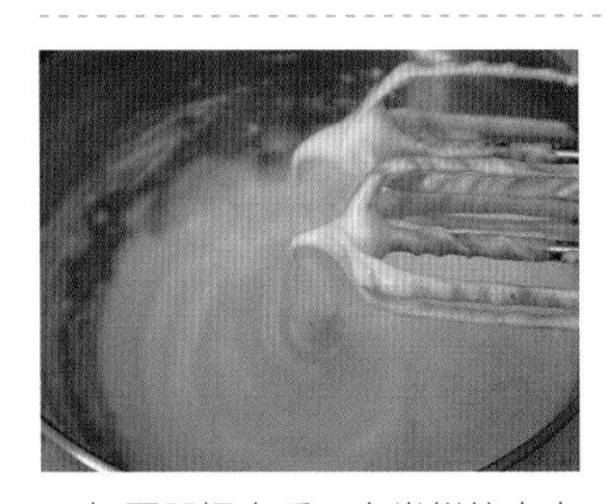

7. 打蛋器提出后，有类似的弯尖儿即可。

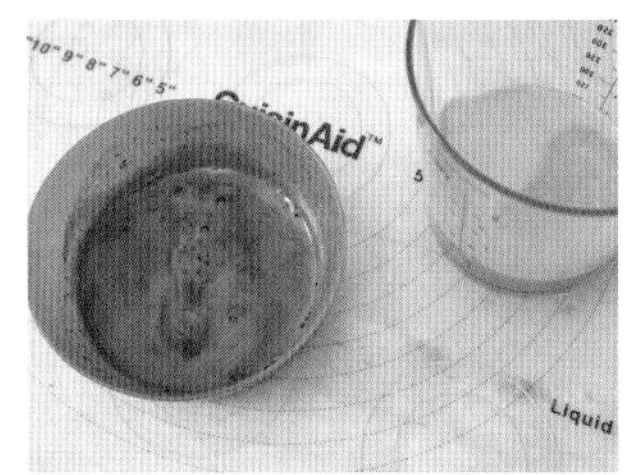

8. 咖啡液（5克速溶咖啡加入35克热水冲开即可）里加入20克的咖啡味百利甜酒，剩下60克的百利甜酒待用。

9. 蛋黄里加入马斯卡彭奶酪。

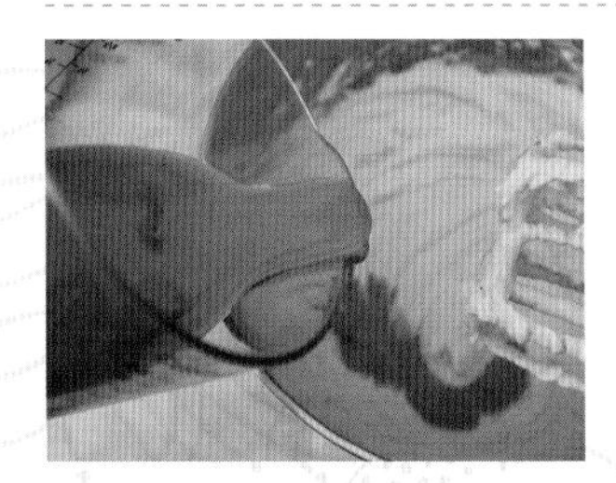

10. 搅拌均匀后，加入剩下的百利甜酒，继续混合均匀。

11. 先加入一部分6的蛋白，用做戚风的手法切拌，让两者均匀混合。

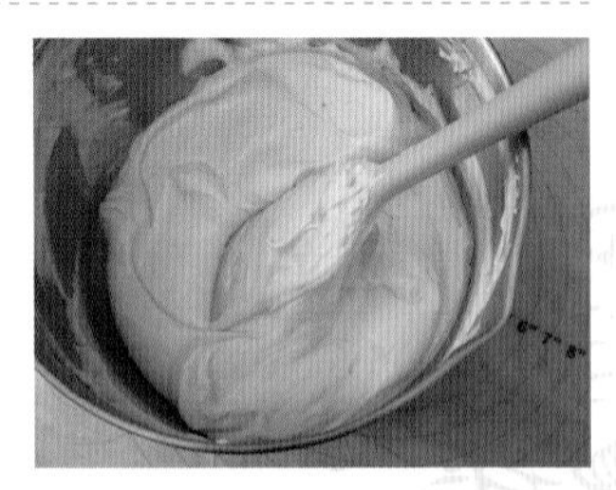

12. 继续加入蛋白，直到所有蛋白混合好，呈顺滑状态。

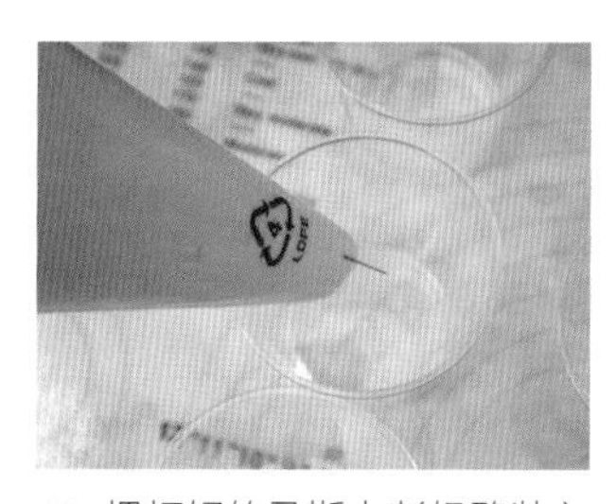

13. 把打好的马斯卡彭奶酪装入裱花袋，剪开一个口，挤入容器里（我用的是 200 毫升的小塑料杯）。

14. 挤到大概 1/3 处，一共做了 8 杯。

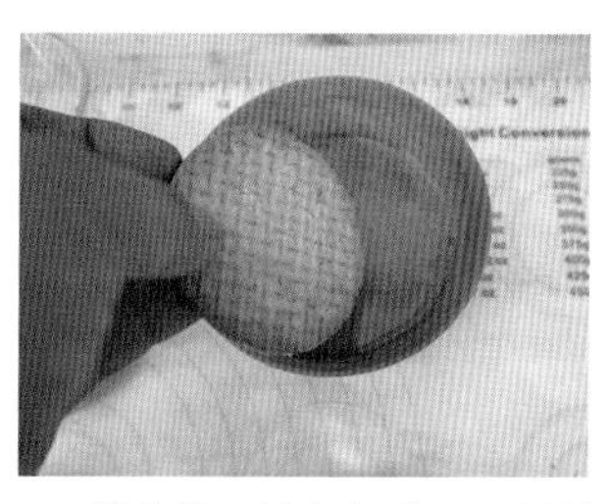

15. 消化饼干沾上咖啡和百利甜酒的混合液。

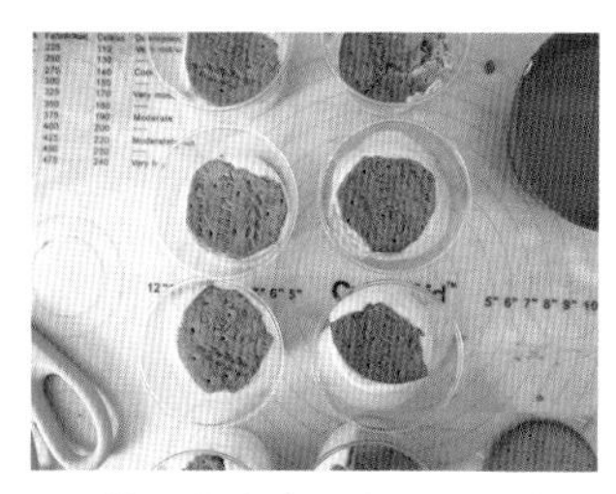

16. 饼干太大也没有关系，先将周边的部分去掉待用。杯中放入沾有咖啡酒液的饼干，轻轻用手往下按一按，让下面的奶酪糊变平整。

17. 把刚刚多余的饼干碾碎，撒在上面。

18. 取出树莓酱，在杯子的周围挤一圈。

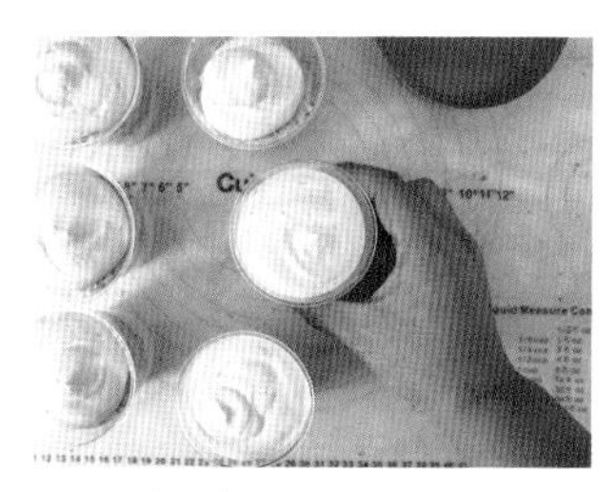

19. 再把剩下的奶酪分到每个容器中，震震杯子，让奶酪糊铺盖住树莓酱，表面也变得比较平整。

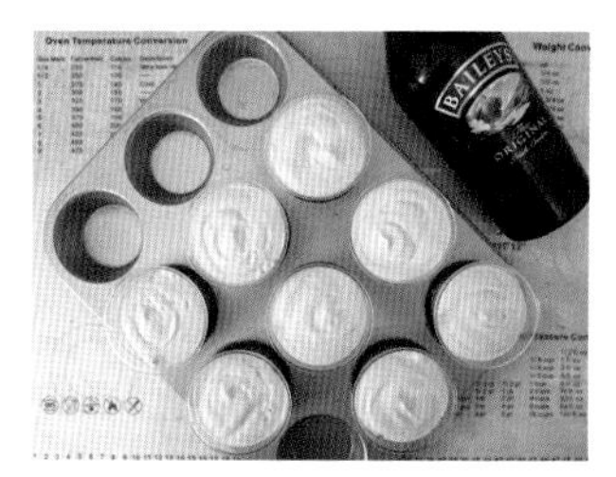

20. 如图所示，树莓提拉米苏就完成了。包上保鲜膜，放入冰箱冷藏 4 小时，或者隔夜。

21. 食用前，撒上可可粉。

虎哥的暖心小贴士

这款纯意式的提拉米苏，不需要烤或者其他特别的制作方式，所以里面是生的。不建议孕妇或者备孕的女生吃哦。做好的成品建议大家在三四天内吃完。树莓也可以用草莓、蓝莓代替。

芒果牛油果奶昔

- **烹饪工具：**

料理机或者奶昔机

筛网

杯子

小勺子

- **准备食材：**

芒果肉…100 克

苹果粒…100 克

香蕉…1 根

牛油果…1/4 个

酸奶…50 克

牛奶…70 克

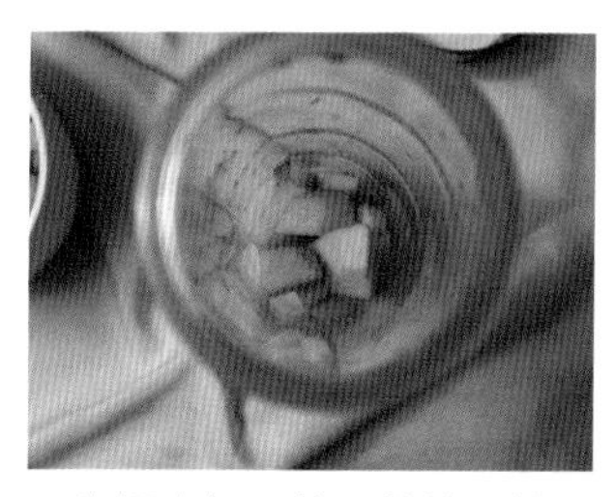

1. 先把牛奶和苹果粒放入料理机。

2. 打完后，放在筛网上，过滤掉苹果泥和沫，留下苹果牛奶汁。

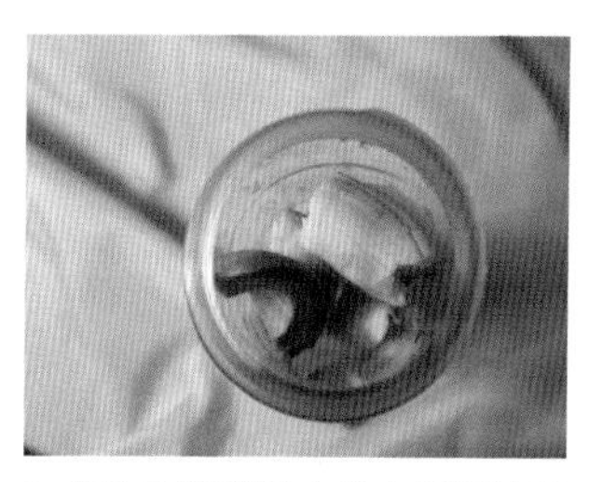

3. 依次在料理机中放入打好的苹果牛奶汁、酸奶、香蕉、1/4 的牛油果和芒果粒。

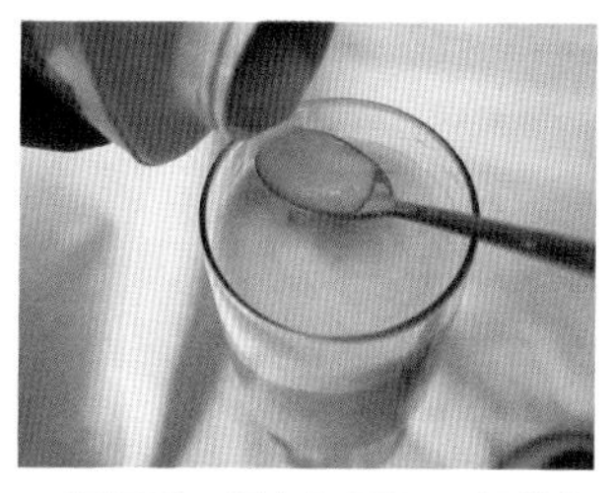

4. 打好后，倒入杯子里。想做分层的朋友，可以用一个小勺子放在奶昔最上面，慢慢倒入一些酸奶，就变成了两种颜色了。

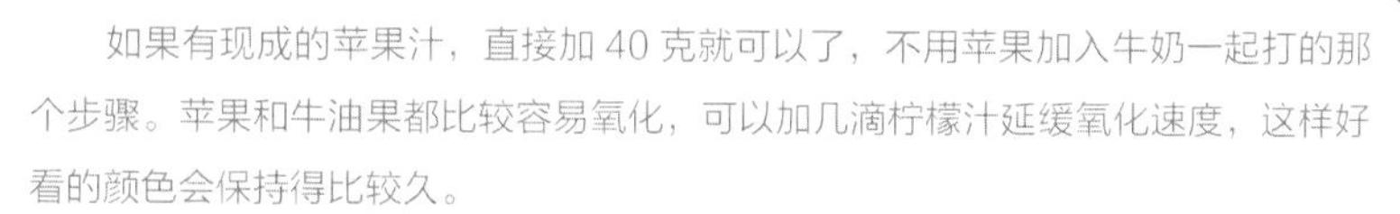

虎哥的暖心小贴士

如果有现成的苹果汁，直接加 40 克就可以了，不用苹果加入牛奶一起打的那个步骤。苹果和牛油果都比较容易氧化，可以加几滴柠檬汁延缓氧化速度，这样好看的颜色会保持得比较久。

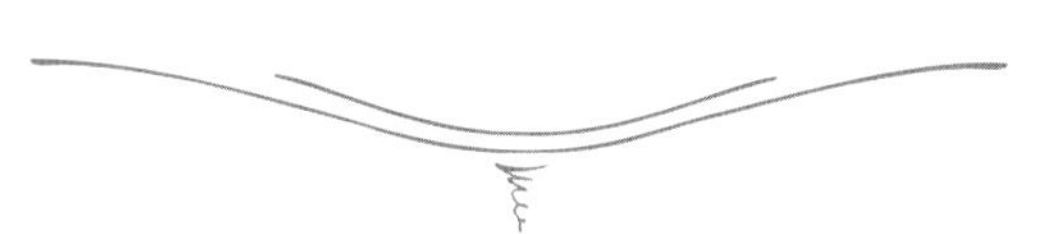

燕麦椰蓉薄脆饼干

● **烹饪工具：**

料理机

筛网

打蛋盆

刮刀

刮板

油纸

烤箱

● **准备食材：**

燕麦…50 克

椰蓉…20 克

低筋面粉…30 克

白砂糖…20 克

玉米油…30 克

水…30 克

盐…1 克

虎哥的暖心小贴士

我用的燕麦里面带有少许坚果和水果干，影响不太大，但是不能过多，如果燕麦不打碎一点儿的话，我们很难把燕麦饼压得很薄。用刮板压的时候，要保持刮板上有点儿油或者水，这样可以防止刮板和饼干粘在一起，拿不下来。

1. 把燕麦和椰蓉放进料理机里打碎。

2. 筛入低筋面粉。

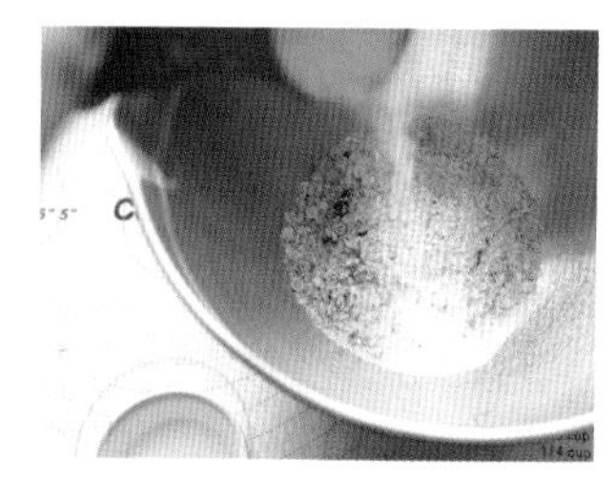

3. 加入白砂糖。

4. 再加入盐。

5. 混合均匀。

6. 加入 30 克的水。

7. 再加入 30 克的玉米油。

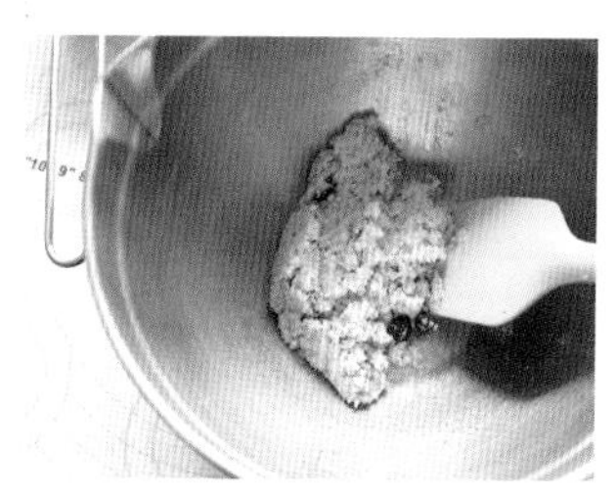

8. 和成面团。

9. 烤盘上铺上油纸，把面团分成每个 20 克的小球。

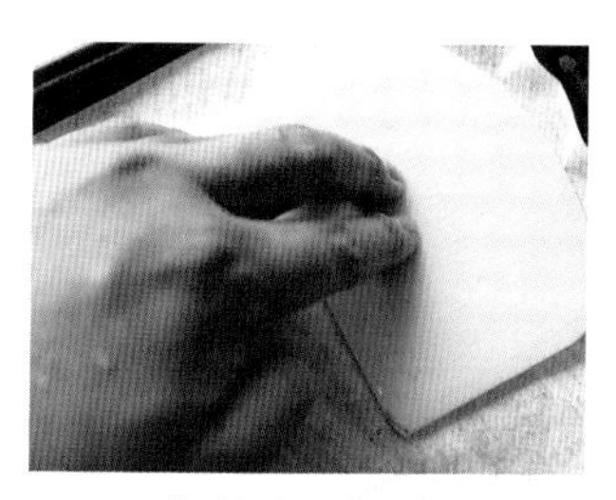

10. 用刮板使劲儿压下去。

11. 压好后，稍微整一下形。

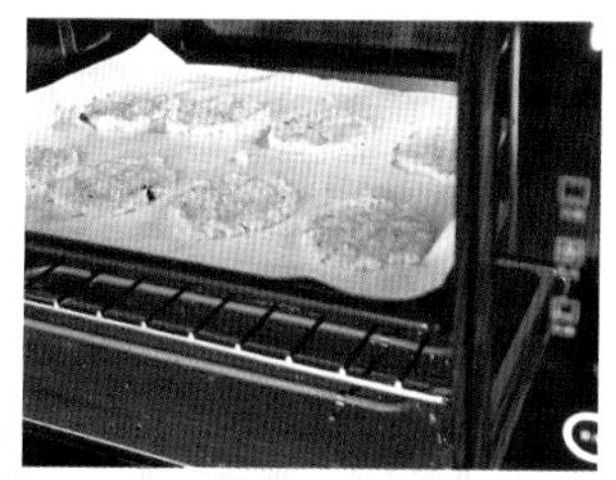

12. 烤箱预热好后，上下火 150 摄氏度，放入中层烤 15 分钟，上色即可。

芒果轻乳酪杯子蛋糕

虎哥的暖心小贴士

轻乳酪的面粉含量低，以蛋白发起为主，入口比较轻盈，可以加入芒果、柠檬等清爽的水果。轻乳酪蛋糕取出来以后，一定要等彻底放凉，再从模具里取出来，而且轻乳酪蛋糕冷藏一夜后，第二天吃口感更好。

● **烹饪工具：**

奶锅
烤箱
打蛋盆
手动打蛋器
筛网
电动打蛋器
12 连模
裱花袋
杯子蛋糕纸托

● **准备食材：**

轻乳酪蛋糕：
奶油奶酪…210 克
黄油…60 克
白砂糖…60 克
低筋面粉…60 克
牛奶…150 克
鸡蛋…4 个
芒果丁…100 克

装饰食材：
奶油奶酪…100 克
糖粉…20 克
柠檬汁…10 克
芒果丁…少许
巧克力棒…4 根

1. 在容器里加入奶油奶酪、牛奶、黄油，隔水软化。

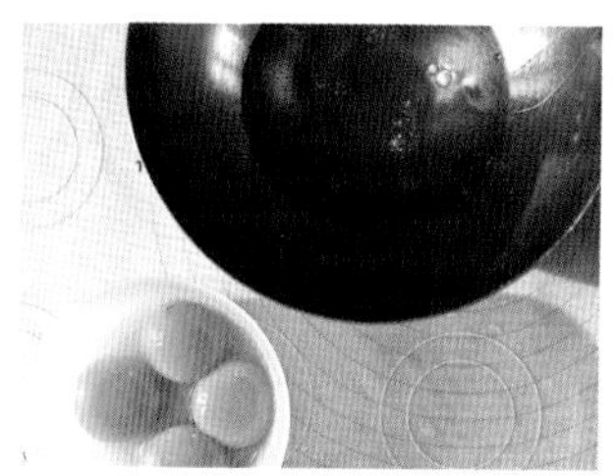

2. 在加热的过程中，把蛋黄和蛋白分开。

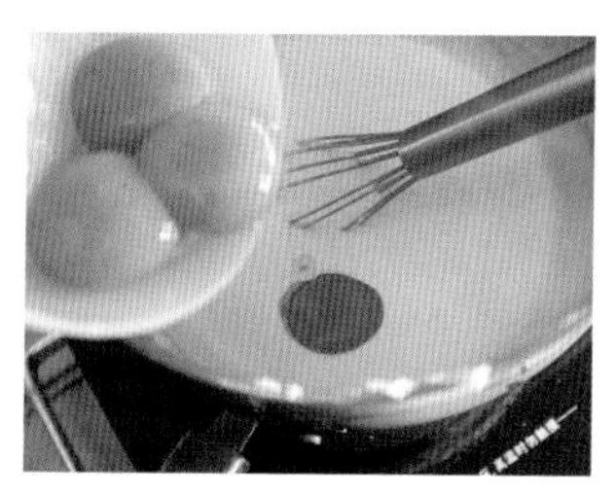

3. 奶油奶酪、黄油和牛奶充分熔化到无颗粒状态下，关火。加入一个蛋黄，搅匀后，再加入第二个。

4. 筛入低筋面粉。

5. 划“一”字，或者“Z”字形搅拌好面粉后，把面糊过筛，使其更细腻。

6. 打发蛋白，分次加入白砂糖，打发出有弯钩即可（可参考戚风的打蛋方法）。

7. 蛋白分次加入面糊，用切拌的手法搅拌均匀。

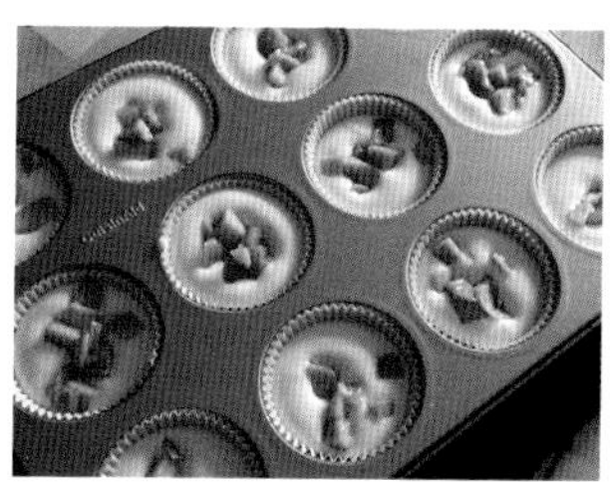

8. 12 连模中放入杯子蛋糕纸托，在每个杯托里先加入一半的面糊，然后分别放入少许芒果丁。

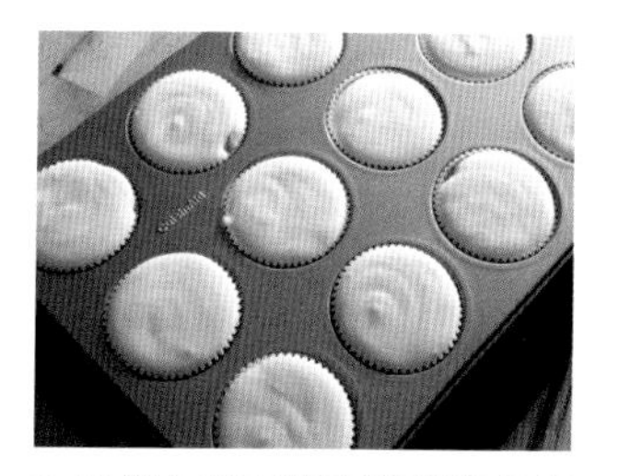

9. 再倒入剩下的面糊覆盖芒果丁，这次面糊一定要倒满，或者可以比纸托再高出一点点。

10. 把 12 连模放入装有水的烤盘，将烤盘放入烤箱中层，上下火 160 摄氏度，烤 40 分钟。

11. 将软化的奶油奶酪里加入糖粉、柠檬汁打发均匀，制成装饰奶油，挤在放凉的轻乳酪蛋糕上即可，放一个芒果丁、巧克力棒，再撒上少许糖粉，芒果轻乳酪杯子蛋糕就做好了。

榴莲重芝士

● **烹饪工具：**

奶锅

烤箱

8 英寸活底模具

擀面杖

刮刀

打蛋盆

刮板

手动打蛋器

筛网

锡纸

油纸

筷子或牙签

● **准备食材：**

消化饼干…150 克

黄油…80 克

奶油奶酪…250 克

榴莲肉…200 克

白砂糖…100 克

鸡蛋…2 个全蛋、2 个蛋黄

玉米淀粉…10 克

淡奶油…100 克

1. 消化饼干放入食品袋里，用擀面杖碾碎，不要有太多大的颗粒。

2. 把熔化的黄油加入饼干碎里，搅拌均匀。

3. 倒入 8 英寸活底的模具里，模具底可以放一张油纸方便脱模。

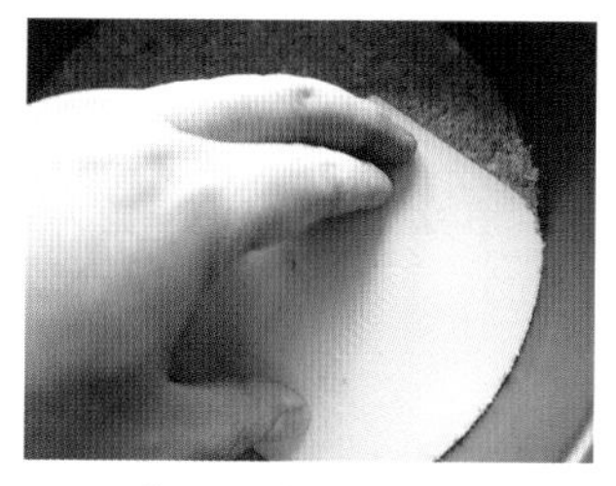

4. 用刮板压平整结实后，放入冰箱冷冻。

5. 把奶油奶酪、淡奶油，加上白砂糖放入打蛋盆，隔水加热。

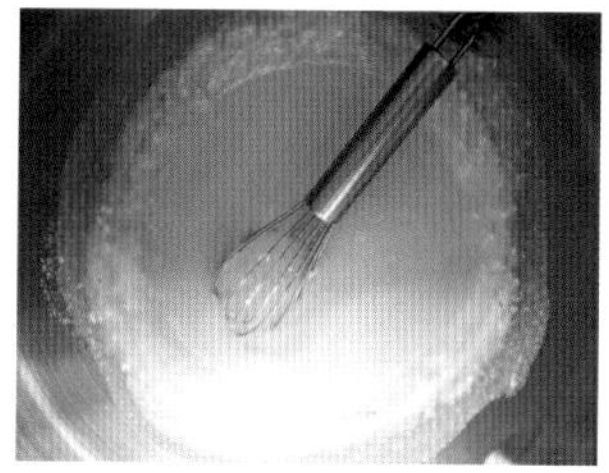

6. 一边加热，一边用打蛋器搅拌至熔化，有一点点小颗粒没关系。

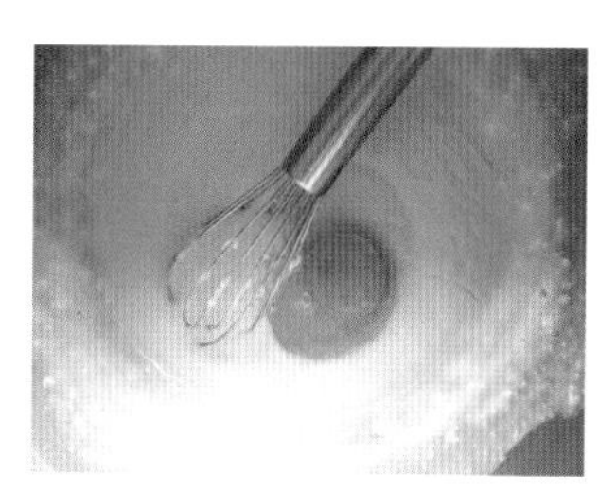

7. 关小火，加入第一个全蛋，搅拌均匀后，加入第二个全蛋继续混合均匀。

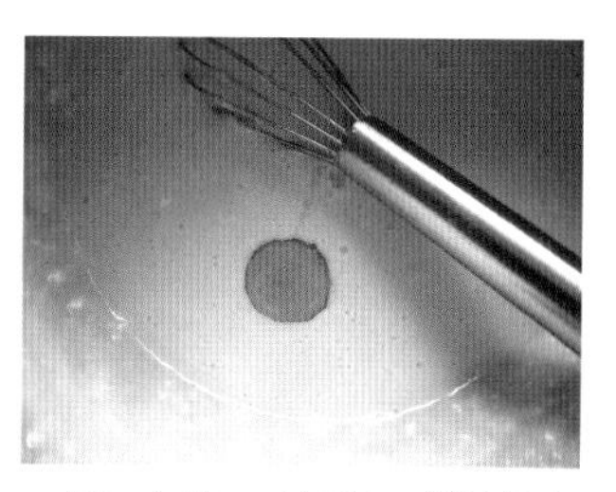

8. 再加入第一个蛋黄，搅拌均匀后，加入第二个蛋黄混合均匀。

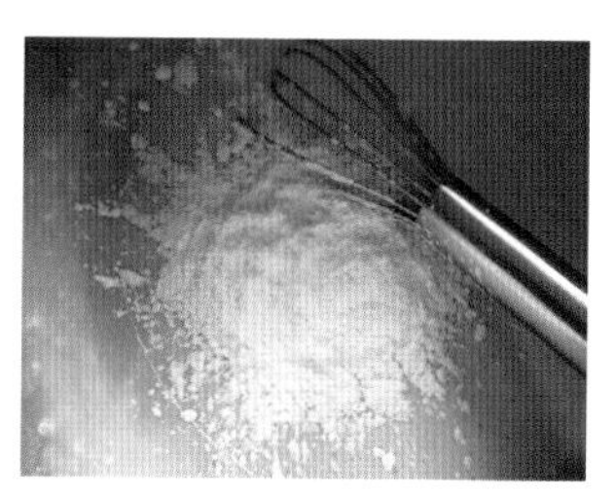

9. 关火，倒入玉米淀粉，充分搅拌均匀。

10. 拿出冷冻好的饼底，用锡纸包好底部。

11. 把刚刚混合好的面糊，倒入筛网过筛。

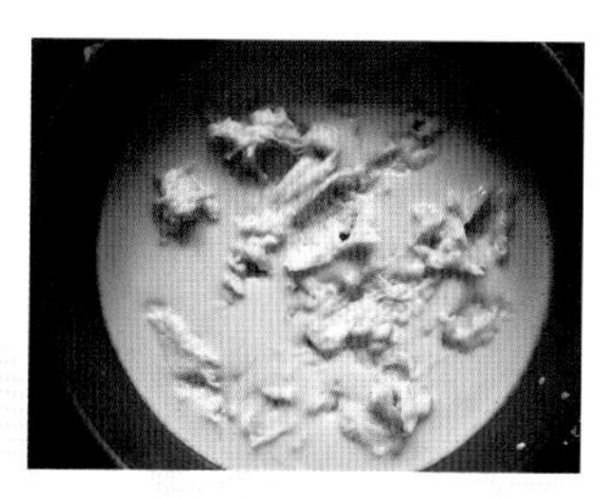

12. 均匀放入榴莲肉。

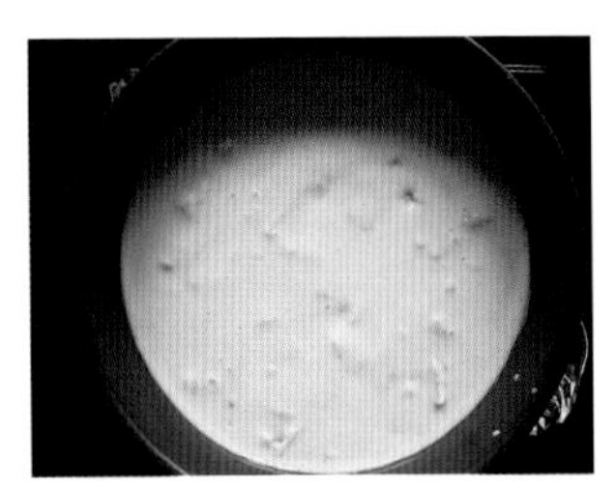

13. 用筷子或者牙签把榴莲肉按到面糊中。

14. 烤盘里放入水，上下火 200 摄氏度，将面糊烤 20 分钟上色。

15. 再转 150 摄氏度上下火，烤 30 分钟。拿出彻底放凉后，冷藏一晚再脱模，冷藏后口感更棒。

虎哥的暖心小贴士

这款蛋糕绝对是榴莲爱好者的爆款，蛋糕体不会特别高，因为总体来说，奶酪占了很大比例，太高或者太大块儿，吃完会很腻。

巧克力双色冻芝士

无需烤箱版

● **烹饪工具：**

擀面杖
打蛋盆
刮刀
刮板
电动打蛋器
手动打蛋器
8 英寸活底模具
微波炉
牙签

● **准备食材：**

消化饼干…150 克
黄油…80 克
奶油奶酪…250 克
淡奶油…400 克
吉利丁片…2 片（10 克）
巧克力酱…80 克

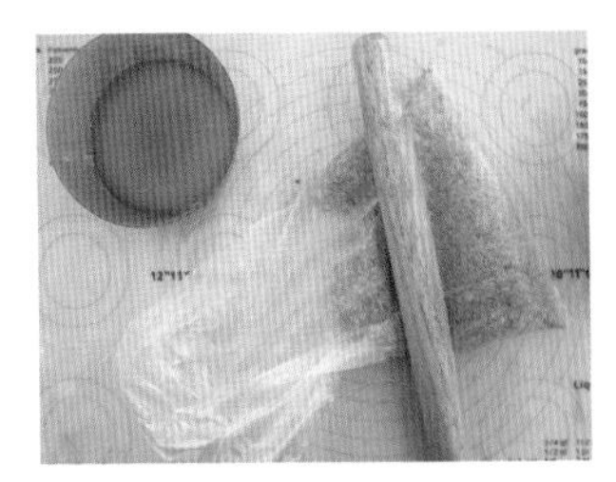

1. 将消化饼干放在食品袋里，用擀面杖擀碎，黄油用微波炉熔化。

2. 把熔化的黄油和饼干碎混合均匀。

3. 用刮板压紧压实在模具的底部，冷冻待用。

4. 将奶油奶酪放入打蛋盆中，隔水一边加热，一边搅拌，一定注意不要烫到手。

5. 打发淡奶油，不用打发到有纹路。

6. 打发到还是有点儿流动的状态就可以了。

7. 吉利丁片用冷水泡软。

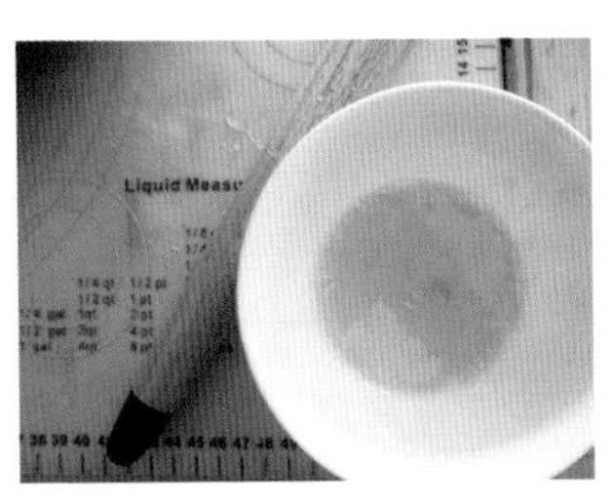

8. 泡软的吉利丁片，把冷水倒掉。隔热水把吉利丁片熔化。

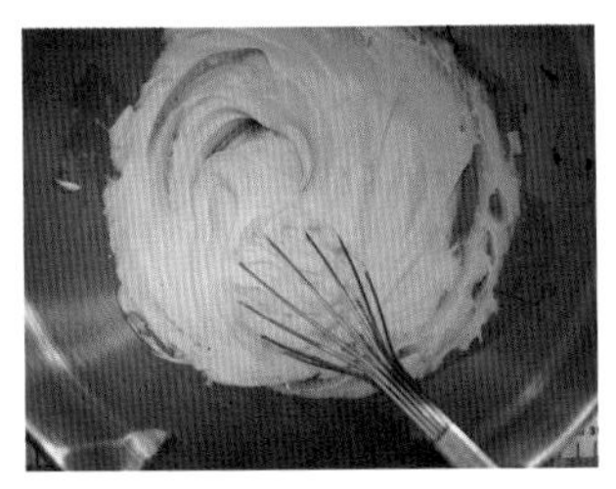

9. 把软化的奶油奶酪，用手动打蛋器彻底搅拌均匀。

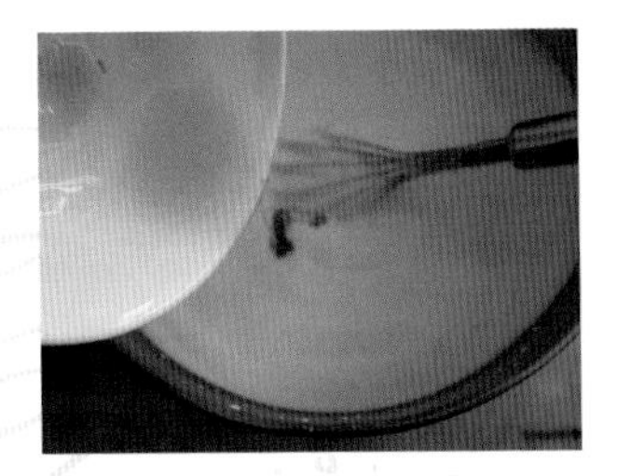

10. 淡奶油里加入软化的奶油奶酪，用手动打蛋器完全搅拌均匀后，加入软化的吉利丁片继续搅拌均匀。

11. 先倒入一半白色的奶酪糊在冷冻好的饼底上。

12. 剩下的一半白色奶酪糊里加入 80 克的巧克力酱，搅拌均匀。

13. 倒在模具里，把整个白色部分覆盖，然后用巧克力酱从中间开始画圈一直到模具最边缘。

14. 用牙签先从边缘往中心划过来。

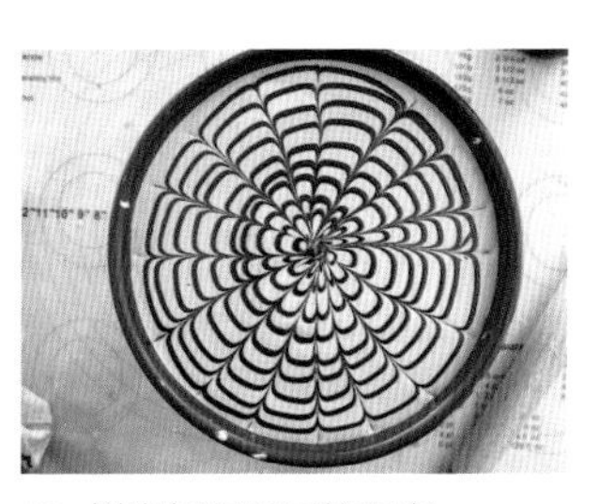

15. 划出如图所示的图案。

16. 再用牙签，从每一个画好的一半开始，从中间向外用牙签划出去。

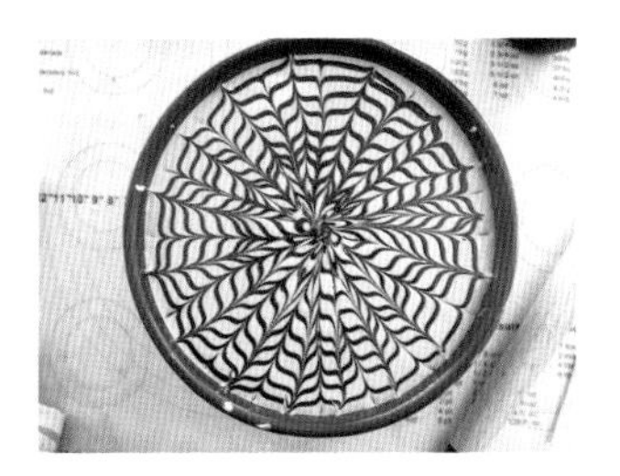

17. 最后图案变成这样，放入冰箱冷藏一晚脱模即可。

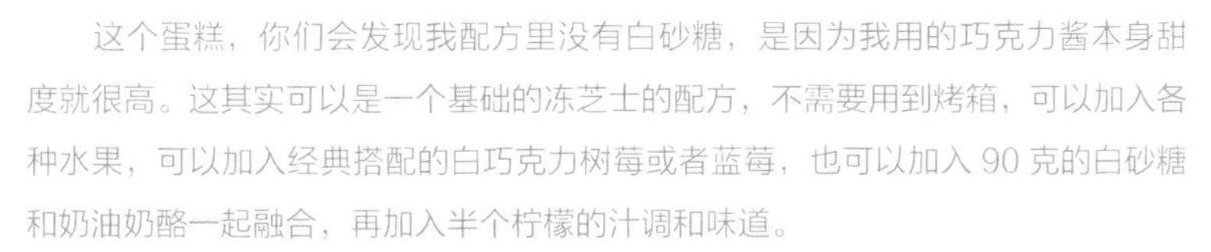

虎哥的暖心小贴士

这个蛋糕，你们会发现我配方里没有白砂糖，是因为我用的巧克力酱本身甜度就很高。这其实可以是一个基础的冻芝士的配方，不需要用到烤箱，可以加入各种水果，可以加入经典搭配的白巧克力树莓或者蓝莓，也可以加入 90 克的白砂糖和奶油奶酪一起融合，再加入半个柠檬的汁调和味道。

脱模的时候用热毛巾敷一下模具圈，或者用吹风机吹一圈，比较容易脱模。

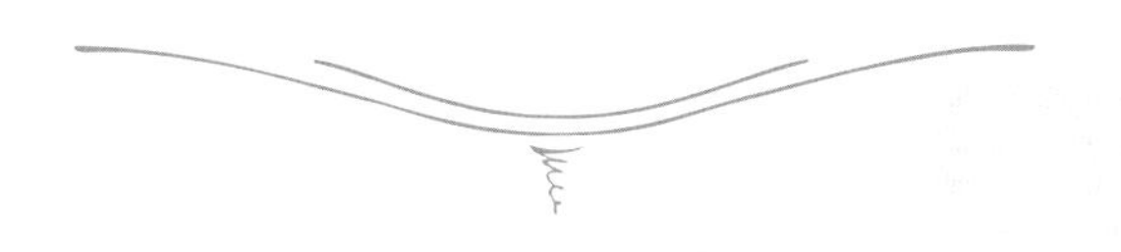

自制江米甜酒

烹饪工具：

泡糯米的容器

保鲜膜

蒸烤箱

烤盘

准备食材：

糯米…500 克

泡糯米的水…高过糯米即可

甜酒曲…2 克

温水…800 毫升

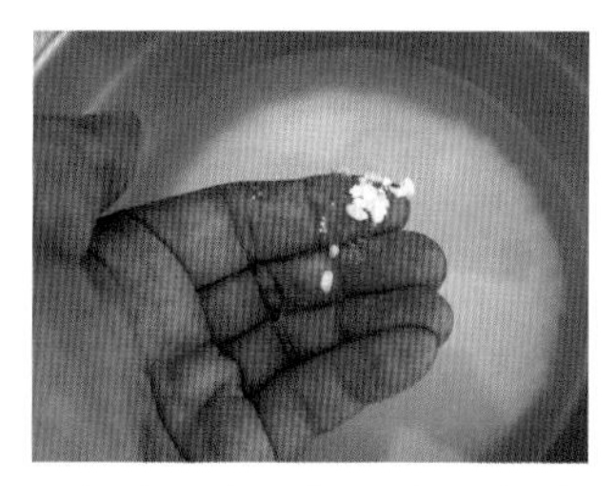

1. 糯米用水浸泡至少 8 小时，糯米泡到用手指一捏就碎的程度即可。

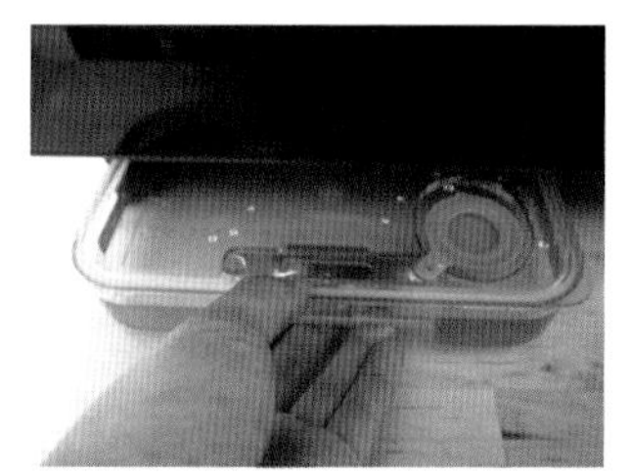

2. 在开始蒸糯米前，先检查蒸烤箱里是否有水。

3. 糯米沥干水分以后，平铺在烤盘上。

4. 放在蒸烤箱中层。

5. 开启原气蒸，蒸 30 分钟。

6. 蒸好的糯米，放凉大概到 40 摄氏度，手可以直接触摸的温度，均匀撒上甜酒曲。

7. 再加入大概 40 摄氏度，300 毫升的温水，轻轻地把甜酒曲抓匀，抹平表面，在糯米中间挖一个坑，坑里有水渗出即可，包上保鲜膜，室温或者发酵箱 30 摄氏度条件下，静置 24 小时。

8. 发酵好的甜酒，可以尝一下味道，应该是入口甘甜。然后再加入 500 毫升的水，包上保鲜膜，常温放置一晚，第二天就可以装在干净密封的罐子里保存了。

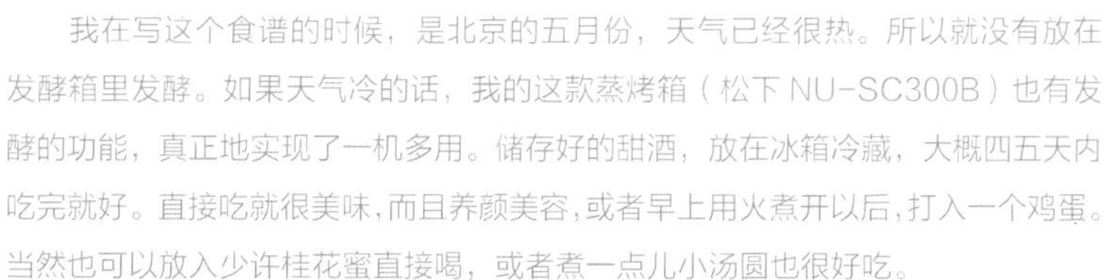

虎哥的暖心小贴士

我在写这个食谱的时候，是北京的五月份，天气已经很热。所以就没有放在发酵箱里发酵。如果天气冷的话，我的这款蒸烤箱（松下 NU-SC300B）也有发酵的功能，真正地实现了一机多用。储存好的甜酒，放在冰箱冷藏，大概四五天内吃完就好。直接吃就很美味，而且养颜美容，或者早上用火煮开以后，打入一个鸡蛋。当然也可以放入少许桂花蜜直接喝，或者煮一点儿小汤圆也很好吃。

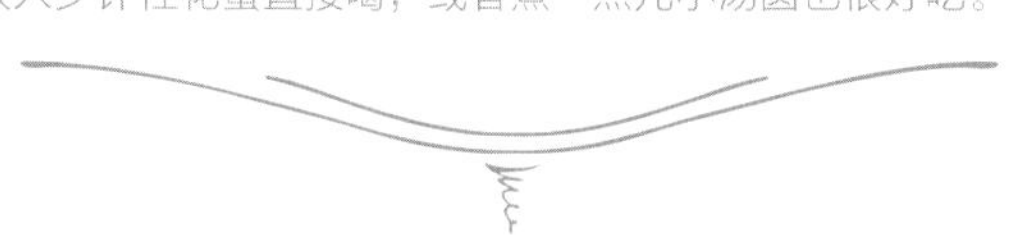

路易斯蛋糕

烹饪工具：

面包机

蒸烤箱

打蛋盆

手动打蛋器

电动打蛋器

裱花袋或勺子

8 英寸方形活底模具

锡纸

准备食材：

自制树莓果酱：

新鲜树莓…325 克

白砂糖…120 克

柠檬汁…30 克

蛋糕底：

无盐黄油…140 克

糖粉…60 克

玉米淀粉…35 克

低筋面粉…150 克

盐…1 克

柠檬夹层：

柠檬皮和柠檬汁…2 个的量

鸡蛋…4 个

白砂糖…80 克

低筋面粉…20 克

牛奶…70 克

椰蓉酥粒：

椰蓉…100 克

黄油…10 克

低筋面粉…10 克

1. 面包机内桶加入白砂糖。

2. 放入洗好的树莓。

3. 加入柠檬汁。

4. 选择智能菜单“果酱”模式即可。

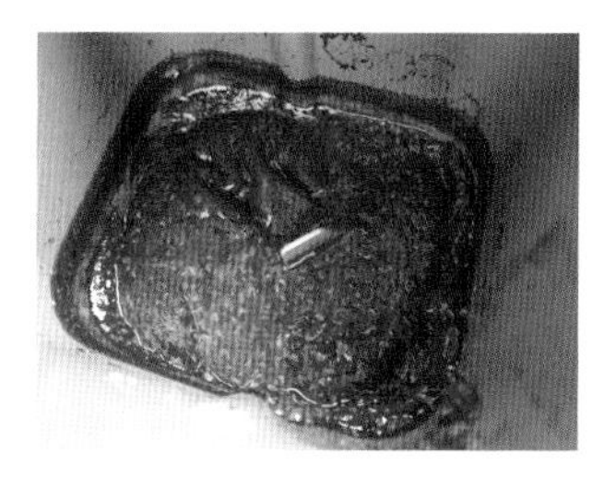

5. 程序结束后，把果酱放凉待用。

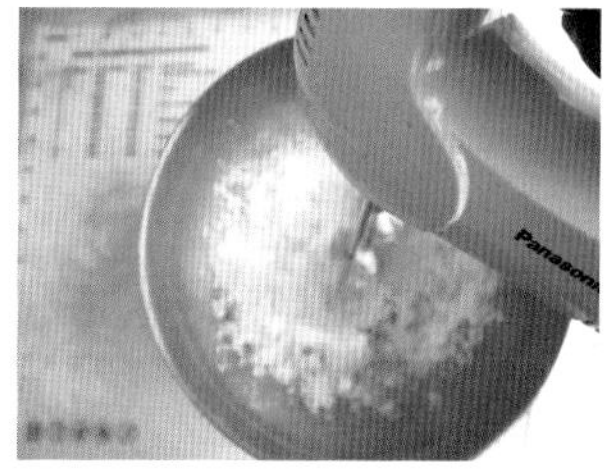

6. 室温软化的黄油中加入糖粉，打发均匀即可。

7. 加入低筋面粉、玉米淀粉、盐，混合均匀。在铺好锡纸的模具底部放入混合好的饼底面糊，均匀地压平。

8. 选择蒸烤箱“烘烤”功能，预热 170 摄氏度，放入中层烤 20 分钟。

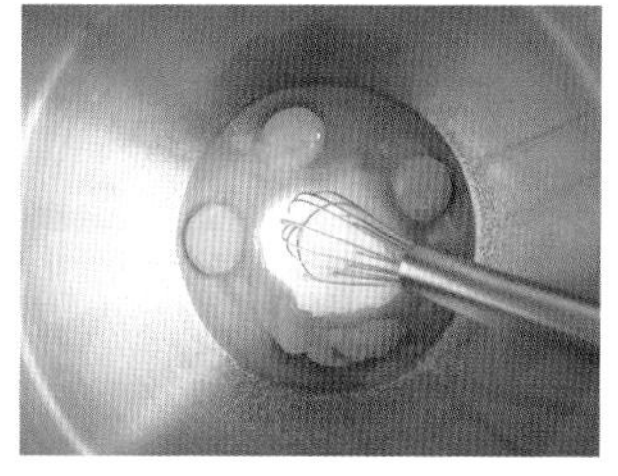

9. 在烤的过程中，一个打蛋盆里，放入鸡蛋、白砂糖、低筋面粉、柠檬皮、柠檬汁、牛奶，混合均匀。

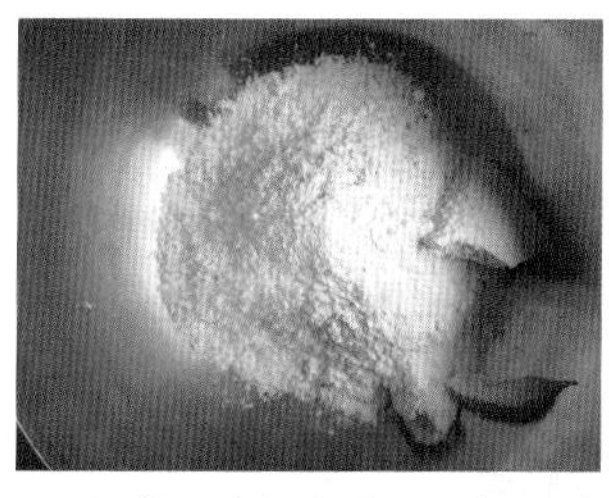

10. 另外一个打蛋盆里，加入室温软化的黄油、低筋面粉和椰蓉。

11. 用手将面粉、椰蓉和黄油充分融合在一起。

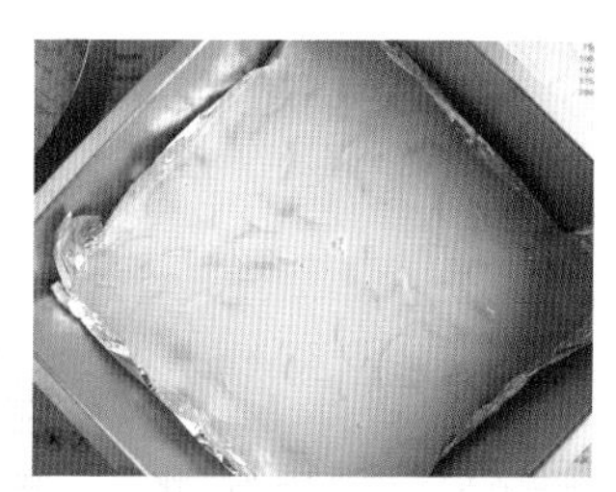

12. 饼底烤好以后，趁热倒入调好的鸡蛋柠檬液。

13. 再均匀地铺上准备好的椰蓉黄油粒。

14. 最后用勺子或者裱花袋把做好的一半的果酱淋在椰蓉上方即可。

15. 烘烤模式，温度降至 160 摄氏度，再烤 20 分钟，放凉，切块儿。

虎哥的暖心小贴士

剩余的果酱，放入已消毒且密封的罐子里，冷藏保存。如果不想自制果酱的话，用现成的果酱也可以。这款蛋糕，应该是我在新西兰咖啡店打工的第二家店里学到的，方子里的糖已经调整。柠檬的清爽、椰蓉的香，加上树莓的酸甜，搭配一杯黑咖啡或者一杯茶，绝对是夏天下午茶的首选。我的这款面包机（松下 SD-PM1010），不仅仅可以和面，还可以做果酱、麻薯、乌冬面等，大家可以尽情发挥想象力来挖掘自己工具的功能哦。

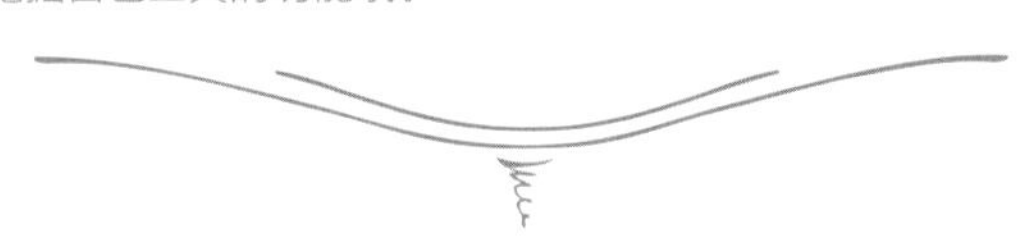

坚果巧克力厚多士

烹饪工具：

平底锅

深盘

叉子

面包刀或者尺子

准备食材：

吐司…3片

巧克力酱…30克

鸡蛋…2个

坚果…20克

水果干…30克

蜂蜜…10克

黄油…15克

可可粉…10克

1. 先在两片吐司上，各涂上 15 克的巧克力酱。

2. 然后把三片吐司叠加起来，中间有两层巧克力酱。

3. 把两个鸡蛋打散，放在一个口径较大的盘子里。

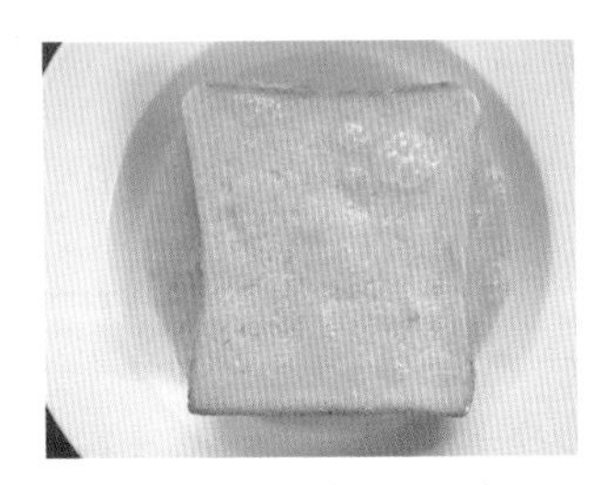

4. 把准备好的巧克力三明治，两面周边都沾上鸡蛋液。

5. 平底锅中火，放入黄油加热后，放上三明治，每面各煎 2 分钟。

6. 颜色呈金黄色即可关火。

7. 将水果干、坚果切小块。

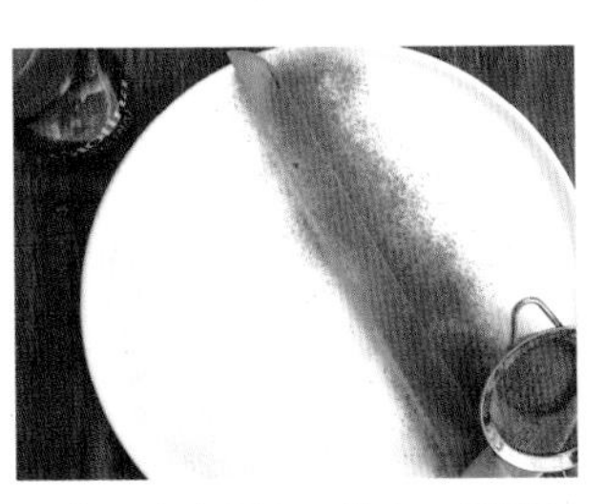

8. 在一个盘子上，放上一把面包刀或者尺子，然后沿着刀的位置，从头开始撒上可可粉。

9. 沿着撒好可可粉的位置，摆上切小块儿的水果干和坚果碎。

10. 然后再把煎好的吐司对角切开成小块儿，摆盘，淋上蜂蜜即可。

虎哥的暖心小贴士

一定要选用可涂抹的巧克力酱，不要用平时我们用的液体巧克力酱，否则煎出来以后，口感会差很多。在平底锅中煎的时候，要不停地翻转吐司，确保吐司不会因为加热过度变焦。淋上少许蜂蜜，搭配坚果、水果干，再来一杯热可可，将是冬日里最暖心暖身的一道下午茶。